现代有轨电车交通线网规划与运行组织方法

过秀成　等著

东南大学出版社
SOUTHEAST UNIVERSITY PRESS
·南京·

内 容 提 要

本书研究现代有轨电车在公共运输体系中的发展定位、现代有轨电车线网运行组织与安全保障、现代有轨电车与公共交通系统中其他方式的协调、现代有轨电车线网规划等问题,构建现代有轨电车交通线网规划和运行组织理论与方法,以期为城市交通的可持续发展决策提供支撑。全书共分为11章,第1章绪论;第2章现代有轨电车交通发展机理;第3章现代有轨电车交通运行特征分析;第4章现代有轨电车交通需求分析;第5章现代有轨电车线网布局规划方法;第6章现代有轨电车线网规划方案评价;第7章现代有轨电车系统设计;第8章现代有轨电车与常规公交线路协调方法;第9章现代有轨电车交通运行组织方法分析;第10章现代有轨电车运行安全保障技术;第11章苏州现代有轨电车2号线客流预测。

本书适合以现代有轨电车为研究对象的高校师生以及相关专业技术与管理人员阅读。

图书在版编目(CIP)数据

现代有轨电车交通线网规划与运行组织方法/过秀成等著.—南京:东南大学出版社,2021.12

ISBN 978-7-5641-9960-9

Ⅰ.①现… Ⅱ.①过… Ⅲ.①有轨电车-城市交通网-交通规划 ②有轨电车-客运组织 Ⅳ.①TU984.191 ②U482.1

中国版本图书馆 CIP 数据核字(2021)第 273734 号

责任编辑:张新建 封面设计:毕真 责任印制:周荣虎

现代有轨电车交通线网规划与运行组织方法

Xiandai Yougui Dianche Jiaotong Xianwang Guihua Yu Yunxing Zuzhi Fangfa

著　　者:过秀成等
出版发行:东南大学出版社
社　　址:南京四牌楼 2 号　邮编:210096　电话(传真):025 - 83793330
网　　址:http://www.seupress.com
电子邮件:press@seupress.com
经　　销:全国各地新华书店
印　　刷:广东虎彩云印刷有限公司
开　　本:700 mm×1 000 mm　1/16
印　　张:22
字　　数:420 千字
版　　次:2021 年 12 月第 1 版
印　　次:2021 年 12 月第 1 次印刷
书　　号:ISBN 978-7-5641-9960-9
定　　价:80.00 元

前　言

中国特色社会主义进入了新时代,形成以城市群为主体构建大中小城市和小城镇协调发展的城镇格局,逐步推进以人为核心的新型城镇化。公共交通系统作为现代化综合交通体系的重要组成部分,是提高城镇化建设质量的基础保障,与建设现代化经济体系,全面建成社会主义现代化强国息息相关。现代有轨电车作为城市公共交通体系的一个重要层次,是城市群和都市圈轨道交通四网融合建设不可忽视的重要组成。处理好现代有轨电车与城市发展的相互关系,对充分发挥现代有轨电车的运营效能、引导绿色公交出行、促进资源节约集约利用、建设现代化高质量综合立体交通网络具有重要现实意义。

本专著研究现代有轨电车在公共运输体系中的发展定位、现代有轨电车线网运行组织与安全保障、现代有轨电车与公共交通系统中其他方式的协调、现代有轨电车线网规划等问题,构建现代有轨电车交通线网规划和运行组织理论与方法,以期为城市交通的可持续发展决策提供支撑。全书共分为11章。第1章绪论;第2章现代有轨电车交通发展机理;第3章现代有轨电车交通运行特征分析;第4章现代有轨电车交通需求分析;第5章现代有轨电车线网布局规划方法;第6章现代有轨电车线网规划方案评价;第7章现代有轨电车系统设计;第8章现代有轨电车与常规公交线路协调方法;第9章现代有轨电车交通运行组织方法分析;第10章现代有轨电车运行安全保障技术;第11章苏州现代有轨电车2号线客流预测。

全书由过秀成教授统稿,胡婷婷、刘珊珊、李爽硕士协助,各章编写分工如下:第1章,过秀成;第2章,过秀成、胡军红;第3章,陶涛、刘珊珊;第4章,潘敏荣、李爽;第5章,林莉、胡军红;第6章,胡军红、林莉;第7章,吴迪、肖慎;第8章,胡婷婷;第9章,徐效文、叶茂、胡婷婷;第10章,沈涵瑕、徐效文、叶茂;第11章,樊钧、潘敏荣、韩兵。感谢鞍山市规划局、南京市建设委员会、江苏省交通运输厅、淮安市交通运输局、淮安市现代有轨电车建设工作领导小组办公室、苏州规划设计研究院股份有限公司、苏交科集团股份有限公司、淮安有轨电车运营公司、南京理工大学等在课题和项目研究中给予的支持;感谢我指导的从事公共交通研究的吕慎、吴鹏、王亿方、沈巍、樊钧、高奖、潘昭宇、相伟、姜科、王丁、何明、孔哲、冉江宇、孟丹青、眥海波、杨洁、严亚丹、祝伟、姜晓红、窦雪萍、王恺、龚小林、李家斌、黄海明、胡婷婷、林莉、沈涵瑕、胡军红、吴迪、刘珊珊、李爽等所付出的努力和智慧,尤其是在有轨电车方向开展持续研究的胡军红博士及孟丹青、訾海波、杨洁、黄海明、陶涛、吴迪、胡婷婷等硕士;感谢苏州规划设计研究院股份有限公司樊钧、潘敏荣、韩兵、胡婷婷等对有轨电车城市应用的研究;感谢王耀卿、李怡、肖尧、陈俊兰、梁茜、熊婕妤硕士及朱菊梅硕士生等在专著资料收集、材料整理及编排过程中所做的工作。

本书在撰写过程中参阅了国内外大量文献,由于条件所限未能与原著作者一一取得联系,引用及理解不当之处敬请见谅,在此谨向原著作者表示崇高的敬意和由衷的感谢!

限于作者的时间和水平所限,书中难免有错漏之处,恳请读者批评指正。

电子信箱:seuguo@163.com。

过秀成

于东南大学

2021 年 5 月

目　　录

第1章 绪 论

1.1 背景

中国特色社会主义进入了新时代,我国社会主要矛盾已经转化为人民日益增长的美好生活需要和不平衡不充分的发展之间的矛盾[1]。随着城市规模扩张、机动化水平提升、居民出行总量增加,城市交通拥堵、环境污染等问题日益突出。优先发展公共交通是缓解交通拥堵、转变城市交通发展方式、提升人民群众生活品质、提高政府基本公共服务水平的必然要求,是构建资源节约型、环境友好型社会的战略选择。而居民出行需求的多样化以及对出行品质的高诉求等,都对公共交通发展提出了更高要求,仅靠单一的常规公交方式已无法满足居民出行需求。因此,加快实施公交优先战略,积极发展多种运能链和速度链的公共交通方式,建设多模式、多层次、一体化的公共交通系统,为居民提供高效、有序、品质的出行选择,已经成为改善城市交通的共识。

2017 年国务院公布的《"十三五"现代综合交通运输体系发展规划》明确要求,各个城市发展轨道交通需要结合自身特点,制定合适的发展目标,有序推进地铁、轻轨以及现代有轨电车等轨道交通网络的建设。现代有轨电车具有运能适中、低碳环保等特点,其运能和运行速度处于地铁、轻轨与常规公交(不含快速公交)之间,可弥补轨道交通系统中的运能链和速度链空白。且相较于地铁和轻轨,其审批门槛和建设运营成本均较低,因此部分大城市新区或者未达到地铁、轻轨建设要求的中小城市会优先考虑建设现代有轨电车。2012 年现代有轨电车实现国产化,车辆造价降低,加速了我国现代有轨电车交通的发展。截至 2019 年底,我国(不含港、澳、台)已有包括北京、上海、天津、广州、深圳、武汉、南京、沈阳、长春、大连、成都、苏州、佛山、青岛、淮安、珠海等 16 个城市的现代有轨电车投入运营,总里程达 417 km。此外,正在建设和规划有轨电车的城市有 48 个,规划线路长度达772.1 km,中远期可能将新建有轨电车的城市有 11 个。

在现代有轨电车快速发展进程中,也面临其在公共运输体系中的发展定位、协调有轨电车与城市地铁/常规公交等其他公共交通方式的关系、现代有轨电车交通运输能力及其适用性、现代有轨电车线网规划方法、线路规划与设计、运行安全保障技术等问题。因此,有必要研究现代有轨电车交通线网规划与运行组织方法,为现代有轨电车规划设计导则等规范标准的制定提供依据,为现代有轨电车科学合理的规划及可持续发展提供支持。

1.2 国内外研究现状

1.2.1 现代有轨电车应用发展概况

1. 现代有轨电车的起源与发展

世界上最早的有轨电车出现在德国。1881 年柏林市里希特菲尔德(Lichterfelde)有轨电车的开通运营标志着有轨电车作为客运交通工具投入使用。当时,世界上主要的"机动化"交通方式是马车交通。与其相比,有轨电车具有较高的运行速度和可接受的投资性,很快在世界范围内取代马车交通而迅速发展起来。二战以前,汽车尚未普及,欧美各国城市的主要公共交通工具是有轨电车[2]。

二战之后,随着汽车工业的迅速发展,汽车开始普及,各等级道路的建设,也为汽车发展创造了条件。有轨电车因其车辆陈旧、机动性差、建设周期长、费用高等限制,逐渐衰落[3]。1935 年,美国有轨电车运营公司组建的 PCC(Presidents Conference Committee)委员会开发了新型有轨电车车辆,命名为 PCC 车辆。该种车辆的动力性能、乘坐舒适性、运行平稳性均有较大提高,有轨电车因此出现了一段短暂的黄金时期。但 PCC 车辆未从根本改变有轨电车的运行特征,在与汽车交通竞争过程中劣势依然明显而逐渐消退[3]。20 世纪 50 年代以后,部分国家开始对有轨电车的路权和车辆进行现代化改造。在城市中心将线路设置到地下,在市郊则采用高架或地面的方式,使整个系统处于封闭隔离状态。运用现代化技术减轻车辆自重、降低噪声震动、改善车辆牵引力、提高运行品质。经现代化技术改造后的有轨电车系统运能和运行速度都得到提升,因而实现了较快的发展。

对旧式有轨电车进行现代化改造的过程中出现了两个分支,其中一个分支是对路权和车辆同时进行改造,这一系统被命名为轻轨,另一分支主要对车辆进行改造,这一系统仍然命名为有轨电车[4]。

2. 现代有轨电车在不同城市的适应性

20 世纪 90 年代,巴黎、斯特拉斯堡等城市重新审视有轨电车的适应性,并再度使用现代有轨电车作为公共交通工具。

B. K. Tan 等认为现代有轨电车的适用性由城市基础要素条件和系统自身条件共同决定。其中,城市基础要素条件主要包括:城市规模、社会经济水平、客流强度、交通网络、环境资源、地质地貌等方面;现代有轨电车系统自身条件主要包括：车辆与工程技术、建设与运营要求、与其他交通方式衔接、与城市环境和空间资源融洽和匹配程度等方面[5]。Daniel Dunoye 的 *French Urban Planning Considerations* 报告中提出人口数量介于 14.5 万～35 万人之间的城市适合建设独立的有轨电车运输网络[6]。J. A. Nelson 等认为现代有轨电车系统适宜承担中等城市的骨干公共交通,也可作为大城市大运量公共交通(地铁)的延伸与补充[7]。S. G. Patterson 等对现代有轨电车技术特性进行了分析,提出现代有轨电车的四种发展模式：在中小城市,承担城区主要的交通需求;在大城市,加强市区外围地区与主城区之间的联系;在大城市的城市新区内部,承担公共交通骨干;在大城市的城市新区与周边城镇之间,承担公共交通的延伸与补充[8]。

　　国内既有研究认为现代有轨电车可以作为中低运量、准快速公交的应用形式,尤其在城市新区可将其定位为骨干交通方式或在大城市中作为快速轨道交通的补充、延伸等。东南大学过秀成教授团队在《现代有轨电车在南京地区的适用性研究》中提出将中低运量的现代有轨电车系统引入现有的城市交通体系中,弥补目前城市交通中存在的"速度链"与"运能链"缺陷,从而完善城市交通体系;研究还提出现代有轨电车服务的重点地区应为城市新区,但现代有轨电车发展过程中可能面临诸如车辆的来源、与城市其他交通系统的协调、技术支持及运营管理等问题[9];訾海波等分析了现代有轨电车技术特性,指出现代有轨电车是介于大容量快速轨道交通与常规公交之间的一种交通方式,具有承担城市公共交通体系的主体功能、城市快速轨道交通系统的衔接与协调联系、城市快速轨道交通的延伸和补充功能等三种应用模式[10]。谢琨认为在 20 万～50 万人口规模的城市,现代有轨电车可以作为城市骨干公共交通方式;在大城市中,现代有轨电车作为中低运量的公共交通方式可承担城市大运量轨道交通的辅助与补充功能[11]。

1.2.2　现代有轨电车运输能力

1. 现代有轨电车运输能力影响因素

　　现代有轨电车运输能力受到诸多因素的影响,既有成果主要研究了系统运行设施、运行组织方式、运行环境等因素对运输能力的影响,并提出了相应的改善措施。

　　现代有轨电车系统的运行设施包括车辆、站点(中途站、折返站)、交叉口等。东南大学过秀成教授团队提出车辆是影响现代有轨电车发挥其运输能力的重要影响因素,在线路的规划阶段选择车辆时应遵循有轨电车车辆能满足远期运输能力需求的原则[9]。张晋等提出现代有轨电车的运输能力主要取决于车辆的载客量与发车间隔,并指出因现代有轨电车的车辆具有模块化编组的特点,其运能有较宽的适用范围,基本覆盖了常规公交和地铁两种交通方式运能之间的空白[12]。

唐淼等指出现代有轨电车的运输能力受到车辆编组数不断扩大的影响,其基本运能已经从 0.2 万~0.6 万人次/h 提高到 1.2 万~1.5 万人次/h,可以满足客流范围在 0.3~1.5 万人次/h 内的交通走廊的运输需求[13]。Currie 等通过对墨尔本和加拿大现代有轨电车的研究,分析站台设计(包括售票方式、站台与车辆地板的高差、站台乘客登车口设置)对运输能力的影响,并采用重新设计站台、优化站点周围行人交通流线组织等措施进行改善[14-17]。董皓等认为现代有轨电车的折返站是影响其运输能力的关键因素,并提出减少走行距离、提高侧向通过速度、加快司机轮换、采用双司机折返等措施提高折返站的运输能力[18]。丁强分析了站台类型以及站台相对交叉口的位置对现代有轨电车运输能力的影响,并利用站点接驳流线的设计,优化了交通组织[19]。李际胜和姜传志认为交叉口是制约现代有轨电车运输能力的瓶颈,提出了采用道口优先信号的方式提高现代有轨电车运行速度的方法[20]。徐成永认为通过部分或全部交叉口信号优先设置,现代有轨电车的平均运行速度可以从不优先情况下的 20 km/h 提升至 25~30 km/h,有效提高运输能力[21]。Currie 等研究了交叉口主动信号优先策略在墨尔本以及多伦多两个城市的现代有轨电车系统中的实施效果,指出信号优先对于减少现代有轨电车通过交叉口的延误效果明显[22]。刘立龙和李建成、刘强等和 Shalaby 等分别使用 VISSIM 和 Paramics 建立了现代有轨电车线路仿真环境,研究信号优先策略对车辆通过交叉口的影响[23-25]。

现代有轨电车的运行环境主要指系统所在地区的交通环境,包括行人、非机动车、机动车等。姜军、巫伟军和赵鹏林认为现代有轨电车在路段与机动车、非机动车混行时,社会车辆、非机动车会影响现代有轨电车的运输能力,应将现代有轨电车线路设置在路侧,并需要做好道路渠化改造工程,优化现有的交通组织[26-28]。而陆锡明和李娜建议现代有轨电车在道路资源有限的中心城区采用路中布置方式,结合道路中间的绿化带布设轨道线路,供现代有轨电车专用;在交叉口进口道附近可设置车站,便于行人通过人行横道换乘,并提出了具体的人行横道布置方式[29]。李际胜和姜传治、张华等分析了现代有轨电车线路在不同的横断面布置形式下(路中式、两侧式、同侧式)受到行人、机动车的影响,提出了相应的交通组织设计,以优化现代有轨电车的运行环境[20,30]。姚之浩、李元坤和陆锡明等指出为了保障现代有轨电车的路权,需要处理好其与道路内社会车辆的关系,例如国外常常采用商业街区禁行机动车,只允许"行人+现代有轨电车"的模式;也有城市,如阿姆斯特丹,让现代有轨电车与公交车共享路权,保障了同一道路公交车行驶优先权的同时,大大提高了现代有轨电车专用道路的空间利用率[29,31-32]。卫超和顾保南、秦国栋等认为现代有轨电车采用封闭路段可保证线路的平均运行速度,提高其运输能力,可有效拓展适用范围[33-34]。

2. 现代有轨电车运输能力测算

对现代有轨电车运输能力计算方法的研究主要集中在系统某些运行设施对运输能力的约束。

董皓等通过对现代有轨电车折返作业流程的解析,指出了折返站主要的耗时环节为车辆进出折返线和驾驶员更换驾驶室等环节,并提出了不同折返方式(站前折返和站后折返)下折返站运输能力的计算方法[18]。宋嘉雯通过分析现代有轨电车进站作业的流程确定了其在单一站台的进出站总时间,以此为车头时距计算了现代有轨电车在车站的运输能力,并提出了以"有效绿信比×无交叉口影响车站运输能力"计算交叉口影响下车站运输能力的计算方法[35]。胡军红等分绝对优先、相对优先、定时控制三种信号控制策略,提出了不同编组车辆在交叉口运输能力的计算方法[36-39]。*Transit Capacity and Quality of Service Manual (2nd Edition)* 给出了计算轨道交通单向断面可以通过车辆最大值的方法,考虑了停站时间、信号相位等因素,并给出了计算公式(1-1),

$$B = \frac{3\,600(g/C)}{t_c + t_d(g/C) + t_{om}} \tag{1-1}$$

式中:B ——轨道交通单向断面可以通过车辆最大值,/h;

$\quad g$ ——信号交叉口绿灯时间,s;

$\quad C$ ——信号交叉口信号周期,s;

$\quad t_c$ ——车辆最小控制时距,s;

$\quad t_d$ ——车辆平均停站时间,s;

$\quad t_{om}$ ——运营裕量,用于弥补系统不稳定造成的车辆延误,s[40]。

Public Transportation Capacity Analysis Procedures for Developing Cities 基于以上研究成果,根据发展中国家的实际情况,如乘客对拥挤的忍受程度较高、交叉口较高的行人交通量等,调整了相应的参数,使得其适用于发展中国家[41]。张晓倩和李玉斌通过对现代有轨电车运行图的研究,建立相应的数学模型,采用启发式算法,求得使整体运输效率最高的车辆发车间隔和车辆数量[42-43]。

1.2.3　现代有轨电车交通需求分析

目前现代有轨电车交通需求分析主要采用交通规划中改进传统"四阶段"的方法。针对交通规划"四阶段"的改进研究主要体现在以下方面:孙兴煜基于城市交通小区区位论,通过对小区区位土地利用基础资料信息量化处理,引入交通产生区位影响系数、交通吸引区位影响系数,提出了适用于城市特点的改进"四阶段"法的交通生成和分布预测模型[44]。吴家右和刘术红结合量化城市交通特性差异,提出从土地利用的差异性分析,引入了区位势能的概念[45]。曲大义、石飞等、王炜等研究交通规划中的交通需求预测,和传统的四阶段预测方法相比,基于土地利用形态的交通生成预测具有可操作性强、精度高等优点[46-48]。毛琳、杨忠振等按照"宏观控制,局部调整"的预测思路,针对城市新区现状交通调查数据匮乏、现状土地利用基础资料不完备的特殊性,通过引入城市区位土地利用规划信息,分别建立了交通产生、交通吸引、交通分布预测的改进"四阶段"模型[49-50]。陈俊励等、王玉萍等针对出行时间要求与交通方式选择行为差异性,在四阶段法的方式划分中应用基于时间的交通方式选择巢式 Logit 模型[51-52]。张栋认为影响市民选择出行方式的关键因素为薪资收入、出行准点要求以及出行距离,并建立了"四阶段"方式划分 Logit 模型[53]。杨励雅等提出应将具有共性的交通方式选择方案放在一个巢内,考虑巢内各选择枝的相关性,这样才能比较好地克服多项 Logit 模型缺陷[54]。

李冀侃等以法国 Clermont-Ferrand 为对象进行有轨电车线路延伸的规划研究,采用四阶段法预测有轨电车延伸段的客流需求。在交通方式分担预测时,将交通费用、行程时间、舒适性及换乘次数作为参数[55]。过秀成和王炜在分析轻轨系统客流形成规律及其特点的基础上,通过对城市居民出行决策过程及出行行为影响因素分析,按照"宏观控制、微观竞争、系统平衡、整体优化"的预测思路,提出了多方式城市轻轨系统客流预测方法[56]。潘莉提到组合预测模型应用于城市公共交通需求预测中,具有精度较高、预测结果稳定的优势,但此模型应用的关键问题在于缺乏组合权重的理想算法[57]。

1.2.4　现代有轨电车线网规模与布局

对常规公交线网布局规划、大运量快速轨道交通线网布局规划、快速公交(Bus Rapid Transit,简称 BRT)线网布局规划的既有研究成果较多,针对现代有轨电车的研究则相对较少。现代有轨电车系统作为在地面运行的城市轨道交通方式,与BRT 系统具有相近的功能定位和技术特点,因此可参考 BRT 系统的线网规划理论和方法,并借鉴部分常规公交线网规划和快速轨道交通线网规划的研究方法。

1. 现代有轨电车线网的规模测算

曹世超等认为现代有轨电车线网形态和规模主要受城市形态、土地利用布局、交通结构、公共交通政策等因素影响,其计算方法主要包括公共交通客流量法、人口线网密度法、面积线网密度法以及回归分析法等[58]。刘莹根据西方经济学中的规模经济理论,提出轨道交通线网"适度规模"和"最佳规模"的理论假设,依据城市客运交通系统供需平衡原理,建立了城市轨道交通线网合理规模推算模型[59]。过利超等通过分析快速公交线网规划的基本思路与步骤,采用线网密度和客流需求量匡算法确定线网规模,采用客运走廊的概念,提出了公交线路和客运通道规划方法[60]。

2. 现代有轨电车线网的规划布局

李彬等在对城市快速轨道交通线网规划的基本方法归纳的基础上,提出了"点—路段—线路—线网"的循环分析方法[61]。郭孜政等提出从线网整体形态确定到以最大相关性客流覆盖为目标逐条布设优化成网的思路,构建了一套轨道交通线网规划方法[62]。徐循初认为,巴士快速公交线网规划应根据城市用地发展方向、土地利用规划,确定主要客流集散点和交通换乘点;按照城市用地布局划分交通小区,根据各交通小区土地使用的特征进行公交线路网客流量预测;结合巴士快速公交的运送能力、车速、出行时耗等技术特征和公交客流需求,编制公交线网方案,理论上各主要的客流集散点之间应有直达的公交线路连接[63]。胡合林结合快速公交的线路布局特征和不同布局形态线网的优缺点分析,以优化公交网络结构、提高线网整体运输效率为目的,引入遗传算法,提出了快速公交线网布局方法[64]。鲁洪强从BRT站点的规划位置和形式研究入手,以乘客平均公交出行时间最短为目标,提出了BRT最优站距分析方法和计算模型[65]。唐可提出了影响城市快速公交系统线网布局的因素主要有城市总体布局规划、交通布局、生态环境、社会经济等[66]。莫一魁根据快速公交的特点和功能定位,针对传统直达客流方法应用于快速公交线网布局优化的不足,以直达客流运输密度最大、绕行系数最小为目标函数,提出了快速公交线网布局双层非线性优化模型和求解算法[67]。李晓冬和冯树民提出公交线路的布设必须首先满足城市道路中可通行公交线路的道路网条件,其次进行起讫点的选取,形成线路可行端点对集,采用最短路布设法和最大效率布设法对可行端点对的可行线路进行计算,为组成初始公交线网做好准备[68]。

3. 现代有轨电车线网的建设时序

陈元朵等提出轨道交通建设时序研究的重要性,结合城市轨道交通建设的不同时期对轨道交通建设时序的影响因素进行分析,指出交通需求、轨道交通线网的完备性及轨道交通线网与城市空间发展的一致性是城市轨道交通建设时序的影响因素[69]。张凯等在城市轨道交通线网评价指标体系中筛选出对轨道交通建设时序影响最大的五个指标:线路日客运负荷强度、线路位置系数、线路布局重要程度指数、线路站点位置系数及线路与城市发展方向吻合指数等,采用主观与客观相结合的方法确立轨道交通规划建设时序[70]。郭延永等针对城市轨道交通建设时序的影响因素分析,确定这些影响因素的指标权重,构建加权标准化决策矩阵来确定城市轨道交通线路的建设时序[71]。

1.2.5 现代有轨电车与常规公交网络的协调优化

1. 既有常规公交线路优化

关于公交网络的研究多属于多模式公交网络设计问题(Multi-modal Transit Network Design Problem，MTNDP)，主要从系统层面对公交网络进行优化。Bruno 等和 Uchida 等考虑乘客出行成本和建设运营成本，针对城市不同的交通网络建立了网络设计模型，主要包括慢行网络、公交网络以及机动车网络等[72-73]。Lo 等运用状态增广技术将轨道交通、巴士公交以及小汽车交通等网络合成为多模式公交网络模型——状态增广多模式网络，为网络中的节点和链接定义状态变量以考虑公交换乘规则与种类以及非线性票价结构，给出链接、路径的效用函数[74-77]。Chen 等从多模式观点出发、运用目标导向方法，研究复杂城市交通网络的组织、表达及建模方法，提出基于 GIS 的城市交通网络模型，用于多模式城市交通网络分析与管理[78]。

由于现代有轨电车在技术经济特性等方面与地铁、快速公交等具有一定的相似性，因此可借鉴城市轨道交通与常规公交线路、BRT 与常规公交线路的协调等方面研究成果。部分既有研究主要运用定性分析或者既有经验制定常规公交线路的协调方案。东南大学过秀成团队在分析城市轨道交通与常规公交竞合关系的基础上，提出了常规公交线路的调整目标与策略，并提出了轨道交通与常规公交两网融合的理想模式，进而结合线路以及客流的特性分析，针对具体常规公交线路提出相应的调整措施，并对无锡轨道1、2号线进行实例应用[79-81]。范海雁等在假定轨道交通线路不变的情况下，从宏、中、微观三个层面提出了常规公交线网的调整方法，即从站点、线路以及网络三个层面提出了具体的调整技术[82]。莫海波研究了轨道交通的影响范围，在明确常规公交线路调整必要性以及原则的基础上，提出了受到轨道交通影响的常规公交线路调整方法[83]。周昌标等在分析不同地区不同发展时期下轨道交通与常规公交的功能定位以及发展模式，进而提出了常规公交线路的调整准则，以广州地铁为例进行了实证研究[84]。梁丽娟针对轨道交通发展初期，研究其影响范围内的常规公交线路特征，并结合线路和客流等因素对其进行聚类分析，以聚类分析结果为依据对具体的常规公交线路提出针对性的调整措施[85]。

2. 新增接运公交线路

接运公交生成主要集中在接运公交网络设计问题(Feeder Bus Network Design Problem，FBNDP)，大致可分为分析模型与网络模型。早期研究以分析模型为主。Kuah 和 Perl 假设对于某一轨道交通线路，为其服务的接运公交之间相互平行，且交通需求均匀分布在各交通小区中，建立了分析模型并求解得到接运公交线路的线间距、站点间距以及发车频率等关键指标[86]。Chien 等针对给定的轨道交通站点,综合考虑乘客出行时间和企业运营成本等因素,建立多目标优化模型来生成线路走向以及确定发车间隔,解决了非规则的道路网络中接运公交的线路优化问题[87]。Kuah 和 Perl 应用数学模型解决这类问题,分为"多对一"和"多对多"两种需求模式,"多对一"是指一条常规公交线路的多个站点与同一个轨道交通站点相连接模式,"多对多"是指多条常规公交线路的多个站点与多个轨道交通站点相连接模式,考虑乘客行程时间最小化,构建了分不同模式的网络模型[88]。Shrivastav 和 Dhingra 在确定常规线路首末站的基础上,选择"最大需求-偏离最短路时间"和"行驶时间"为目标,提出了利用启发式算法依次生成中途站点进而生成接运公交线路的方法[89]。东南大学过秀成团队综合考虑轨道交通的线路特征、客流需求特性、用地性质等因素,确定其接运公交的服务范围,在筛选出可运营的道路网络和生成候选接运公交线路的基础上,考虑接运公交的服务覆盖率最大和乘客的出行时间最小的目标,建立了多目标规划模型,生成了较优的接运公交线路布局方案[90-91]。蒋冰蕾和李诗灵等提出了依据接运公交线路可为轨道交通集散提供的客运周转量大小,来选择合适的轨道交通接运站点方法,并以接运效率最大化为目标函数,设计了相关算法进行逐条搜索,生成了接运公交线路[92-93]。孙杨等重点分析了乘客的选择偏好特性,以乘客行程时间最小、企业成本最小以及乘客数量最大为优化目标,构建了接运公交线路生成模型[94]。郭本峰等在综合分析用地类型、客流需求以及企业成本的基础上,考虑线路非直线系数、公交站点服务覆盖率等约束条件,以公共交通系统的总运输效率最高为目标,建立了新增接运公交线路的生成模型[95]。熊杰等人以路段的需求潜力最大化为目标函数,以线路行程时间为约束条件,构建了接运公交线路设计模型[96]。董雪在考虑接运公交运营费用的基础上,以公交线路服务覆盖率最大化为目标,构建了对既有常规公交线网进行协调优化的接运公交网络优化模型[97]。魏平洪以包括乘客和企业两方面成本的系统总成本最小化为目标,建立了为快速公交提供接运服务的常规公交线路生成模型[98]。Chien 等在兼顾乘客和企业双方的成本下,比较分析了固定式与响应式公交模式的适应性,并提出了固定式线路适合客流高峰期,而响应式线路适合客流平峰期的结论[99]。Mohaymany 和 Gholami 综合考虑乘客出行时间、企业运营成本、公交网络效益等因素,建立了具有多方式的轨道交通接驳系统[100]。

1.2.6 现代有轨电车运行组织

现代有轨电车的运行组织方式较为灵活,国内外学者根据现代有轨电车的特征提出了多种运行组织方式,并对部分运行组织方式的适用条件、运营效果进行了分析。一些运行组织方式也被应用到了国内外城市现代有轨电车的实践中。

Shalaby 等提出在现代有轨电车线路中应用多编组运行组织方式,并采用微观仿真研究了这种运行组织方式对多伦多市 504 国王街的现代有轨电车线路运行效果的影响,证明其能有效减少线路的延误和拥堵水平[101]。高继宇认为现代有轨电车规划阶段在考虑采用多编组运行组织方式时,一方面要灵活选择不同编组数的车辆适应所预测客流的需求,同时需要考虑站台、渡线及其他设备在远期对不同编组数车辆的兼容性[102]。宋嘉雯根据现代有轨电车采用半专用路权或开放路权形式以及其线路与其他线路平交的特点,提出不同的运营线路可以采用共线运行组织方式,而两条互不相连的运营线路可以通过设置适当的双线联络线进行连接[103]。王印富等提出了快慢车结合的城市轨道交通运行组织方式,认为这种运行组织方式在线路开通运营的初期可以为乘客提供较好的服务水平,为线路吸引客流[104]。覃乔等介绍了现代有轨电车可以采用共轨、单线、支线等运行组织方式,并且可以灵活地采用多种方式混合运行[105]。

在国内外多个城市现代有轨电车的实践中,运营商采用了不同类型的运行组织方式满足不同的运行需求,具体如表 1-1 所示[106-110]。

表 1-1　国内外城市现代有轨电车运行组织方式

城市	线路名称	运行组织方式	示意图
南京	河西有轨电车 1 号线	单一交路运行	
广州	海珠区现代有轨电车	单一交路运行	
澳大利亚墨尔本	55 号线与 59 号线	双 Y 型共线运行	
	5 号线与 64 号线	单 Y 型共线运行	
	57 号线与 59 号线	O 型共线运行	
	6 号线	多交路运行	

续表

城市	线路名称	运行组织方式	示意图
英国克罗伊登	1 号线与 2 号线	单 Y 型共线运行	1号线／2号线共线运行
英国克罗伊登	1 号线	单轨环线运行	
日本广岛	7 号线与 8 号线	单 Y 型共线运行	7号线／8号线共线运行
日本广岛	6 号线与 7 号线	双 Y 型共线运行	6号线／7号线共线运行
日本广岛	1 号线与 5 号线	O 型共线运行	1号线／5号线共线运行

　　有轨电车的交通组织研究主要集中在交叉口信号优先以及交通流线组织等方面。

　　李元坤、卫超等在各自的研究成果中都提出了通过采用交叉口信号优先的方式,可以缩短有轨电车运行时间,提高有轨电车的运营效率[32, 33]。李凯等根据有轨电车车辆运行特性,建立最小绿灯时间、绿灯延长时间等配时要素的计算公式,提出配时方案,将有轨电车融入城市交通系统中[111]。刘新平等通过优化现代有轨电车整体的信号系统,提高了现代有轨电车的运行效率[112-115]。王舒祺对现代有轨电车在交叉路口处的优先管理与控制研究进行了综述分析,给出了现代有轨电车在交叉路口处优先控制的总体思路。就空间优先和时间优先两个方向,阐述了现代有轨电车在交叉路口处优先控制研究的不足之处和未来发展方向[116]。

　　陆锡明和李娜提出有轨电车在路权上要处理好与通道内社会车辆的关系,在实施条件有限的中心城区建议采用中央布置方式,结合道路重要绿化带布设轨道线路,供有轨电车专用,在交叉口进口道附近可设置车站,便于行人通过人行横道换乘,并提出了具体人行横道的布置方式[29]。丁强提出现代有轨电车线路的布设对沿线道路交通的影响主要包括:区域路网、路段通行能力、交叉路口、沿线单位出入口及过街行人等方面[19]。吴其刚认为在共享路段应设置交通标志、标线进行控制,在有轨电车车道设置明显标志及标线,并禁止社会车辆在共享路权段超车、变更车道[117]。姜军认为现代有轨电车的地面敷设方式会与道路交通产生相互影响,应系统开展沿线交通组织研究,采用合理的交通管理措施和分流措施,以维持道路交通可接受的服务水平[26]。李际胜等结合有轨电车车站、线路布置形式,从行人交通组织、乘客交通组织、路口交通组织、路段交通组织等方面对有轨电车的交通组织设计进行了研讨[20]。

1.2.7　现代有轨电车运行安全保障

对于现代有轨电车的运行安全保障,现有研究重点主要是政策法规方面,对于具体的保障内容提及较少。Gurrie等人通过对有轨电车站台进行重新设计、行人交通流线进行组织,提高行人在有轨电车站点的安全性[14, 16, 118-119]。陆锡明、姜军等认为要完善有轨电车配套标准和法律法规,制定有轨电车车辆管理政策,明确有轨电车车辆属性、登记备案等制度;制定驾驶人培训和驾照考试办法以对申请人进行考核;完善交通事故认定办法,以推动有轨电车科学理性的发展[26, 29]。李永亮等提出有轨电车应在公交一体化理念下,建立统一的行业技术标准、管理规范,主要包括票务票价的制定标准、司机安全驾驶标准、行业运营服务标准及乘客的赔偿制度等;同时建立有效的监督机制保证行业技术标准的执行和规范化管理[120]。赵鹏林提出有必要针对有轨电车司机制定新的学习培训办法、考核办法,制定驾驶证管理和车辆牌照发放办法,保障所有机动车和行人的安全和效率,使工程技术人员、行业主管部门和执法者有法可依[28]。毛建华等提出现代有轨电车运行安全以现场判断为主,司机是有轨电车面向乘客服务的窗口之一,是保障行车安全的关键环节,需要注重岗位素质模型建立、人员素质评估、性格测试等工作[121]。

苏州、南京、珠海等地相继制订了有轨电车管理办法。2014年6月,苏州率先制订了《苏州市有轨电车交通管理办法》,是全国第一部以"有轨电车"为主题的立法文件。为保证有轨电车交通规划、建设的顺利进行和建成后的安全运营,该办法设立了有轨电车交通控制保护区,明确了保护区的范围,并对保护区内的建设活动提出了明确要求,在控制保护区内进行相关活动的建设单位应当制定有轨电车交通保护方案。有轨电车交通安全保障相关制度的设计,主要基于三个方面的考虑:一是有轨电车属于机动车,应当遵守机动车一般通行规则;二是有轨电车属于公交车辆,应当享有公交优先的权利;三是有轨电车具有电力推动、沿轨道行驶和惯性较大的特征,应当予以特别保护。南京市在《南京市有轨电车交通管理办法》中明确界定了建设单位、经营单位分别承担建设期间、运营期间的安全责任,设置专门的安全管理机构,建立健全安全管理制度,加强安全管理。规定住房和城乡建设、交通运输行政主管部门应当会同有关部门及相关单位,制定有轨电车交通建设、运营突发事件应急预案,报同级人民政府批准后实施。同时经营单位应当根据应急预案制定运营突发事件应急处置方案,并定期组织演练和安全生产评估,发生突发事件后,按照应急处置方案组织实施。

2020 年 11 月,由公安部上报及执行的《有轨电车道路通行安全技术规范》正式实施。该规范是国家制定的专门针对有轨电车道路通行安全方面的标准规范,规定了有轨电车在道路上的交通组织与交通渠化、交通信号与安全设施设置、交通信号优先通行控制、交叉口信号设备交互接口规范、通行与安全效益评估等要求。规范中明确了有轨电车专用信号灯和道路交通信号灯的设置与安装要求,对通行效率评估指标和安全效益评估指标进行了界定。

1.2.8　国内外既有研究综述

(1) 关于现代有轨电车的研究成果较多地集中在技术经济特性及适应性方面,认为其为中低运量的轨道交通方式,适用于中低强度的城市客运发展轴,既可作为中小城市或者城市新区公共交通系统的骨干,也可与城市轨道交通整合或作为城市轨道交通功能的延伸和补充。既有研究关于现代有轨电车在多层次、多模式、一体化的公共交通网络中的发展定位及其与公共交通系统中其他方式的融合关系分析有待深入。

(2) 既有研究提出了部分运行设施约束条件下现代有轨电车的运输能力计算方法,考虑了站点的停站时间、交叉口的信号配时以及折返作业等影响。针对不同运行组织方式条件下现代有轨电车运输能力的计算方法有待进一步研究,需从运行设施、运行组织方式、运行环境等方面系统研究运输能力影响因素,建立运输能力计算模型,合理估算其运能。

(3) 既有研究针对传统"四阶段"法的需求分析进行了较多的研究和改进,也在交通出行方面进行了广泛的应用。在轨道交通方面多采用多方式联合的需求分析方法,并应用于地铁、轻轨等交通方式,但现代有轨电车的应用相对较少,需要根据有轨电车的经济技术特性梳理现代有轨电车需求分析方法。

(4) 针对现代有轨电车线网布局的研究多参考常规公交线网布局规划、BRT线网布局规划和快速轨道交通线网布局规划等相关的研究成果,应进一步结合现代有轨电车的不同功能定位研究其线网规划方法,合理确定有轨电车的规模及线网布局与优化方法等方面。

(5) 国外关于现代有轨电车与常规公交的线路优化研究多集中在多模式公交网络设计方面,主要从公交系统层面对线网进行优化,对于接运公交线路生成研究主要集中在接运公交模式以及各自的适应性方面;国内研究主要集中在地铁或者 BRT 与常规公交线路的协调上,根据现代有轨电车在不同城市或区域的功能定位,制定不同的优化目标。在有轨电车与常规公交线路协调时多以调整常规公交线路为主,缺乏对现代有轨电车线路功能定位以及站点协调的考虑。对于接运公交模式通常采用直接生成接运公交线路的固定式线路,且仅从乘客和企业的角度出发建立接运公交生成模型,未体现轨道交通接运站点的功能定位。

(6) 现代有轨电车运行组织方面的研究及实践成果较多,其中由于有轨电车与地面交通存在着直接影响,有轨电车与地面交通的运行组织是研究的主要方面。随着有轨电车从示范线向网络化建设的转变,有必要确定网络化有轨电车的运行组织方式以及确定流程,优化有轨电车地面交通组织,协调好有轨电车与地面公交时刻表。

(7) 目前已发生的有轨电车事故多集中在交叉口及共享路权的道路上,这与有轨电车的运行特性及车辆本身的技术特征有关。因此,需完善现代有轨电车安全防控技术,并从组织机构、应急预案、安全评估机制、安全保障措施等方面完善国内现代有轨电车应急保障技术。

1.3 专著组织结构

本书结合现代有轨电车建设运行现状和存在问题,分析现代有轨电车交通发展机理及供需特征,从现代有轨电车运行特征与需求分析、线网规划方法、线网方案评价与决策、线路规划与设计到现代有轨电车线路与常规公交线路协调、运行安全等方面进行研究,本书主要内容如下:

1. 现代有轨电车交通发展机理

在分析现代有轨电车技术经济特性的基础上,研究现代有轨电车在城市交通中的作用,明确其与城市发展的互动关系及其在城市交通中的功能定位,并剖析现代有轨电车线网形态与城市空间形态的耦合机理。

2. 现代有轨电车交通运行特征分析

研究现代有轨电车最小车头时距、旅行速度、合理线路长度以及客流负荷强度的影响因素以及计算方法;研究有轨电车运输能力的影响因素,包括运行设施、运行组织方式和运行环境等方面。结合不同运行组织方式研究现代有轨电车的运输能力确定方法。

3. 现代有轨电车交通需求分析

确定有轨电车需求分析的主要内容以及流程,明确有轨电车交通调查内容,以"四阶段"方法为基础,研究现代有轨电车交通需求分析模型,并进行线网客流指标以及敏感性分析。

4. 现代有轨电车线网布局规划方法

总结现代有轨电车线网规模的影响因素,研究基于交通需求、线网覆盖率和几何分析法的现代有轨电车线网规模测算方法。构建基于"面、线、点"要素分析法的线网规划布局方法,采用基于交通小区重要度的虚拟路径(客流廊道)生成方法和基于集散点重要度的实体路径生成方法进行线网改进与调整,并构建城市现代有轨电车线网优化模型进行优化。

5. 现代有轨电车线网方案评价

以体现"城市发展协调性、线网功能合理性、线网结构合理性和运行效果可靠性"等四个方面来构建线网方案评价指标体系,并研究各指标计算方法及评价模型;在确定线网方案的基础上,选取决策指标,研究线网实施时序的决策方法。

6. 现代有轨电车系统设计

现代有轨电车系统设计包括线路规划与设计、车站及车辆段规划与设计、车辆选型、供电方式以及控制系统设计等方面;在总结现代有轨电车线路设计依据的基础上,研究线路平面设计和纵断面设计要点;进而研究现代有轨电车车站位置、站台布置方式及车辆基地的规划与设计;分析车辆选型及供电方式的适用性,以及控制系统的组成。

7. 现代有轨电车与常规公交线路协调方法

分析现代有轨电车与常规公交线路的竞合关系以及网络衔接关系,从既有常规公交调整和新增接运公交生成两方面提出两者的协调目标与策略;针对现代有轨电车直接吸引范围,调整既有常规公交线网,在分析两者空间关系等因素的基础上,提出线路和站点两个层面的协调调整措施,实现两网融合;对于现代有轨电车间接吸引范围,新增接运公交,研究现代有轨电车接运站点的选取方式,进而生成接运公交候选线路集合,并构建接运公交线路生成模型,优选出最终线路方案,对现代有轨电车线网进行补充和延伸。

8. 现代有轨电车交通运行组织方法分析

分析不同运行组织方式的特点及应用情况,从客流需求特征分析、运行设施的适应条件、车辆开行计划的确定等方面明确有轨电车运行组织方式的确定流程;从宏观到微观,分层次从区域、路段、交叉口逐步研究分析有轨电车交通组织优化技术;明确有轨电车与地面公交时刻表协调技术和有轨电车交叉口优先控制策略及方法。

9. 现代有轨电车运行安全保障技术

从系统内部和外部环境分析影响现代有轨电车运行安全的主要因素,从系统内部安全防控体系和安全保障机制两方面建立有轨电车安全保障体系。安全防控体系方面,明确现代有轨电车安全防控技术与监控技术;安全保障机制方面,从法律法规、组织架构、运行机制、应急管理以及宣传教育等方面提出相应的保障措施。

　　本专著共 11 章,第 1 章绪论,阐述现代有轨电车交通线网规划与运行组织方法研究的背景和必要性;第 2 章现代有轨电车交通发展机理,分析现代有轨电车技术经济特性,剖析其在城市发展中的作用及其线网演化机理;第 3 章现代有轨电车交通运行特征分析,分析了有轨电车运行最小车头时距、旅行速度、线路长度以及客流负荷强度的影响因素和计算方法;第 4 章现代有轨电车交通需求分析,分析城市交通需求分析主要内容与流程,运用四阶段法构建现代有轨电车需求分析模型;第 5 章现代有轨电车线网规划方法,提出线网规划依据与总体目标,测算现代有轨电车线网合理规模,并提出现代有轨电车线网生成方法和优化方法;第 6 章现代有轨电车线网方案评价,构建线网方案评价指标体系,确定各指标计算方法和权重以建立评价模型,并研究线网实施时序决策方法;第 7 章现代有轨电车系统设计,研究现代有轨电车线路、车站、车辆段等规划与设计要点,并对车辆选型、供电方式选择、控制系统设计等方面进行分析;第 8 章现代有轨电车与常规公交线路协调方法,分析现代有轨电车与常规公交协调关系,提出两者协调策略,从常规公交线路调整和接运公交线路生成两方面进行两者的协调研究;第 9 章现代有轨电车交通运行组织方法分析,分析现代有轨电车网络化运行组织方式,研究与地面交通组织优化方法,建立有轨电车与地面公交时刻表运行协调模型,确定有轨电车交叉口信号控制方法。第 10 章现代有轨电车运行安全保障技术,构建现代有轨电车运行安全保障体系,包括系统内部安全防控技术以及法律法规、组织架构、应急管理等安全保障机制,并以淮安为例分析其有轨电车运行安全保障技术;第 11 章苏州现代有轨电车 2 号线客流预测。

第 2 章　现代有轨电车交通发展机理

2.1　现代有轨电车系统构成与特点

2.1.1　现代有轨电车系统构成

现代有轨电车是由电气牵引轮轨导向,采用低地板式电动车辆,基本运行在专用轨道上,采用平交道口和优先信号的中低运量的混合轨道交通系统。有轨电车的车辆宽度通常受城市道路可容纳性的限制,因此可以根据需要采用个性化的车辆型式(如表 2-1 所示)。

表 2-1　国外部分城市现代有轨电车系统的技术特征

城市	列车技术特征		
	长度(m)	宽度(m)	运能(按 4 人/m²)
巴黎	29.4	2.3	174
蒙比利埃	30	2.65	202
斯特拉斯堡	33.1	2.4	210
谢菲尔德	34.75	2.65	243
法兰克福	27.6	2.35	170
维也纳	20～43	2.3	105～256

旧式有轨电车车辆长度一般在 12 m,宽度一般在 2～2.45 m,一般编组 1～2 节。20 世纪 70 年代至今,有轨电车迅速发展,不仅外观更加新颖时尚,并且随着科技进步,技术装备更加先进,启动刹车和爬坡性能有了很大的提高,时速更快,转弯灵活、可与道路信号合用。特别是现代低地板有轨电车的成功运用(便于弱势群体人乘坐),使它成为一种可靠、安全、舒适、无污染、运量适度、机动灵活的交通方式。

现代有轨电车系统运能大约是一般燃油公共汽车的 2 倍,其运能介于轻轨与公共汽车之间。因此,现代有轨电车线路可以作为城市中低运量骨干线路,同时,也可以作为城市快速轨道交通线网的延伸与补充,以扩大轨道交通的服务范围,可以认为是介于轻轨与公共汽车之间的一种设施,可以为乘客提供一种较公共汽车更优良的交通手段,减轻对环境的损害,还有利于节约宝贵的能源,也能有效地促进周边地块的开发。

1. 车辆

现代有轨电车车辆是现代有轨电车系统运载乘客的工具,是系统中最重要的技术设备。车辆直接为乘客服务,现代有轨电车系统中的一切设施都是为保证车辆正常运行而设计的。现代有轨电车车辆关系到供电、轨道、车站、信号、运营等相关内容,具有安全、经济、先进的特征。

(1)安全性

现代有轨电车作为中低运量的城市轨道交通系统,具有运输效率高、行车间隔小的特点。车辆及设备技术成熟、可靠性高。

(2)经济性

经济性不仅仅体现在车辆造价上,从长远角度看还应综合考虑运用和检修的问题。由于现代有轨电车车辆技术在国内得到了很大的提高,许多关键部件已经实现了国产化,降低了其运营成本和维修支出。

(3)先进性

随着近年来国外城市轨道交通车辆技术的发展,尤其是电气元件的改进,现代有轨电车车辆技术已经得到了极大提高,低地板、低噪音等新型车辆技术都已经成熟。

2. 线路

线路设置要和城市总体规划相结合,考虑最大客流方向和主要客流集散点,以及住宅区、购物中心。考虑同大容量的轨道交通线路协调,可为其驳送客流,也方便城市居民出行,减少出行时间。

在平交道口,必须设置控制信号,以保证现代有轨电车优先通过。在交通量大,干扰比较严重的交叉口,可以考虑采用隧道或者高架桥的方式,并且尽量减少长度,以降低造价。

线路按其作用可分为正线、辅助线和车场线,根据需要设置过渡线、折返线及联络线。

3. 车站

车站是乘客候车和乘降的场所,是有轨电车系统的重要组成部分。同时车站也是多个交通系统停靠站的集合,具有各种特定设施为乘客和运营方服务,因此,车站也具有与其他交通方式换乘的功能。

车站选址应该以能吸引到更多客流,方便乘客为原则,适当考虑技术经济上的合理性。车站应注重运营组织,以便于疏导客流,地面车站应与环境相协调。

为了保证乘客上下车的方便和安全,有条件的车站均应设置站台。车站雨棚的大小应该根据乘客聚集人数来适当确定。

4. 供电

供电系统,是基础能源设施,也是轨道交通的大动脉。现代有轨电车的电力用户为国家 Ⅰ 级负荷,应由两路及两路以上独立电源供电,而且其中一路必须是专用线路。动力照明系统中的一类负荷及通信、信号、自动化设备电源应有两路及两路以上供电。供电能力应满足现代有轨电车系统近远期发展的要求,变电所的数量和容量应根据远期列车编组和行车密度计算确定。

5. 通信信号

通信信号设备是提高运输效率和保证行车安全的重要技术装备。道口信号系统的主要任务是将有轨电车接近道口的信息传给道口信号控制器并传输给交警指挥中心,由交警指挥中心给予现代有轨电车一定的优先权,以达到提高其运行速度的目的。

德国城市达姆施特的研究表明,造成路面有轨电车速度迟缓的原因四分之三以上都是因为交通信号所致。该城市依靠设置优先行驶的信号,使得在一条线路上的电车节省了 10 min 的时间。

6. 售票系统

票务服务是城市轨道交通部门与乘客通过车票产生权利义务关系的特定过程,是城市轨道交通客运服务的重要组成部分,是票务工作中直接面对乘客的重要环节。票务服务主要包括售票、检票、验票、补票等作业程序。在实行不同票制时,票务服务的作业程序也会有相应的变化。

2.1.2　现代有轨电车技术经济特性

1. 现代有轨电车主要特征

现代有轨电车已经成为一种可靠、安全、舒适、无污染、运量适度、机动灵活的交通方式,并具有如下特征:

(1) 中低运量

现代有轨电车不同于常规的公共汽车,它通常采用编组运行。因此,现代有轨电车的运输能力取决于车辆定员数、列车最大编组辆数及最小行车间隔。

现代有轨电车车辆的定员数与车辆类型、车门数量、车门尺寸、座椅布置形式、站台形式等因素有关,但影响最大的是座席比和每平方米站立人数,而这两个因素与车辆的服务质量及乘车舒适性有直接的关系。车辆有四轴单节车、六轴铰接车和八轴铰接车等形式,每辆车的长度最短为 13 m,最长接近 30 m,车辆宽度一般较地铁窄。每辆车定员数包括座席和站立人数在 110～300 人之间。

(2) 较高运送速度

现代有轨电车的运送速度,主要取决于现代有轨电车车辆的最高速度及最大加速能力、线路特征、站间距离及停站时间等因素。现代有轨电车的平均运行速度在 20 km/h 左右,较常规公交 15 km/h 的速度,提高了 30%左右。现代有轨电车系统采用低地板设计车辆能够减少车辆在车站的停站时间,提高运行速度。

(3)运能灵活性强

运量调节的幅度大,可根据客流的需要情况,采用不同的车型,如四轴车、六轴车、六轴铰节车、八轴铰节车及不同的编组形式,有着较大的适应范围,这是常规公交所无法比拟的。尤其在客流呈现明显时间规律或者区域规律时,现代有轨电车可以提高使用效率,降低运营成本。

(4)高服务质量

因为现代有轨电车交通系统在轨道上行驶,运行平稳,具有比较高的服务质量,特别是现代低地板有轨电车的成功运用,便于残疾人乘坐;同时,与其他交通方式互不影响或影响较少,减少交通堵塞,可以保持较高的准时性;并且由于使用自动控制行车速度的各种信号装置,使现代有轨电车交通系统还具有较高的行车安全性及可靠性。

(5)环保美观

现代有轨电车采用电力牵引,不产生废气,对环境不产生排气污染;同时由于它的运营,减少了汽车运行的数量,从而减少了由此引起的环境污染。在线路和车辆上采用了许多减震减噪技术,降低了噪声。在地面运行时,现代有轨电车漂亮的外形还会给城市增添色彩。

(6)良好的技术经济性

现代有轨电车的更新改造可以根据客流增长的需要,逐步提高技术等级,完善运营管理系统。这样可以充分地利用已有的轨道和设备,并减少征地的费用,使投资大幅降低。研究表明现代有轨电车的建设成本是地铁的 1/10 左右,同时运营成本也要比其他公共交通运输方式要低。其使用寿命比较长,公共汽车的寿命通常为 8~10 年,而现代有轨电车可以长达 30 年。由此可见,现代有轨电车的初期投资虽然比常规公交要大,但是从长远来看,现代有轨电车具有良好的经济适用性。

(7)机动性较差

现代有轨电车系统需要固定在轨道上运行,服务范围不能随意改变,因此灵活机动性较差。

(8)建设工程复杂

现代有轨电车系统需要布设轨道、架设线路,还要建设变电设施,以及停车场、车辆段的建设都较为复杂,相比常规公交而言,建设的周期比较长,不能在较短的时间内投入使用。

（9）对道路路面结构的整体性和强度不利

现代有轨电车的轨道直接埋设在道路上,因此破坏了路面结构的整体性,容易透水,加速路面的损坏;其次,电车轨道和路面是两种完全不同的材料和结构,其相互结合牢固性差,同时,电车行驶时产生的振动也会破坏两者结合的牢固性。

（10）架空线对景观有一定的影响

现代有轨电车是靠电力作为能源动力的,同无轨电车一样,需要架空线和立柱,虽然在客观上消除了空气污染,但也给城市的景观质量造成一定影响。

2. 现代有轨电车的技术经济特性

城市公共交通系统由常规公交、BRT、现代有轨电车、轻轨、地铁等公共交通方式组成[122]。现代有轨电车是经传统有轨电车改造的中低运量轨道交通方式,运能介于常规公交与轻轨之间,与BRT相近,一般在0.8万~1.5万人/h,高于常规公交和BRT,低于快速轨道交通;其工程造价因使用功能、车辆配属、运行服务水平、线路敷设方式等不同而存在差异。国内现代有轨电车每公里的工程造价约为1亿~2亿元,高于常规公交和BRT,但是远低于城市快速轨道交通(轻轨和地铁)。

现代有轨电车可具有独立、半独立以及混合路权等多种路权方式,国内现代有轨电车通常采用半独立路权,在路段通过隔离实现专有路权,在交叉口通常采用与社会车辆共享路权的方式,按照信号控制通过。现代有轨电车设计最高运行速度可达70 km/h,交叉口通过速度可达35 km/h[123]。在实际运营中,平均运行速度一般为15~30 km/h。

现代有轨电车系统主要是采用电能驱动,尾气零排放,环境污染少,符合现代化城市低碳生态、绿色环保的交通发展理念。以废气排放量为例,现代有轨电车运行中每公里电力等效CO_2排放量为7 g,NO_x排放量为5.3 g,远低于常规公交和BRT,且现代有轨电车的能量消耗来自电力,废气物排放发生在电厂,远离城市也便于集中处理,属于环保型交通方式。

车辆采用对开门、大开敞设计,通透性好,内置空调保证了乘车环境的舒适性;车辆行驶在轨道上,平稳性明显优于常规公交和BRT;采用低地板设计,方便乘客上下车,尤其关注弱势群体的乘车需求,体现了人性化服务理念。

相较于传统有轨电车,现代有轨电车在车辆模块化、低地板程度、无网供电技术、动力性能、载客能力、车辆外观以及系统噪音、节能减排等方面进行了技术革新,能够更好地适应城市交通发展要求。

3. 与其他公共交通方式的比较

城市公共交通系统中各交通方式的技术经济特性如表2-2所示。

表 2-2 各公共交通方式的技术经济特性

	常规公交		BRT	现代有轨电车	轻轨	地铁
	普通	纯电动				
平均运行速度(km/h)	10~15		15~30	15~30	25~40	25~40
单向运能(万人次/h)	<0.6		0.8~1.2	0.8~1.5	1~3	3~6
综合造价(亿元/km)	<0.1	<0.2	0.3~0.45	1~2	1.5~3	5~8
建设周期(a)	—		1~2	1.5~3	3~5	3~5
车辆使用寿命(a)	5~8	6~7(电池)	<10	>25	>25	>25
每人每公里能耗(kW·h)	1	0.5	0.7	0.3	0.35	0.4
废气排放量(g/km) NO_x	88.4	2.3	42.0	5.3	13.5	17.5
废气排放量(g/km) CO_2	19.4	4.7	15.0	7.0	5	7.5
路权	混合路权		独立、半独立或混合路权	独立、半独立或混合路权	独立路权	独立路权
敷设方式	地面		地面为主,可高架	地面为主,可高架、地下	地面、高架、地下	地面、高架、地下

根据表 2-2,分析现代有轨电车与城市其他公交方式之间的异同性。

(1) 与大运量轨道交通方式的比较

作为大运量的轨道交通方式,地铁平均运行速度为 25~40 km/h,独立路权,不受其他交通方式干扰,单向运能可达 3 万~6 万人次/h,是一种快速、准时、高效的城市公交方式。但地铁的建设成本较高,每公里造价约 5 亿元至 10 亿元不等;且建设周期较长,线路建成则难以更改,对城市的客运需求、经济实力以及其他因素等均有较高要求。

轻轨的运能在 1 万~3 万人次/h,通常情况下采用独立路权,平均运行速度为 25~40 km/h。相较于地铁,轻轨具有投资较小、线路设置更为灵活等特点,弥补了轨道交通系统中 1 万~3 万人次/h 的运能空缺。

现代有轨电车的运能在 0.8 万~1.5 万人次/h,可作为一种中低运量的轨道交通方式完善城市轨道交通系统;其每公里造价约为地铁的 1/6,轻轨的 1/3~1/2,具有投资较小、周期较短等特点,且线路设置较地铁和轻轨更为灵活。由于运能等级、建设成本以及线路设置等方面的差异性,现代有轨电车与地铁、轻轨等交通方式在城市公共交通系统中承担不同的客运功能,即具有不同的功能定位。

同时,各轨道交通方式对周边客流的吸引能力也有所不同。乘客可通过不同的交通方式到达轨道交通站点,主要有步行、自行车、电动自行车、常规公交、出租车以及小汽车等。如图 2-1 所示,结合南京地铁部分站点的调查数据,分析各接驳方式的客流量情况[124]。

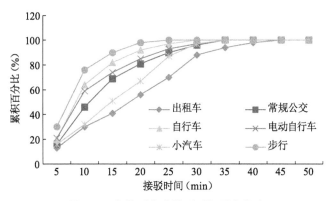

图 2-1　各接驳方式接驳时间累积频率

根据各接驳方式的接驳时间和平均运行速度,可估算出地铁不同接驳方式的服务范围,如表 2-3 所示,步行接驳地铁的范围在 0.7~0.9 km,常规公交接驳地铁的范围是 6.7~10.0 km,因此地铁的直接吸引范围约为 0.7~0.9 km,间接吸引范围约为 6.7~10.0 km。

表 2-3　各接驳方式的服务范围

接驳方式	80 分位接驳时间(min)	速度(km/h)	最大服务半径(km)
步行	11	4~5	0.7~0.9
常规公交	20	20~30	6.7~10.0
出租车	27	35~45	15.7~20.3
小汽车	23	35~45	13.4~17.3
自行车	14	12~15	2.8~3.5
电动自行车	17	18~26	5.1~7.4

对于现代有轨电车,结合苏州现代有轨电车 1 号线的公交乘客刷卡数据分析其接驳服务范围,如图 2-2。图 2-2(a)是将所有现代有轨电车站的换乘客流相关的常规公交站点进行空间分布分析,换乘客流主要集中在有轨电车站点周边 0.5 km 范围内,从步行距离上,越接近现代有轨电车站点换乘客流量越大。图 2-2(b)是将所有常规公交换现代有轨电车的换乘客流的来源进行空间分析,客流整体分布范围相对较广,但主要集中在现代有轨电车站点周边 3.0~4.0 km 内,表明常规公交接驳现代有轨电车的服务范围在 3.0~4.0 km。因此可选取现代有轨电车的直接吸引范围为 0.5 km,间接吸引范围为 3.0~4.0 km。相较地铁站点服务范围,现代有轨电车的直接和间接吸引相对较近。

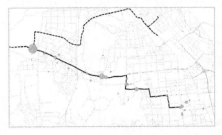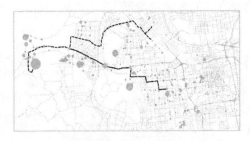

(a) 公交换乘有轨电车的站点空间分布 　　　　(b) 公交换乘有轨电车的客流空间分布

图 2-2　现代有轨电车与常规公交换乘客流分布

（2）现代有轨电车与 BRT

BRT 系统采用现代化的智能交通技术，建造公交专用道以及新式公交车站，利用先进公交车辆，为乘客提供准时、舒适、便捷的公交服务，是一种介于大运量轨道交通方式和常规公交之间的中低运量公共交通方式[125]。

现代有轨电车与 BRT 在运能、平均运行速度等方面较为相近，同属于中低运量的公共交通方式。相较于 BRT，现代有轨电车的造价与单车购置费用较高，建设周期较长，但有轨电车车辆使用寿命较长，因此两者的单位运营成本相近；且现代有轨电车在节能环保、乘车舒适性以及景观协调性等方面有一定优势。因此，现代有轨电车和 BRT 具有一定的竞争关系，两者的异同性如表 2-4 所示。

表 2-4　现代有轨电车与 BRT 特性比较

特性	现代有轨电车	BRT
运能	采用模块化设计，编组灵活，30 m 的现代有轨电车载客量可达 250 人，运能在 0.8 万～1.5 万人次/h	采用长 18 m 的双铰接车辆时载客量高达 180 人，运能在 0.8 万～1.2 万人次/h
速度	最高运行速度可达 70 km/h。加速度可达到 1.2 m/s²。站间距一般为 500～800 m。限速值很少超过 70 km/h，一般平均运行速度为 15～30 km/h	最高运行速度可达 90 km/h，加速度可达到 1.2 m/s²。一般平均运行速度为 15～30 km/h。若站间距较大，采用全封闭、立体交叉模式时，平均运行速度可超过 30 km/h
经济性	建设周期较长，综合造价约为 BRT 的 3 倍以上。其中单车购置费较高，为 BRT 的 7～8 倍。单车载客量较大，车辆的使用寿命长于 BRT，在相同的运输水平下，30 年内车辆总购置费用仅为 BRT 的 1.5～2 倍，且单位运营成本随着客流量的增大而降低	建设周期较短，综合造价低；单车购置费较低，而车辆使用寿命较短。当客流量较小时，BRT 系统的年单位运营成本略低
能耗	现代有轨电车采用电力牵引，每人每公里能耗与大运量的轨道交通较为接近	BRT 能耗较大，每人每公里能耗约为现代有轨电车的 2 倍
环保性	运行过程中几乎没有大气污染，在作为其驱动能源的电力的产生过程会产生一定污染	BRT 车辆在运行过程中排放尾气

特性	现代有轨电车	BRT
景观性	车辆具有流线型外形及漂亮的涂饰,具有美化城市增加景观的作用。用地集约,轨道可铺设在草坪中,无须新增硬化路面	景观性一般,使用硬化路面
舒适性	采用低地板的设计;电车沿固定轨道进出站台,易实现车辆和站台"无缝"连接,提高登乘舒适性;转向架装配减震装置,车内颠簸感小,车辆有更好的平稳性	车站封闭设计,方便乘客上下车;采用低地板的人性化设计

各类城市功能区对于地面快速公交系统的选择不同。

① 城市内部老城区。宜适应老城区的发展定位,减少对老城区道路的改造,根据城市经济实力不同,可选用现代有轨电车或 BRT。

② 主城与外部新城之间。主城与外部新城之间需快速连接,由于沿线经济发展点略少,可采用投资较省的快速公交系统,宜选择 BRT。

③ 新城内部。根据新城的功能定位和经济实力,特别是高端定位、生态新城,宜选择现代有轨电车,BRT 亦可作为经济实力一般的新城的快速公交系统。

④ 旅游城市。现代有轨电车可提升旅游城市的整体形象和知名度,旅游城市宜选用现代有轨电车作为快速公交系统。

（3）与常规公交的比较

常规公交目前在我国许多城市仍为居民公交出行的主要方式。常规公交的建设和运营费用比地铁、轻轨和有轨电车少很多,且线路设置较为灵活,能够实现点对点的直达运输服务,因此常规公交在投资成本和可达性方面具有一定优势。但常规公交也存在一定的局限性,例如其运量小,尾气排放量大,很多地方并未设置公交专用道,导致常规公交运行容易受到其他交通方式干扰,出现运行准点率低、安全性低等问题。而现代有轨电车在运量、速度、乘坐舒适性等方面具有明显优势,能够满足乘客多样化的出行需求以及提供更高的服务水平。因此,现代有轨电车与常规公交各有特点,应加强两者的协调衔接,实现优势互补,发挥公交网络整体效益。

2.2　现代有轨电车交通功能定位

2.2.1　城市公共交通系统与城市发展的互动关系

公共交通系统是城市基础设施的重要组成部分,对改善城市的公共服务,满足居民出行需求和拓展城市的空间结构具有重要的促进作用。城市公共交通系统是一个开放的大系统,与外部环境之间始终保持着物质、能量和信息的交换,是一种复杂的、开放的、多属性的城市公共服务系统。

城市公共交通系统有快速轨道交通(地铁、轻轨)、快速公交系统(现代有轨电车、BRT)、常规公交、以及出租汽车、(公共)自行车和步行等多种方式,每种交通方式有其适宜的运行速度、运输距离、客运容量,也有不同的建设成本,这些都决定了每种交通方式不同的服务范围,如图 2-3 所示。随着城

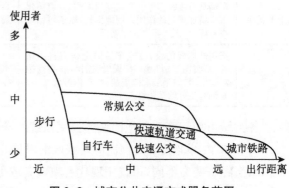

图 2-3　城市公共交通方式服务范围

市的不断成熟,交通需求发生数量和结构性变化,出行方式选择逐渐表现为多元化,平均出行距离和出行时间也不断增加,因此城市的交通网络体系也出现功能层次的分化。为适应居民多元化的出行需求,城市公共交通系统应是多种交通方式协同整合的综合交通系统。城市公共交通系统的交通属性在于:①满足多层次的公共交通出行需求;②满足不同交通方式与最佳服务范围的匹配;③形成不同交通方式之间的无缝隙衔接。

城市公共交通与土地利用两个系统之间存在耦合关系。土地是城市社会经济活动的载体,不同性质的土地利用在空间上的分离引发相应的交通流,城市各类用地之间的交通流构成复杂的交通网络,从宏观上规定了城市交通需求及其结构模式[126]。另一方面,交通改变了城市各功能地块的可达性,而可达性对土地利用的属性、结构及形态布局具有决定性作用。

随着我国新型城镇化进程的加快,未来城市建设和发展的总体方向是建立城市群发展协调机制、促进各类城市协调发展、强化综合交通运输网络支撑、强化城市产业就业带动、优化城市空间结构和管理格局、提升城市基本公共服务水平、提高城市规划建设水平、推动新型城市建设。为了提升城市公共服务能力,国家提出鼓励有条件的城市按照"量力而行、有序发展"的原则,推进地铁、轻轨等城市快速轨道交通系统建设,发挥城市轨道交通作为公共交通的骨干作用,积极发展大容量地面公共交通。在国家宏观政策导向下,城市公共交通有以下发展趋势:

1. 多模式、多层次是公共交通体系的发展方向

为满足不同层次的客运需求,提升公共交通系统整体服务水平,在大城市逐步建立起以大运量快速轨道交通为骨干,以现代有轨电车、BRT 为补充,以地面

常规公交为主体,辅之其他公共交通方式的多模式、多层次一体化公共交通系统是城市公共交通的总体发展方向。现代有轨电车作为中低运量的地面轨道交通系统,以其"科技、人文、生态、高效"的特点重新回归城市公共交通系统中,成为快速轨道交通和常规公交之间"速度"和"运能"的有益补充,丰富了城市公共交通的供给方式,提高了城市公共交通的服务能力和服务品质。

2. 城市快速轨道交通成为公共交通系统的主骨干

城市快速轨道交通包括地铁和轻轨,已经成为一种运量大、速度快、准时、节能、安全、可靠、污染小的现代城市公共交通网络中的骨干,不仅能有效满足大城市不断增加的城市客运需求,而且还会在产业发展和土地综合利用方面带来更加广泛的社会经济效益。

3. 客运枢纽设施是多模式、多层次公共交通系统的核心

随着多模式、多层次公共交通网络体系的建立,综合客运枢纽设施的配套建设成为不同交通方式之间衔接换乘的关键节点。合理规划、有序布局综合客运枢纽场站,是优化公共交通系统结构、方便出行换乘、提高公共交通服务品质和运营效益的重要环节。综合客运枢纽有利于优化与调整公共交通线网,增加运营线路的应变能力。通过改善公共交通结构,发挥各种交通方式的优势,从而提高公交运营效率,增强公共交通的竞争力。此外,客运枢纽可以充分利用地面和地下空间,促进城市土地综合开发利用,有利于提高城市用地的开发强度和利用效益。

4. 高新技术应用推动公共交通系统的信息化和智能化

伴随着高新技术发展与进步,城市公共交通规划管理越来越重视精确的调查分析和全面的信息管理,如大数据技术、GIS(地理信息系统)用于客流需求预测、客流走廊分析、公交线网方案评价和公交服务可达性分析等。这些将会全面提高公共交通规划管理的决策水平,改善公共交通服务质量,更好地满足居民出行需求。

2.2.2　现代有轨电车交通与城市发展的互动关系

有轨电车线路不仅要与城市主要的地面交通相配合,还要与大运量的轨道交通线网协调。需要综合考虑城市空间结构与土地布局,在促进城市公共交通发展的同时,提高土地集约利用程度。

1. 适应城市的空间拓展

城市经济的发展,人口规模的扩大,客观上要求城市空间布局向外拓展,以适应发展的需要。空间的拓展,需要强大的交通功能作为支撑,在城市的外围地区发展有轨电车,就要从整个轨道交通网络布局的角度进行考虑,以扩大快速轨道交通的服务范围,加强服务的深度,提高换乘的灵活性,支撑空间拓展为目标。

如墨尔本有轨电车不仅穿越市中心地区,还延伸至市区几十公里外的外围地区,其功能是提供市区的服务,为铁路车站提供驳运,连接内环郊区与核心区,为城市空间的拓展提供必要的交通保证。

2. 适应新开发地区需要

随着新开发地区的发展,区内公共交通接驳的重要性日益突出,同周边地区的联系、和老城之间的交通需求都在不断增强。需要引入便捷的交通方式,与现有的普通公交方式形成多层次、立体化、智能化的交通体系,带动区域发展,提升城市综合能力。

如天津泰达开发区,通过建设现代有轨电车线路,强调其接驳集散功能,充分发挥津滨快轨的作用。突出开发区东区与塘沽城区共同构建滨海新区中心区和天津市副中心的核心地位,强化开发区东区与塘沽城区的联络。

2.2.3　现代有轨电车交通在城市交通系统中的功能定位

1. 与常规公交的关系

发展有轨电车,一方面可以延伸和加密主城通向外围新市区和新城的公交线路,使主城与外围新市区、新城之间联系更加紧密;另一方面,与常规公车相比,有轨电车的运行以轨道为基础,采取编组的形式,在行车运营组织方面灵活性更强;此外,有轨电车夜间行驶时,线路相当明亮,从夜间出行者的心理角度出发,这种公共交通方式会更受欢迎。

由于现代有轨电车有专用的路轨,受社会车辆的干扰较少,比普通的公交专用道更有优势,优先的通行权使得准点率更容易得到保障。

现代有轨电车和常规公交的关系可以归纳为:

(1) 从加密公交线网的角度来看,现代有轨电车可以对常规公交系统形成补充,提高公交线路的可达性;

(2) 从承担客流的角度来看,现代有轨电车可以与常规公交形成竞争关系,替代部分常规公交,提高服务水平;

(3) 从服务于大容量轨道交通角度来看,现代有轨电车和常规公交形成合作关系,为大容量轨道交通接驳客流。

2. 与 BRT 的关系

从功能上看两者都可成为区域性公交的主体,或是与轨道交通形成延伸、补充、联络和过渡关系。因此,未来现代有轨电车将会与 BRT 系统形成竞争发展的关系,适宜采用分区发展的形式。但是在技术、环保等角度两者还是存在着一定的差异。有轨电车在中小城市用于承担主城区内部较大的交通需求、大城市用于加强市区外围地区与主城区之间的联系、大城市主城外围新城及工业开发区内部、大城市主城外围新城及周边城镇之间、旅游城市构建集交通和观光功能一体的公共交通体系等情况下具有良好的适用性。

3. 与大运量轨道交通的关系

城市快速轨道交通具有很强的网络效应,在其网络规模比较小的时候,换乘不便,客流难以保证;同时由于轨道交通投资大、建设周期长,因此很难在短期内完善网络规模。针对这样的特点,现代有轨电车以其环保、快速、投资少、建设周期短的优点,可以在城市大运量轨道交通发展的不同阶段发挥不同的作用。

(1) 大容量轨道交通网络完全建成之前,现代有轨电车为其接驳客流

由于城市边缘或是城市新市区道路条件较为宽敞,因此可以使用有轨电车作为轨道交通的延伸,使有轨电车的起点与轨道交通的终点紧密地结合在一起,为其接驳客流,以此来降低投资与运营成本。

(2) 大容量轨道交通网络完全建成后,现代有轨电车作为其补充

大容量轨道交通网络建成之后,现代有轨电车网络与其进行必要的整合,形成现代有轨电车与轨道交通共同组成的城市轨道交通系统网络,充分发挥轨道交通的潜力和优势,发挥城市轨道交通网络的效用。

4. 现代有轨电车的功能定位

作为介于大容量轨道交通和常规公交之间的中低运量轨道交通方式,现代有轨电车在不同国家的城市有着不同的功能与作用,比如在德国,现代有轨电车系统比较发达,是居民出行的重要交通方式;在日本,现代有轨电车线路较少且较短,只是作为辅助的公共交通方式;在澳大利亚,现代有轨电车是当地特色的旅游观光方式[127]。结合现代有轨电车在各个城市的应用实例,总结其功能定位,主要分为以下五种:

(1) 中小城市的快速公交骨干

对于没有大容量快速轨道交通的中小城市,现代有轨电车作为城市公交系统的骨干,承担城市的主要客流需求,和常规公交相结合,支撑整个城市的公共交通系统。作为公交系统的骨干方式,现代有轨电车运输功能的发挥需要依靠网络规模效益,且线路从市中心呈放射状向郊区等地辐射,如图 2-4(a)所示的瑞典哥德堡市的现代有轨电车线网。

(2) 大中运量城市轨道交通的延伸和补充

现代有轨电车线路布设在城市主要或者次要的客流走廊上,与城市轨道交通等大中运量公交方式衔接,作为其延伸线或者补充线,其自身并未形成网络化,仅承担接驳快速轨道交通的功能,类似于地铁的接驳公交线路,发挥扩大快速轨道交通服务范围、补充轨道交通系统服务盲区的作用,比如我国天津的现代有轨电车泰达一号线。

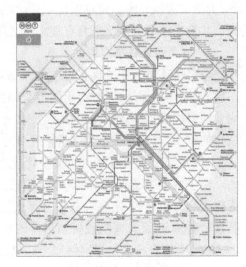

(a) 哥德堡市现代有轨电车线网图   (b) 巴黎轨道交通线网图

图 2-4　现代有轨电车网络示意图

（3）大中运量轨道交通网络的加密线

该类型的现代有轨电车线路一般布设在城市近郊且线路较为分散,主要用于串联地铁线路,能够与地铁系统进行方便换乘。由于现代有轨电车的运能适中,该类线路适用于地铁换乘车站的换乘客流需求适中的情况。图 2-4(b)是法国巴黎的地铁网络与现代有轨电车示意图,1～3 号线分布于城市郊区,与地铁网络在多个站点实现换乘,加密了巴黎的地铁网络。

（4）大城市外围的新区、卫星城及开发区内部的公共交通骨干

大城市周边的新区、卫星城以及开发区类似于独立的中小型城市,客运需求量相对较小,可将现代有轨电车定位为区内的城市公交系统骨干,不仅可以承担区内的交通需求,同时还有助于新区、开发区等构建以公交优先为主导的出行方式结构,逐步带动有轨电车沿线的土地利用和开发,合理引导城市空间发展和产业布局。英国伦敦的卫星城 Croydon 的现代有轨电车线路即为该类型线路。

（5）特殊功能

现代有轨电车还适用于一些特殊地区以提供特殊的运输服务。如在澳大利亚的悉尼,现代有轨电车是作为供游客观光的公共交通方式,串联各个旅游景点,既满足了旅游客流的运输需求,也提高了城市交通的服务质量。在德国的萨尔布吕肯,开通了与国铁线路共线运营的现代有轨电车系统,利用原有货运铁路设施将有轨电车的服务范围扩大至郊区,既节约了基础设施的建设费用,也增强了郊区与市区的联系。

2.3 现代有轨电车在城市中的应用

2.3.1 现代有轨电车应用环境分析

现代有轨电车系统的适应性分析需从城市公共交通系统整体结构优化的角度出发,分析外部影响因素(城市经济、城市空间结构和政策环境等)及城市交通内部影响因素(客运量、道路条件等)对现代有轨电车系统功能演化的促进和制约作用。本节将从城市外部以及内部环境对现代有轨电车交通适应性影响进行分析。

1. 内部影响因素

（1）城市经济

建设高效的公共交通系统是改善城市交通状况的有效途径,但同时也需耗费大量财力。各类公共交通系统(例如轨道交通、常规公交、快速轨道交通等)的差异不仅是在运量上,更显著的区别在于建设投资、运行成本、对城市经济发展和空间布局等的影响。

现代有轨电车系统在客运量、运行速度等方面与地铁、轻轨有一定差距(见图 2-5),但在客流量较少,财政收入较为紧张的地区及中小城市有其投资优势,如大连现代有轨电车系统每公里线路的综合造价(不包含车辆购置费、车辆段建设费等)为 2 806 万元,其投资相比于地铁、轻轨等大容量轨道交通系统而言较低。结合城市大容量轨道交通建设,适当地发展现代有轨电车系统,在减轻政府财政负担,加快轨道交通网络化建设方面有着巨大的优势,既能满足未来城市交通发展的需要,在局部地区形成有轨电车网络,又能与大运量的轨道交通相衔接,实现良好的换乘,带动城市的发展,表现出极大的适应性。

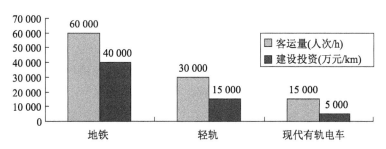

图 2-5 现代有轨电车与其他方式轨道交通造价与运输能力对比

（2）城市空间结构

影响城市空间结构的四大要素是：地理特征、相对可达性、建设控制和动态作用[128]。其中相对可达性和动态作用与城市交通条件密切相关,一个城市的空间结构在很大程度上是由相对可达性决定的。在城市空间结构形成过程中,需要有大容量轨道交通系统引导其发展,轨道交通网络不完善的情况下,需要现代有轨电车系统作为其补充,为旅客打造多层次、多模式、多制式的轨道交通系统,完善城市综合交通运输体系,为城市发展提供坚实的交通支撑,稳步推进"四网融合"综合交通体系建设。

① 优化城市空间布局。合理的城市空间结构能够最大限度、最经济地分配、疏导与调节人流、物流和信息流在城市中心区内部、中心区和边缘区之间的空间布局与功能互动。城市骨干交通网络通常由城市轨道交通网络、城际铁路、国家铁路等大容量轨道交通系统构成,可有力拉开城市发展的空间骨架结构。在建设次中心的过程中,通过高效率、网络化的中低运量交通体系建设,人口、产业与资源得以有序地从城市中心地带迁出,有效发挥城市不同区位在功能分工和资源空间配置上的互补作用。因此在大容量轨道交通系统拉开城市空间布局的基础上,建设现代有轨电车系统作为其补充,可以扩大轨道交通的服务范围,改善城市区域之间交通的便捷性,带动城市空间布局的发展和土地的利用,形成公共交通导向的城市空间发展模式(如图2-6所示),总体上实现功能组团之间互补。可见,现代有轨电车系统的引入可与大容量轨道交通系统相互协调,共同带动城市的空

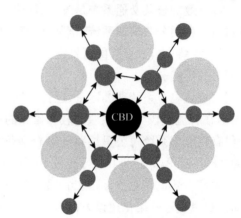

图 2-6　公共交通导向的城市空间结构模式

注:其中箭头表示公共交通线路,中间为高密度发展的 CBD 地区,周围实体圆圈表示以公交站点为中心的城市次中心,也是高密度组团,灰色圈表示无边界的低密度发展区和开放空间。整个城市空间布局呈现主次分明、疏密相间的放射状多中心模式。

间布局结构发展,有利于实现城市中心区与次组团之间渐进的、放射状的扩张方式,避免原有的平面、"摊大饼"式的低密度蔓延,在便捷了社会交往、生活与工作的同时,为市民提供了宜人的工作和生活空间,使城市和区域成为更健康、更安全、更宜人的生活、工作、购物和进行社会活动的地方。

② 带动城市新区的发展。"公共交通引导城市发展"(Transit-oriented Development,TOD)是 20 世纪 70 年代在发达国家陆续兴起的一种城市用地开发模式,其本质是一种城市空间及土地利用发展模式。它要求城市沿着公共交通走廊,尤其是大容量的公共交通走廊(如轨道交通等)进行高强度开发,建设新的

城市组团。这些新城市组团内部突出了土地利用的多样性，包含居住、商业和其他服务设施。城市组团的尺度将组团内部居民的出行距离限制在步行、自行车或者短途公交车的范围之内。组团与组团之间的交通能够方便地借助于公共交通而非小汽车。TOD 的主要目的是通过城市土地利用发展的合理布局，降低人们出行过程中对小汽车的过度依赖。从空间发展角度来看，发展现代有轨电车系统有利于加快新城与新区配套设施的开发，继续推进城市空间的发展战略；从土地利用角度来看，发展有轨电车，以交通引导土地开发，益于实现交通与土地利用一体化发展。

发展现代有轨电车系统，使得城市的外围组团和主要的发展轴线离城市中心的相对可达性增强，人们可以方便、快捷地到达各个区域。交通的便捷使得城市新开发地区对市民的吸引力增强，从而有利于新的城市公共服务中心的形成，避免市民们为了降低出行成本、获得较好的公共服务，而选择在靠近老城中心的区域居住，进而对城市空间发展政策的实施产生不利影响。

（3）政策环境

在城市公共客运交通结构优化过程中，市场机制保证着城市公共交通投资者和经营者的经济利益，而计划机制维护城市公共交通结构的社会效益和环境效益。城市政府扮演维护市场秩序、维护计划机制、保证社会公平的角色，核心的功能是在城市公共交通结构的优化过程中，起到市场机制的"制导"作用和计划机制的"主导"作用。

①"优先发展公共交通"政策。"优先发展公共交通"主要是指在城市客运系统中把公共交通作为主体，为城市居民提供方便、快捷、优质的公共交通服务，以吸引更多的客流，使城市交通更为合理、通畅。国内外大城市在公交优先发展的政策推动下，已获得较高的公交出行分担率，欧洲、日本、南美等国家的大城市中公交出行分担率达到 40％～60％，中国香港公交出行分担率达到 90％。公交优先是解决城市公共交通发展不足、市民出行难问题的有效途径，是实现城市社会与经济可持续发展、落实科学发展观的战略选择。现代有轨电车采用专用轨道，不受堵车影响，相较常规公交运行准点率高，而造价也比地铁、轻轨更低，这对于确立公共交通在城市交通中的优先地位有很大的帮助。引入并加快作为大容量轨道交通补充与延伸的现代有轨电车系统的建设，有利于提升城市公共交通的服务水平和市场竞争力，有利于落实推进公交优先的发展政策，同时也有助于建立畅达、绿色、公平、安全的现代和谐交通体系。

②"城市可持续性发展"政策。根据可持续发展战略，从城市交通功能出发，城市交通可持续发展就是以先进的科学技术为基础，在资源合理利用和生态环境保护的思想指导下，提高交通系统利用效率和服务水平，在经济合理地满足当前

社会发展需求的同时,为整个社会的可持续发展提供保证。针对城市化进程加速,城市土地利用空间布局及城市交通供求矛盾等问题,适时引入并发展现代有轨电车系统能建立起可持续发展的城市交通系统。现代有轨电车系统的引入有利于充分发挥交通结构的框架作用,使得城市土地利用模式合理化,实现机动化可持续发展要求;适时发展现代有轨电车交通,将推动城市公共交通系统建设,提高城市道路资源的可持续性发展,缓解日益严重的城市交通矛盾,满足资源可持续发展要求;现代有轨电车采用电气牵引及多种减振降噪技术,很大程度上减少了废气排放和噪声污染,满足环境可持续发展要求。

2. 外部影响因素

(1) 客流支撑

现代有轨电车系统具有便捷、环保等优点,能够与城市经济发展相适应,带动城市未来空间结构、土地利用的发展,保证城市可持续发展战略的实施,但决定现代有轨电车系统适应性另一重要因素是城市未来的客流发展。

① 城市客运走廊的分级。交通走廊是穿越城市客货流密集地带,以轨道交通或快速道路或相互平行多条干道以及相配套的公交优先系统构成的,支撑和引导城市整体发展的交通主骨架。客流走廊与车流走廊在平面上或立面上适当分开布置,减少人流与车流相互冲突和干扰,保持城市交通与土地利用相互协调。

根据国内外的统计资料可知:地铁在高峰时刻单向客流量一般在3万人次/h以上,轻轨通常介于1万~3万人次/h之间,现代有轨电车大约是0.8万~1.5万人次/h,常规公交则只有0.5万人次/h。由此可见,现代有轨电车和地铁之间没有明显的替代关系,对于高峰小时客流强度超过3万人次的客运走廊,仍需要依靠轨道交通。但是现代有轨电车和轻轨之间有着比较明显的替代关系,即如果在同一条客运走廊上布置2条以上的现代有轨电车线路,则其运输能力就完全可以接近轻轨。对于现代有轨电车和常规公交之间的关系,则可在同一条客运走廊上布置1条现代有轨电车线路,替代部分常规公交,同时由常规公交为其进行客流的接驳,则可大大提高走廊上的运输能力,缓解交通拥挤的状况。据此将客流走廊划分为四个等级,如表2-5。

表2-5 乘客客运走廊分级

等级	单向客流强度(人次/h)	适应发展的交通方式
高强度客运走廊	>30 000	地铁
中高强度客运走廊	10 000~30 000	轻轨、现代有轨电车、BRT
中强度客运走廊	5 000~10 000	现代有轨电车、常规公交
低强度客运走廊	<5 000	常规公交、部分现代有轨电车

② 存在合适的客运走廊。随着未来有轨电车的建成,服务优势的突显,必将实现公交客流在公共交通体系中各方式之间重新分配,使部分公交客流转移到有轨电车,实现替代部分常规公交的目的。此外由于有轨电车优势的发挥,以及公共交通服务水平的提高,使得更多的出行者选择高效环保的运输方式。现代有轨电车系统客流条件主要包括两类:一类是适应城市交通预测中存在的客运交通走廊的需求;另一类是引导城市空间土地利用布局,逐步促进现代有轨电车沿线客运走廊的形成。

适合于布设现代有轨电车线路的客运走廊有以下几类:①已经规划轨道交通,但近期尚未建设的中强度客运走廊。通过在近期布置1~2条现代有轨电车线路,代替轨道交通发挥作用,远期可视具体情况加以调整。②没有规划轨道交通的中高强度客运走廊。考虑布置1~2条现代有轨电车公交线路,代替轨道交通发挥作用。③常规公交线路密集的中等强度客运走廊。考虑布置1条现代有轨电车线路,以减轻道路上公交车辆的拥挤程度。④低强度的客运走廊。考虑布置1条现代有轨电车线路,以加强片区之间的联系,改善出行环境,带动片区的协调发展。

（2）道路与用地条件

现代有轨电车系统主要运行于地面上,对运行速度以及安全性的要求较高,需要尽量采用专用道（路）。在分析现代有轨电车系统道路条件时主要考虑两方面的因素:一是能否方便地敷设现代有轨电车线路及配套的沿线基础设施,如现代有轨电车车站以及站外售检票设施等,实现运营的安全和灵活;二是能否方便地布设现代有轨电车系统的车辆段与综合基地。

① 敷设有轨电车轨线的道路条件分析。现代有轨电车轨道对于道路的要求比较低,可以是沥青混凝土结构、水泥混凝土结构、混凝土和草坪混合结构等几种形式。沥青混凝土路面的平整度和维修性较好;水泥混凝土结构成本较低,耐久性较好;草坪结构不仅美观,而且能降低噪声。因此,道路条件一般不会成为敷设现代有轨电车轨道的限制条件。有轨电车线路原则上都敷设在道路上,与汽车共用路面,但也需要根据道路的条件、断面的布置,采用灵活的处理方式,协调与其他交通方式的关系,如为了安全,有轨电车不应与自行车共用车道。

根据现代有轨电车的定位,未来将主要在可行的城市新区作为交通主骨架,在新城与老城之间作为联系的次通道,加密大容量轨道交通,扩大其服务的范围,提升公共交通的服务效率与水平。老城与新城之间联系的通道,道路大多在六车道,也有足够的宽度可以开辟出来用于发展现代有轨电车的车道。

在老城内部,由于道路资源比较紧张、道路宽度较窄、交通方式多样、交通组织困难等原因,现代有轨电车系统的发展受到制约,但在具有较宽路幅的道路、有独立非机动车道的道路,在非机动交通量降低到不需要独立非机动车道时,可将其改为有轨电车专用车道。总体上,老城区区域应坚持以大容量的轨道交通为主体,配合常规地面交通,缓解老城内部的交通压力的策略。

② 车辆段与综合基地用地条件分析。现代有轨电车的车辆段和地铁或轻轨车辆段的作用基本相同,主要承担车辆的停放、整备、检修、保养及厂修以下的车辆的修理任务,设有停车库、检修库、洗刷库等,并考虑调度中心、综合维修基地及生活配套设施。

城市中心区是城市社会、经济活动高度密集区域,土地利用强度高,土地价值高,布局紧凑,内部空间距离短。在老城区范围内敷设现代有轨电车线,最大的难点之一就在于如何获得车辆段与综合基地用地。但是在城市中心区外围的新城以及工业开发区等地方,由于土地利用程度比较低,有较多的地块可以用来建设车辆段与综合基地,能够和现代有轨电车线路形成良好的配合。

2.3.2 现代有轨电车合理介入时间与适用范围

1. 合理的介入时间

城市在修建或调整轨道交通线路之前,首先对地区客流量和乘客需求等要素进行全面的调查和科学的分析,还应根据新出现的交通问题筹划建设新线路,并且征询民众意见。现代有轨电车可以和常规公交、轻轨、地铁等交通系统有机地相互结合,实现城市交通系统在运量、建设投资和运行费用方面的最优组合。因此,对于城市交通现状以及未来需求的科学把握,是确定现代有轨电车系统合理介入时间的有力保障。

(1)迅速增加的交通需求

如法国的格勒诺布尔市,随着人口的增加,关节式公共汽车每隔 4 min 发一趟,其运能仍不能满足需求,要想大量增加汽车数量,势必又会在市中心形成"汽车列车",产生严重空气污染,引起城市居民的反对和不安,在这样的背景下,法国格勒诺布尔市适时地引入了现代有轨电车系统。

(2)不断提升的出行水平要求

如由于天津泰达开发区的持续发展,开发区内部需要改善公共交通接驳,轻轨干线的快速集散的需求增加,故适时地引入了现代有轨电车系统,其定位是改善内部工业区与生活区的交通状况,适应区内居民公共交通出行水平的提高。

(3)节能环保的运输方式要求

汽车数量的过度增长使城市交通堵塞,行车速度下降,空气污染和噪声污染严重,同时面对着能源过度消耗的问题。随着科学技术的飞速发展,经济的迅速增长,人类对自身生存、繁衍环境的新的认识,对于交通方式选择有着新的定位,节能、环保成为新的要求。如同法国的格勒诺布尔市引入现代有轨电车的初衷一样,希望在解决交通问题的同时能够带来良好的出行环境。

2. 合理的适用范围

(1) 中小城市用于承担主城区内部较大的交通需求

轨道交通具有大容量、无污染、环保、节能等优点,能够有力的推动城市可持续性发展的进程。同时,对于带动城市的发展,提升城市生活品质有着重要的作用。但是,中小城市的经济实力有限,难以承担快速轨道交通建设所带来的巨大财政压力;同时,中小城市由于城市规模比较小,人口密度比较低,交通压力一般不是非常的大,只有工商业比较集中的主城区内部交通需求比较大。因此,可以考虑在城市的主城区内建设现代有轨电车。

如法国的格勒诺布尔市现代有轨电车投入使用后,每天可运输 63 000 名旅客,在相同运营费用情况下,可以大幅度提高运输能力。

(2) 大城市加强市区外围地区与主城区之间的联系

城市规模的扩大,使得原有的空间组织模式发生改变,向开敞型、组团式发展,使得城市的外围的新城得到迅速的发展。但由于新城内部的配套设施还不完善,和主城之间的联系比较紧密,从而形成与主城之间的巨大交通需求。

现代有轨电车的优点决定其比较适用于加密、延伸大容量轨道交通系统,加强主城和新城之间的联系,不仅方便出行,缩短出行时间,而且对沿线地区的发展发挥着极大的促进作用。

如总人口 350 多万的墨尔本,有轨电车线网总长 230 km,并且现代有轨电车车辆服务不断得以更新,以有轨电车作为连接城市中心区和外围区的主要公共交通方式。

(3) 大城市主城外围的新城及工业开发区内部

城市产业布局的调整、外围新城及工业开发区的快速发展,都将对区内公共交通的发展提出更高的要求。

如天津泰达工业开发区内部规划的现代有轨电车网络,通过发展"有轨电车＋常规公交"的公共交通模式,形成多层次、立体化、智能化的交通体系,带动区域发展,提升城市综合能力。

(4) 大城市主城与外围的新城及周边城镇之间

随着主城外围组团的进一步发展,带动周边的城镇活跃发展,主城与周边城镇之间的联系加强,常规公交已经不能满足需求,需要现代有轨电车来加强联系,进行联合发展,并与其他大容量的轨道交通网络进行有效的衔接,形成一体化的轨道交通体系,在方便出行同时,带动沿线地区的发展。

2.3.3 现代有轨电车在不同规模城市的应用

伴随着社会经济的快速发展和城市化、机动化的进程,国内大多数城市的空间布局由单中心向多中心转变。在国内大、中城市中,新城区、开发区的建设成为未来城市的发展趋势,这有利于现代有轨电车在城市中的推广。

城市规模及空间布局特征与交通工具发展及出行方式结构的变化密切相关,主导的交通方式影响着城市形态的拓展速度和形式,同时城市空间布局又反作用于城市交通方式的选择。一方面,现代有轨电车的建设会带动沿线土地的利用和开发,是以公共交通为导向的发展模式(TOD)的最直接体现;另一方面,城市空间格局的演变也会引导现代有轨电车线网布设。通过双向互动,达到因地制宜、整体最优的目标。在欧美部分城市如布拉格、斯特拉斯堡等,现代有轨电车都得到了长足发展,并与其他客运系统能很好地融合。我国长春、大连、天津、上海、北京、广州等城市都进行了现代有轨电车的建设和规划。结合有轨电车在不同规模城市地区及城市不同区域的应用进行现代有轨电车适应性的探讨,对城市交通系统的规划与建设具有重要的研究意义。现代有轨电车在不同规模城市及城市不同区域的应用模式如表 2-6 所示。

表 2-6　现代有轨电车的应用模式

适用地区	应用模式	应用城市
中等城市	承担主城区内部主要的客流需求,提供主线专用路权和快捷、高容量的运营服务	瑞典哥德堡、德国波恩、澳大利亚墨尔本、法国南特、江苏淮安、河南开封
大城市	加强市区外围地区与主城区之间的联系,构建骨干线网作为市郊与市中心的联络路线	美国圣地亚哥、波特兰、圣克拉拉,英国曼彻斯特,日本广岛,江苏南京
大城市外围	组团之间快速交通联系方式,减少市中心不必要的穿越交通量,构建可达性高、造价低的都市外环路线	法国巴黎,比利时布鲁塞尔,德国柏林,中国北京、上海
大城市新区	周边新城及工业园区,类似独立的中小型城市,客运需求量较小,采用专用路权、快捷、高容量的运营服务	英国伦敦克罗伊登区、天津泰达工业开发区、江苏苏州高新区、上海浦东新区、沈阳浑南新区
特殊地区	供游客观光的现代有轨电车、与国铁共线运营现代有轨电车	澳大利亚悉尼、德国萨尔布吕肯、陕西西安曲江新区、北京西郊线

城市规模的大小直接影响城市公共交通方式的选择、布局规划和建设规模,一般来说,大中城市以及经济发展较好的小城市均可发展现代有轨电车。我国城市规模划分标准以城区常住人口为统计口径,城区常住人口 50 万以下为小城市,其中 20 万以上 50 万以下的城市为Ⅰ型小城市,20 万以下的城市为Ⅱ型小城市;城区常住人口 50 万以上 100 万以下的城市为中等城市;城区常住人口 100 万以

上 500 万以下的城市为大城市,其中 300 万以上 500 万以下的城市为Ⅰ型大城市,100 万以上 300 万以下的城市为Ⅱ型大城市;城区常住人口 500 万以上 1 000 万以下的城市为特大城市;城区常住人口 1 000 万以上的城市为超大城市。研究表明,在百万人口以上的大城市、特大城市,单向客流量长期稳定在 2 万～2.5 万人次/h 的线路,通常采用城市快速轨道交通(地铁、轻轨)的方式。如需修建现代有轨电车,则应选择全封闭专用路权方式。在客流量大的城市中心修建快速轨道交通的同时,还可以根据客流量的需要,修建市区和郊区、大型工业区及商业区的现代有轨电车,作为快速轨道交通网络的加密、补充。在 50 万～100 万人口的城市,当高峰小时单向客流量为 1 万～2.5 万人次/h 时,适宜选用现代有轨电车的全封闭或半封闭形式,发挥公共交通主骨干的功能。以下为现代有轨电车在不同城市空间结构的应用模式:

1. 中等城市或大城市新区

在中等城市或大城市的新区,现代有轨电车承担区域内部公交主骨干功能。

中等城市由于城市规模较小,人口密度较低,经济实力有限,难以承担快速轨道交通建设的财政支出,所以,可在城市的主城区内建设现代有轨电车,形成城市公共交通骨干网络。如河南省开封市,中心城区 548 km²,市区人口约 160 万人。依据开封市城市总体发展规划,结合城市发展对快速公共交通的需求,为优化公共交通网络结构,2015 年开封市规划了"3 横 5 纵 4 射"中运量的公共交通线网,总规模约 120 km,并选择现代有轨电车作为系统制式。为适应开封市古城、新城空间结构,线网采用了典型的"方格网＋放射状"的结构,开封市现代有轨电车线网规划如图 2-7 所示。

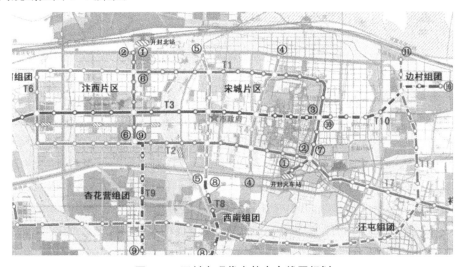

图 2-7　开封市现代有轨电车线网规划

由于城市产业布局的调整以及外围新城及工业开发区的快速发展,这都将对区内公共交通的发展提出更高的要求,所以,可以在大城市主城外围的新城及工业开发区内部建设现代有轨电车。上海松江区位于上海西南部,全区总面积 605 km²,常住人口 175 万人。松江区规划了 6 条现代有轨电车线路,既为松江新城内部轨道覆盖薄弱地区提供快速中容量公交服务,又与地铁衔接,构建多模式分层次的整体公共交通系统。线网总长约 90 km,共有站点 118 个,换乘站点 8 个,与地铁 9 号线松江南站、体育中心站、大学城站、佘山站和地铁 12 号线七莘路站以及 22 号线(金山支线)车墩站、新桥站实现换乘。选取 T1 和 T2 两条线路为近期示范线,T1 线贯穿松江老城,并向东延伸至松江工业区及新桥镇,线路全长 15.58 km,全线共设 24 座车站;T2 线串联了松江老城、松江新城、大学城以及松江工业区,正线线路全长约 15.13 km,共设 22 座车站,大学城支线线路长约 0.53 km,设 1 座车站,如图 2-8 所示。

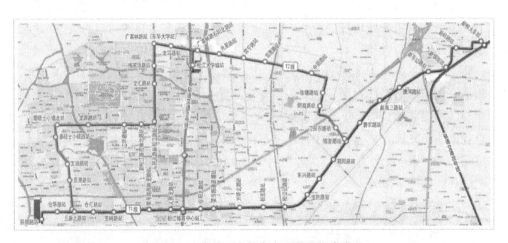

图 2-8 上海松江有轨电车示范线方案走向

2. 大城市中心地区

在大城市中心区,现代有轨电车承担城市快速轨道交通加密、补充的功能。

对于人口众多、客流规模庞大的特大城市、大城市,快速轨道交通系统是该类城市中心区的骨干交通方式,但随着城市的发展,轨道交通线网密度无法满足客流日渐增长的需求;然而在中心城区受工程条件和经济承载力等各种因素制约,加密轨道交通难度加大。因此,采用选线灵活、造价低的现代有轨电车系统,承担中心城区轨道交通线网加密和补充的功能,可以实现与快速轨道交通之间的良好衔接,提高中心城区的公共交通整体服务水平。

江苏省南京市河西位于南京市中心西南部,占地面积 0.94 km²。为解决河西内部交通衔接问题,规划了有轨电车线路两条,如图 2-9 所示。其总长度为 21.3 km,其中一号线长度为 7.8 km,二号线长度为 12.5 km。河西新城新交通一号线承担南北向轴向交通功能,线路起点位于地铁 2 号线奥体东站,终点位于长江与秦淮新河附近,2014 年 12 月开始正式运营,发车间隔 30 min,运行速度 20 km/h。新交通二号线既承担了轨道交通接驳换乘功能,衔接轨道交通 1、2、7、12 号线,同时承担滨江风光带观光功能,并且通过环线线路将南部的居住组团与河西 CBD 商业发展中心有效的连接起来。

图 2-9　南京河西现代有轨电车线网规划

3. 大城市外围地区

在大城市外围地区,现代有轨电车承担城市快速轨道交通的延伸功能。对于特大城市、大城市的外围区域,城市快速轨道交通系统服务于大客流走廊;对于快速轨道交通系统的外围延伸线路,沿线人口岗位较分散,客流规模不大,若采用快速轨道交通系统会造成工程建设与投资的浪费。因此,从客流适应性和经济合理性等方面考虑,可选择现代有轨电车作为轨道交通的接驳线。既保证一定客流需求和服务水平,又可节约建设和运营成本,提高网络整体效益。

苏州高新区位于苏州市区西部,西临太湖,东依苏州古城,面积 248 km²,人口 80 万。规划了现代有轨电车线路 6 条,总里程 89.7 km,如图 2-10 所示。其中,骨干线为现代有轨电车 1 号线、2 号线以及 1 号线延伸线,骨干线网长 45.7 km,主要满足区域内部及相邻区域之间的客流需求。现代有轨电车 1 号线长 18.16 km,自西向东共设有 10 个站点,在终点站狮子山站和地铁 1 号线实现衔接换乘;2 号线长 18.2 km,初期设站 13 座(含龙康路站);1 号线延伸线全线长约 9 km,初期设站 6 座。1 号线和 2 号线东西向贯穿高新区,分别承担高新区中心区、浒通片区与西部片区的骨干公交功能;1 号线延伸线与 1 号线共同构成高新区东西向主干线,承担湖滨片区东西向联系功能,促进生态城的发展;苏州高新区有轨电车线网近期以骨干公交方式定位为主,与区内常规公交共同构成高新区的多模式公交网络。

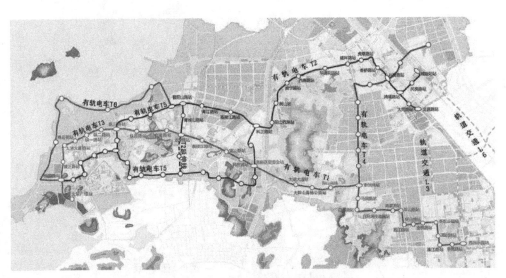

图 2-10　苏州高新区有轨电车线网规划

4. 有景观要求或特殊要求的区域

在有特殊要求的区域,现代有轨电车承担旅游、商业特色交通的功能。在景观要求高或有特殊要求的地区,如旅游景点、特色商务区、影视基地等,作为特色交通方式,承担景点之间及其与外围主要的客流集散点之间的交通联系。

2.4　现代有轨电车线网生成机理

2.4.1　现代有轨电车线网的基本形态

1. 现代有轨电车线路的基本线型

现代有轨电车线网由各种形式的单条线路组合而成,线型是构筑现代有轨电车线网形态的基本元素,对基本线型进行功能和适应性分析是研究现代有轨电车线网形态的基础[129],具体见表 2-7。

表 2-7　基本线型图例

线型	I 线	L 线	O 线	U 线	Y 线
图例					正线　支线

① I 型线。I 型线是最直接、最常见的现代有轨电车线型。主要适用于贯通城市新区中心主轴线,与城市新区发展轴相吻合的线型布设。I 型线若遇平行线路时需要两次换乘相通,而且无法兼顾更多区域。

② L 型线。L 型线适用性相对较广,可以弥补 I 型线过于直接的缺陷;在棋盘形道路网中,可充当城市对角线的作用;两条 L 型线配合能相互闭合成环,发挥环线作用;同时环线在客流效率不高时也能拆解成两条 L 型线。在线网规划中是较为常用的线型,但 L 型线路在转角处交通干扰的可能性较大。

③ O 型线。该线型往往适用于构建交通环线,也用在 I、L 型线的基础上叠加形成组合线网。环线能够提高网络换乘选择的灵活性,引导城市向多中心发展,但环状网络适用于空间较大的城市;另外,环线的设置要充分考虑城市的用地布局,合理选择环线的位置和建设时机,否则容易造成早期客流不足、运营效益低下等问题。

④ U 型线。U 型线适用于带状或中心偏于一侧的城市新区,如沿江或沿河城市。U 型线的底端,相当于两条线路在中心或特殊地段的汇合段,覆盖在城市新区中心区的客流廊道。

⑤ Y 型线。Y 型线适用于正线同支线交汇或分叉的线路形式,常用在线路末段形成分叉的两条线路,以扩大线网覆盖面积,收集更多客流;该线路的分岔点适宜选在客流较小区段,且支线线路不宜长。Y 型线在城市外围、新区等区域

使用较多,为增加客流覆盖率,在 Y 型线基础上可采用多分枝树形形态布局。

2. 现代有轨电车线网的基本形态

现代有轨电车线网由基本线型组合而成,形成的线网布局形态具有多样性;而且在规划实践过程中,确定的线网形态会随着城市空间结构、地理特征、土地利用和客流廊道等发生改变。同其他公交线网一样,现代有轨电车线网也是由 I、L、O、U、Y 这五种线型进行组合而成,线网形态一般表现为放射状、网格状、环+放射状三种,具体图例见表 2-8 所示。

表 2-8　现代有轨电车线网基本形态

形态		放射状	网格状	环+放射状
图例		(a₁) (a₂)	(b₁) (b₂)	(c₁) (c₂)
特征	优点	①线网形态简单;②方便与新区中心的联系;③容易形成城市的强中心	①换乘方便;②线网分布较为均匀;③容易覆盖大范围的城市区域	①换乘较为便捷;②通过环线增强网络之间的连通性和可达性;③适合规划多中心布局的城市
	缺点	①不同线路间缺乏换乘机会;②外围地区之间联系不便;③中心区客流负荷高、交通压力大	①网络结构复杂;②造成多次换乘;③受地形和城市结构约束	除非沿高需求廊道布设,否则会增加出行里程

由表 2-8 知,网格状、放射状通常是现代有轨电车线网规划的基本元素,但环状线的设置要结合城市的规模、空间格局和发展阶段。

2.4.2　现代有轨电车线网与城市空间形态耦合机理

城市空间结构体现在城市布局形态上,并进一步通过城市土地利用和城市道路网络体系在物质空间上进行表现。在交通引导城市发展的情况下,城市空间形态与交通线网息息相关,二者相互作用、相互促进。城市用地布局优化以交通基础设施为支撑,尤其以城市快速轨道交通、现代有轨电车为主体的城市公共交通骨干网络,不仅是城市形态的外在骨架,而且能有效引导城市土地利用开发,促进城市形态和空间结构的不断演化[130];而完善的城市形态能够促进客流的集聚,提升交通基础设施的运行效能。城市空间结构在具体城市发展过程中通常表现为轴向发展、团块状发展和组团式发展三种基本土地布局形态,本书重点研究这三种基本城市空间结构形态与现代有轨电车线网的耦合关系。

1. 城市轴向用地布局与现代有轨电车线网形态耦合

城市轴向用地布局一般由城市中心向周边区域呈线性、放射状拓展,城市中心区人口与功能高度密集,城市基础设施较为完备,可以提供就业、休闲和娱乐的条件和场所,是轴向发展组团的主要依托。丹麦哥本哈根就是典型的轴向发展用地布局结构。

除在城市空间上有明显的天然障碍,轴向发展的城市通常采用以区域中心为依托进行多轴放射状的空间拓展模式,如图 2-11 所示。用地呈轴向布局的城市一般采用放射状的现代有轨电车线网,放射状线网与城市发展轴高度贴合,城市建设沿轴线加密,轴线间控制开发,保留城市开敞空间;同时,放射状现代有轨电车线网在城市中心地区两两交汇,形成高密度站点集群,这一模式有助于形成功能强大、充满活力的城市中心(如图 2-12 所示的哥本哈根轨道交通线网形态图)。轴向用地布局也有利于集聚客流、形成主要客流走廊,支撑现代有轨电车线网的发展。

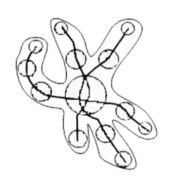

图 2-11　轴向发展的城市土地布局示意图　　图 2-12　哥本哈根轨道交通线网形态图

2. 城市团块状用地布局与现代有轨电车线网形态耦合

采用团块状用地布局的城市通常位于地势相对平坦的地区,城市发展采用从城市中心向四周圈层式蔓延模式,城市中心区在人口与就业岗位密度、客流强度以及土地开发强度等方面都远远高于周边地区。随着圈层结构不断向外蔓延,交通可达性降低,城市中心对外围边缘地区的吸引力也逐渐减少。这种用地布局不利于带状客流集聚并形成主要的客流走廊,随着城市规模的拓展,呈团状用地布局的城市空间形态会发生如下转变：单中心向多中心转变、团块状向组团式用地布局转变。如图 2-13 所示。

团块状用地布局一般选择网格状或环＋放射状的线网结构作为基本形态。一般中心区采用网格状形态用于加强中心区域的交通优势（如图 2-14 所示的伦敦轨道交通线网），在后期的发展中会结合各个功能区的发展，在网格状基本形态的基础上，通过增加放射线来提升主要方向的直达能力。

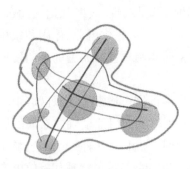 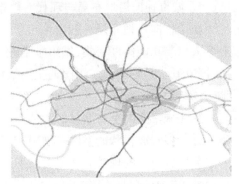

图 2-13 团块状用地布局与轨道线网示意图   图 2-14 伦敦轨道交通线网示意图

3. 城市组团式用地布局与现代有轨电车线网形态耦合

组团式用地布局结构的城市一般受自然、地理等条件约束或重大交通设施（铁路、高速公路等）分割而形成[131]。由于城市人口集聚，城市规模的进一步拓展，需要突破原有城市边缘的屏障，在地理分割线或重大设施以外的地区构建新的功能组团，并逐步发展形成组团式城市空间布局结构。由于中心组团具有成熟完善的商业、居住和就业方面的优势，其他组团对中心组团的城市公共基础设施仍存在较强的依赖性，从而导致早晚高峰形成大量向心客流。如图 2-15 所示。

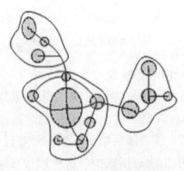 

图 2-15 组团式城市轨道交通网络结构关系图   图 2-16 新加坡轨道交通线网形态图

组团式发展的现代有轨电车线网一般根据组团布局结构,采用放射状线网作为基础线网形态。依托现代有轨电车放射状线网强化中心组团与周边组团的快速联系(如图 2-16 所示的新加坡轨道交通线网形态图)。放射状线网在中心区相交,一方面可吸引中心区客流,另一方面可迅速疏解周边组团的向心客流压力。周边组团之间可根据交通需求强度确定是否需要设置环线。

2.4.3　现代有轨电车线网形态演化

在现代有轨电车建设初期,通常以单线或"十字"型的线网形态支撑城市发展。随着城市空间的不断拓展和交通需求增加,现代有轨电车线网也逐步加密、趋向复杂。由于城市用地布局、自然地理以及历史文化特征不同,人口规模与分布也存在差异,现代有轨电车线网往往因时就势,在线网基本形态的基础上结合自身条件进行优化组合,呈现多种有机组合的线网形态,形成符合城市发展需求的现代有轨电车线网布局模式。具体如图 2-17。

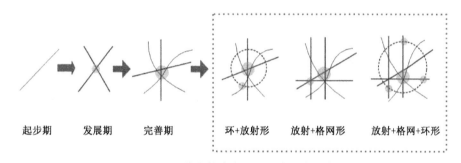

起步期　　发展期　　完善期　　　环+放射形　　放射+格网形　　放射+格网+环形

图 2-17　现代有轨电车线网形态演变示意图

从现代有轨电车线网形态的演变过程中可以发现,现代有轨电车起步期以一条线路开始,然后十字放射线网支撑主客流走廊;随着城市区域规模扩大,中心功能加强,配置通达性较高的斜向Ⅰ线,辐射城市新区各个主要方向,这个阶段城市依然处于单中心发展模式;随着城市进一步拓展,中心区周边组团逐步完善,而且城市由单中心向多中心转变,现代有轨电车线网在原有的网络基础上,根据城市用地布局特征,通过增设环线,加强现代有轨电车网络的通达性,服务于周边组团的联系,形成的网络可以是放射+环形、放射+网格型、放射+网格+环形或者是三种基本形态的组合。

现代有轨电车线网形态的组合并没有严格的要求,往往需要根据城市发展阶段、用地布局特征来具体研究。但从现代有轨电车线网演变和不同形态线网通达性来看,线路的叠加,其目的和作用基本是一致的。

2.5 本章小结

本章分析了现代有轨电车的系统构成,比较分析了现代有轨电车与城市其他公共交通方式的技术经济特性,总结了现代有轨电车的特点;在剖析城市公共交通系统与城市发展互动关系的基础上,研究了现代有轨电车在城市交通系统中的定位;分析了现代有轨电车交通适应性的影响因素,并探讨了现代有轨电车的合理介入时间及适用范围;结合我国现代有轨电车建设实践分析了不同规模城市及城市不同区域的应用;通过总结现代有轨电车线网的基本形态,分析其与轴向发展、团块状和组团式三种城市空间形态的耦合机理。

第 3 章 现代有轨电车交通 运行特征分析

3.1 有轨电车最小车头时距

现代有轨电车最小车头时距的影响因素包括现代有轨电车车辆、运行线路所在的路段、沿途的交叉口、中途站和折返站等运行设施因素。最小车头时距是计算有轨电车运输能力的重要参数,也是确定有轨电车运行计划的依据之一。

3.1.1 受线路设施约束的最小车头时距

在线路设施的约束下,能够最低限度地保证车辆连续安全地通过线路上各个路段的车头时距为最小车头时距,即司机发现前方车辆停止后,采取紧急制动措施的条件下前后两辆车不会发生相撞的情况下的车头时距。对于现代有轨电车车辆而言,其紧急制动的过程如图 3-1 所示。

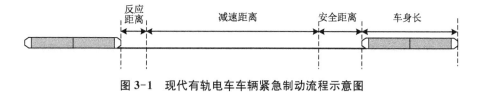

反应距离　　减速距离　　安全距离　　车身长

图 3-1　现代有轨电车车辆紧急制动流程示意图

司机在得到刹车信号之后,立即开始制动,最终停止。为了保证前面车辆的安全,会在此基础上加上一段安全距离,一般取半个车身的长度。由此可得安全行驶的车头时距的表达式,

$$h_{\text{sec}}^{c} = t_{r} + t_{\text{bem}} + t_{s} = t_{r} + \frac{V_{0}}{b_{\text{em}}} + \frac{3L}{2V_{0}} \tag{3-1}$$

式中:h_{sec}^{c} ——受线路设施约束的最小车头时距,s;

t_{r} ——司机得到刹车信号并开始制动的反应时间,s;

t_{bem} ——车辆采用紧急制动速度减速至零的时间,s;

t_{s} ——车辆采用线路限定速度行驶过安全距离以及一个车身长距离的时间,s;

V_0——线路上车辆的限定运行速度,m/s;

b_{em}——车辆的紧急制动速度,m/s^2;

L——车身长度,m。

一般情况下,现代有轨电车路段路权较高、车辆性能优越,线路设施约束条件下得到的最小车头时距为 20 s 左右,基本构不成运输能力的瓶颈,因此除非设施条件特别恶劣的线路,对于那些开通不久的新线路或是远期规划的线路,线路设施约束下的最小车头时距可以不考虑。

3.1.2 受中途站设施约束的最小车头时距

对现代有轨电车而言,车辆在中途站进站作业的过程如图 3-2。首先,车辆司机观察到前方站台,确认需要停车之后,制动停车,进入站台之后,打开车门接送乘客,同时充电,然后关闭车门,最后加速离开车站。

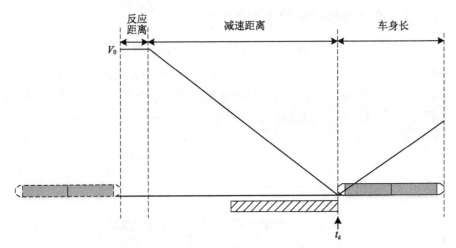

图 3-2 现代有轨电车车辆进站作业流程图

受中途站设施约束的最小车头时距,即保证车辆在站点可以连续并且安全作业的车头时距。车辆在沿线中途站 i 车头时距的表达式为,

$$h_{stop}^i = t_d^i + t_c^{stop} \tag{3-2}$$

式中:h_{stop}^i——受中途站 i 设施约束的最小车头时距,s;

t_d^i——车辆在中途站 i 的停站时间,s;

t_c^{stop}——车辆在中途站的最小车辆控制时距,s。

车辆的停站时间 t_d^i 由车辆的开关门时间、乘客上下车的时间之和与车辆充电时间中的最大值决定。即,

$$t_{\mathrm{d}}^i = \max(t_{\mathrm{cha}},\ t_{\mathrm{oc}} + t_{\mathrm{ab}}^i) \tag{3-3}$$

式中：t_{cha}——车辆在站点的充电时间，s；

t_{oc}——车辆开门和关门时间的和，s；

t_{ab}^i——车辆在中途站 i 停站时，乘客上车和下车所耗费的时间，s。

乘客上车和下车所耗费的时间 t_{ab}^i 可以通过现场调查的方式获得，适合已经开通运营的既有线路；也可以通过计算的方式获得，对于既有线路和规划中的线路都适用。乘客在上下车的过程中对车门的选择取决于具体运营的规定，影响了乘客上车和下车所耗费的时间，因此根据不同运营规定分别讨论其计算方式。

如果在停站的过程中，乘客需根据运营规定从不同的门上下车，那么在计算时应选取最繁忙上车门乘客的上车时间和最繁忙下车门乘客的下车时间中的较大值表示乘客上下车所耗费的时间，

$$t_{\mathrm{ab}}^i = \max(t_{\mathrm{ali}} \cdot p_{\mathrm{ali}}^i, t_{\mathrm{boa}} \cdot p_{\mathrm{boa}}^i) \tag{3-4}$$

式中：t_{ali}——每个乘客下车的时间，s/pr；

p_{ali}^i——中途站 i 最繁忙车门的下车乘客数，prs；

t_{boa}——每个乘客上车的时间，s/pr；

p_{boa}^i——中途站 i 最繁忙车门的上车乘客数，prs。

如果在停站的过程中，乘客可以自由选择车门上下车，但必须遵守先下后上的顺序，乘客上下车时间的应由最繁忙车门乘客的上车时间与下车时间的和表示，

$$t_{\mathrm{ab}}^i = t_{\mathrm{ali}} \cdot p_{\mathrm{ali}}^i + t_{\mathrm{boa}} \cdot p_{\mathrm{boa}}^i \tag{3-5}$$

每个乘客上车时间 t_{boa} 或者下车时间 t_{ali} 可以通过调查现状数据或者通过相关资料获取。

车辆在中途站最小车辆控制时距 $t_{\mathrm{c}}^{\mathrm{stop}}$ 表示在司机得到停车进站的信号，减速进站以及加速出站的过程中消耗的时间，

$$t_{\mathrm{c}}^{\mathrm{stop}} = t_{\mathrm{r}} + \frac{V_0}{b_{\mathrm{nor}}} + \sqrt{\frac{2L}{a}} \tag{3-6}$$

式中：b_{nor}——车辆的常规减速度，m/s²；

a——车辆的加速度，m/s²。

根据公式(3-2)、(3-3)以及(3-6)，得到中途站 i 设施约束下的最小车头时距的表达式为，

$$h_{\mathrm{stop}}^i = \max(t_{\mathrm{cha}},\ t_{\mathrm{oc}} + t_{\mathrm{ab}}^i) + t_{\mathrm{r}} + \frac{V_0}{b_{\mathrm{nor}}} + \sqrt{\frac{2L}{a}} \tag{3-7}$$

根据公式(3-4)或(3-5)以及(3-7)分别计算出线路上 I 个中途站设施约束下的最小车头时距之后,再从中选取最大值作为整个现代有轨电车系统受中途站设施约束的最小车头时距,

$$h_{stop}^{c} = \max(h_{stop}^{1}, h_{stop}^{2}, \cdots, h_{stop}^{i}, \cdots, h_{stop}^{I}) \tag{3-8}$$

式中:h_{stop}^{c} ——受中途站设施约束的最小车头时距,s;

　　　I ——线路中途站的数量,$I \in N$。

3.1.3　受交叉口设施约束的最小车头时距

在交叉口设施约束下,能最低限度地保证车辆可以连续安全通过交叉口的车头时距即为最小车头时距。车辆在通过交叉口时,不同的信号控制条件下,其通过的流程有所区别。在无信号交叉口,现代有轨电车通常有优先通过权,与之相交的进口道设置停车让行、减速让行等标志规范机动车的行为;在信号控制交叉口,现代有轨电车或有信号优先或在绿灯相位期间进入交叉口,遇到红灯需停车等待。

1. 无信号控制以及信号优先

在无信号控制以及设置信号优先策略的情况,司机观察到前方交叉口,然后减速至安全通过速度,当车头通过交叉口之后,加速离开交叉口,如图 3-3 所示。

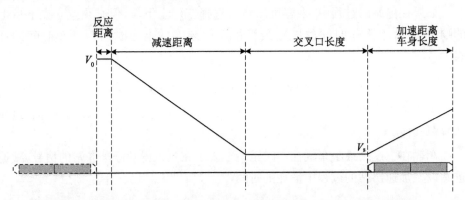

图 3-3　现代有轨电车减速至安全通过速度后通过交叉口的流程示意图

在这种情况下,为了保证现代有轨电车车辆连续安全地通过交叉口,其车头时距表达式如下,

$$h_{int}^{i} = t_{r} + \frac{V_{0} - V_{s}}{b_{nor}} + \frac{L_{c}^{j}}{V_{s}} + \frac{\sqrt{V_{s}^{2} + 2aL} - V_{s}}{a} \tag{3-9}$$

式中:h_{int}^{i} ——受交叉口 j 设施约束下的最小车头时距,s;

　　　V_{s} ——安全通过速度,m/s;

L_c^j——交叉口 j 的长度,m。

现代有轨电车实际运行的过程中,一般情况下,车辆通过无信号控制交叉口或是信号优先的交叉口,整个作业流程的时间约 30 s,因此除非遇到了长度较长的交叉口(大于 100 m),交叉口设施约束的最小车头时距可以不考虑。

2. 信号控制

对于信号控制的交叉口,现代有轨电车遇到交叉口停车等待红灯,绿灯亮起时,加速至安全通过速度驶过交叉口,当车头通过交叉口后继续加速前进,如图3-4所示。

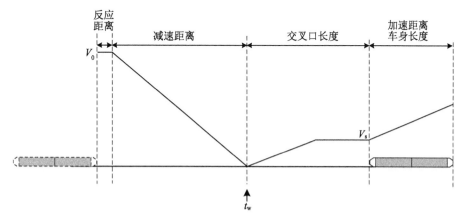

图 3-4　现代有轨电车减速至静止等待红灯后通过交叉口的流程示意图

在这种情况下,保证车辆连续安全地通过交叉口的车头时距表达式如下,考虑车辆在加速通过交叉口时能否达到安全通过速度分两种情况讨论:

$$
h_{\mathrm{int}}^j = \begin{cases} t_{\mathrm{r}} + t_{\mathrm{w}}^j + \dfrac{V_0}{b_{\mathrm{nor}}} + \dfrac{V_{\mathrm{s}}}{a} + \dfrac{L_c^j - \dfrac{V_s^2}{2a}}{V_s} + \dfrac{\sqrt{V_s^2 + 2aL} - V_s}{a} & \left(L_c^j \geqslant \dfrac{V_s^2}{2a}\right) \\[4mm] t_{\mathrm{r}} + t_{\mathrm{w}}^j + \dfrac{V_0}{b_{\mathrm{nor}}} + \sqrt{\dfrac{2L_c^j}{a}} + \dfrac{\sqrt{2a(L_c^j + L)} - \sqrt{2aL_c^j}}{a} & \left(L_c^j < \dfrac{V_s^2}{2a}\right) \end{cases}
$$

$$(3\text{-}10)$$

式中:t_{w}^j——车辆在交叉口 j 等待红灯相位的时间,s。

对于车辆等待红灯相位的时间 t_{w}^j,一般取最不理想的情况,即等满红灯和黄灯时间,其表达式如下,

$$t_{\mathrm{w}}^j = C^j - g^j \tag{3-11}$$

式中:C^j——交叉口 j 的信号控制周期时长,s;

g^j——现代有轨电车在交叉口 j 的绿灯相位时长,s。

根据(3-10)和(3-11),得到信号控制条件下,交叉口 j 设施约束下的最小车头时距为,

$$h_{int}^j = \begin{cases} t_r + C^j - g^j + \dfrac{V_0}{b_{nor}} + \dfrac{V_s}{a} + \dfrac{L_c^j - \dfrac{V_s^2}{2a}}{V_s} + \dfrac{\sqrt{V_s^2 + 2aL} - V_s}{a} & \left(L_c^j \geqslant \dfrac{V_s^2}{2a}\right) \\ t_r + C^j - g^j + \dfrac{V_0}{b_{nor}} + \sqrt{\dfrac{2L_c^j}{a}} + \dfrac{\sqrt{2a(L_c^j + L)} - \sqrt{2aL_c^j}}{a} & \left(L_c^j < \dfrac{V_s^2}{2a}\right) \end{cases}$$

$$(3-12)$$

根据公式(3-9)或(3-12)分别计算沿线 J 个交叉口设施约束的最小车头时距,从中选取最大值作为整个现代有轨电车系统受交叉口设施约束的最小车头时距,

$$h_{int}^c = \max(h_{int}^1, h_{int}^2, \cdots, h_{int}^j, \cdots, h_{int}^J) \qquad (3-13)$$

式中:h_{int}^c——受交叉口设施约束的最小车头时距,s;

J——线路沿途交叉口的数量,$J \in N$。

3.1.4 受折返站设施约束的最小车头时距

在折返站设施约束下,能最低限度地保证车辆连续安全通过折返站的车头时距即为最小车头时距,也是车辆在折返站的作业时间,由其折返作业的流程决定。可采用的折返作业方式有站前折返与站后折返两种。

1. 站前折返

现代有轨电车站前折返的作业流程如图 3-5。司机观察到折返站之后,减速通过渡线,进入站台并停车,在站台进行接送乘客、充电、驾驶员更换驾驶室等作

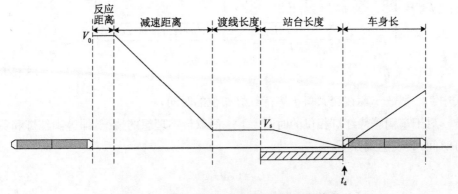

图 3-5　现代有轨电车站前折返流程示意图

业,然后反向行驶离开站台。

在这种情况下,为了保证车辆能够连续地在折返站 k 安全作业,其车头时距的表达式为,

$$h_{\text{tb}}^{k}=t_{\text{d}}^{k}+t_{\text{c}}^{\text{tb}} \tag{3-14}$$

式中:h_{tb}^{k}——受折返站 k 设施约束的最小车头时距,s;

　　　t_{d}^{k}——车辆在折返站 k 的停站时间,s;

　　　t_{c}^{tb}——车辆在折返站的最小车辆控制时距,s。

车辆的停站时间 t_{d}^{k} 包含开关车门、上下车、司机转换驾驶室以及车辆充电的时间。其表达式为,

$$t_{\text{d}}^{k}=\max(t_{\text{cha}},\ t_{\text{oc}}+t_{\text{ab}}^{k},\ t_{\text{dri}}) \tag{3-15}$$

式中:t_{ab}^{k}——乘客在折返站 k 上下车所耗费的时间,可以根据公式(3-4)或(3-5)计算,s;

　　　t_{dri}——司机转换驾驶室的时间,s。

最小车辆控制时距 t_{c}^{tb} 包含了车辆减速通过渡线、进站、加速出站的时间,与渡线以及车辆的长度相关,可以通过调查获得,或者根据其具体的作业流程估算,具体表达式为,

$$t_{\text{c}}^{\text{tb}}=t_{\text{r}}+\frac{V_0-V_\text{s}}{b_{\text{nor}}}+2\cdot\frac{L_{\text{line}}+L}{V_\text{s}}+\sqrt{\frac{2L}{a}} \tag{3-16}$$

式中:L_{line}——渡线长度,m。

根据公式(3-15)~(3-16),即可得到站前折返条件下,受折返站 k 设施约束的最小车头时距的表达式,

$$h_{\text{tb}}^{k}=\max[t_{\text{cha}},\ t_{\text{oc}}+t_{\text{ab}}^{k},\ t_{\text{dri}}]+t_{\text{r}}+\frac{V_0-V_\text{s}}{b_{\text{nor}}}+2\cdot\frac{L_{\text{line}}+L}{V_\text{s}}+\sqrt{\frac{2L}{a}}$$
$$\tag{3-17}$$

2. 站后折返

现代有轨电车站后折返的流程如图 3-6 所示。司机观察到折返站之后,减速进站并停车,在站台进行乘客下车、车辆充电的作业,然后行驶至线路的尽头并停车,驾驶员更换驾驶室,反向行驶至站台并停车,进行乘客上车的作业,然后加速行驶离开站台。

在该情况下,为了保证车辆能够连续地在折返站 k 安全作业,其车头时距表达式为,

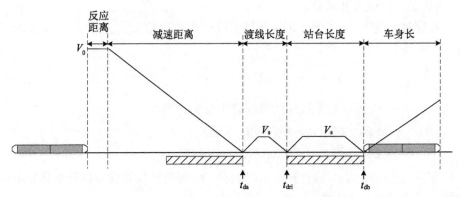

图 3-6   现代有轨电车站后折返流程示意图

$$h_{tb}^{k} = t_{da}^{k} + t_{dri} + t_{db}^{k} + t_{c}^{tb} \tag{3-18}$$

式中：t_{da}^{k} ——车辆到达折返站 k 后,乘客下车、车辆充电的时间和,s;

   t_{db}^{k} ——车辆反向运行达到折返站 k 后,乘客上车的时间,s。

$$t_{da}^{k} = \max(t_{cha}, \ t_{oc} + t_{ali} \cdot p_{ali}^{k}) \tag{3-19}$$

$$t_{db}^{k} = t_{oc} + t_{boa} \cdot p_{boa}^{k} \tag{3-20}$$

式中：p_{ali}^{k} ——折返站 k 最繁忙的车门下车的乘客数,prs;

   p_{boa}^{k} ——折返站 k 最繁忙的车门上车的乘客数,prs。

最小车辆控制时距 t_{c}^{tb} 包含了车辆减速进站、通过渡线、反向进站以及加速出站的时间,与渡线以及站点的几何形状参数相关。该参数值可通过调查获得,或者可以通过下式估算,

$$t_{c}^{tb} = t_{r} + \frac{V_{0}}{b_{nor}} + 4 \cdot \frac{L_{line} + L}{V_{s}} + \sqrt{\frac{2L}{a}} \tag{3-21}$$

根据公式(3-18)～(3-21),得到站后折返条件下,受折返站 k 设施约束的最小车头时距的表达式,

$$h_{tb}^{k} = \max(t_{cha}, \ t_{oc} + t_{ali} \cdot p_{ali}^{k}) + t_{dri} + t_{oc} + t_{boa} \cdot p_{boa}^{k} + t_{r} + \frac{V_{0}}{b_{nor}} +$$

$$4 \cdot \frac{L_{line} + L}{V_{s}} + \sqrt{\frac{2L}{a}} \tag{3-22}$$

根据公式(3-17)和(3-22)分别计算线路上 2 个折返站约束下的最小车头时距,再从中选取较大值作为整个现代有轨电车系统受折返站约束下的最小车头时距,

$$h_{tb}^{c} = \max(h_{tb}^{1}, h_{tb}^{2}) \tag{3-23}$$

从受线路、中途站、交叉口、折返站设施约束的最小车头时距中选取最大值作为系统的最小车头时距，

$$h^{c} = \max(h_{sec}^{c}, h_{stop}^{c}, h_{int}^{c}, h_{tb}^{c}) \tag{3-24}$$

式中：h^{c}——受系统运行设施约束的最小车头时距，s。

3.2　有轨电车车辆旅行速度

3.2.1　旅行速度的影响因素

旅行速度指列车在区间内运行，包括在中途站停车时间、交叉口通行延误时间及起停附加时间在内的平均速度，可有效反映列车实际的速度值。对于现代有轨电车而言，影响旅行速度的主要因素包括站点停站时间、交叉口通行延误时间、每次停车、降速前后的起停附加时间等。

1. 停站时间的影响

现代有轨电车停站时间是指列车到达车站后至从车站出发的所有作业时间总和，包括列车到达时延迟开门时间、乘客上下车时间、列车关门及列车启动时间。停站时间的长短直接影响到列车的全程运行时间，最终影响其旅行速度，因此如何缩短停站时间是提高现代有轨电车旅行速度的关键。

有轨电车停站时间有诸多影响因素，主要为高峰小时车站的上下人数、高峰小时列车开行对数、车站的售检票系统、车票制式。

① 车上售检票单一票价制

$$t_{停站} = \left[\max\left(\frac{P_{上}}{N \cdot n_{上}} \cdot T_{上}, \frac{P_{下}}{N \cdot n_{下}} \cdot T_{下} \right) \cdot K \right] + T_{1} \tag{3-25}$$

式中：K——不均匀系数，用以描述乘客在站台上的不均匀分布对上下车时间的影响，根据经验值一般在 1.3～1.7 之间选择；

　　N——高峰小时开行的列车对数；

　　T_{1}——列车开关门反应及动作时间，包括：开门 3 s，预告和关门 3 s，各车门上下客不均衡延误 3 s，关门后列车启动反应 2 s。若是采用安全门的车站，初期停站时间加 4 s，远期加 3 s；

　　$P_{上}$——高峰小时车站上车人数之和（取早、晚高峰最大值）；

　　$P_{下}$——高峰小时车站下车人数之和（取早、晚高峰最大值）；

$n_上$、$n_下$——分别为上客车门数和下客车门数;

$T_上$——平均上一名乘客的时间(s),一般取 1.4 s;

$T_下$——平均下一名乘客的时间(s),一般取 0.6 s。

② 车上售检票计程计时票价制

车上售票计程计时票价制时,乘客上下车均要进行刷卡检票。因此,乘客上下车时间均加长。计算公式同上,但其中 $T_下$ 的取值为 1.4 s。

车上售检票单一票价制和计程计时票价制主要的差异取决于上客车门数和下客车门数,若两者相同则停站时间基本相同,否则具有较大的差异。

③ 车外售检票

$$t_{停站}=\frac{P_上+P_下}{N\cdot n}\cdot K\cdot\frac{T_上+T_下}{2}+T_1 \tag{3-26}$$

式中:$P_上$、$P_下$、K 及 T_1 的参数取值同上;

$T_上$、$T_下$ 的取值均为 0.6 s。

④ 车外售票/车上检票

车外售票/车上检票方式下,乘客在车站刷卡付费并获得付费凭证,在车上由工作人员检票。此方式下,列车停站时间和车上售检票一致。

根据以上计算模型和参数取值,计算以上四种情况的停站时间如表 3-1 所示。

表 3-1　不同售检票模式下的停站时间

参数设置	$P_上$	$P_下$	$n_上$	$n_下$
	20 人	20 人	2	3
测算结果	车上售检票		车外售检票	
	单一票价制	计程票价制		
	40 s	45 s	25 s	

由此可见车外售检票比车上售检票的时间节约 15～20 s,但需要在站台配置售检票设备与监管人员,运营成本有所提高。

2. 交叉口通行延误时间的影响

与城市快速轨道交通系统不同,现代有轨电车敷设在城市道路上,在平交道口通常采用混合路权形式与社会车辆一起按照管制信号通行。为减少有轨电车在交叉口的等待时间与次数,一般采用信号优先策略。

信号控制策略主要分为定时信号控制、相对信号优先和绝对信号优先三种策略[80]。

① 交叉口定时信号控制策略。在此策略下,不实施信号优先,现代有轨电车

与社会车辆信号灯时长均采用固定配时方案来确保交叉口车辆安全通过。

② 交叉口相对信号优先策略。通过延长现代有轨电车绿灯相位或缩短红灯相位来实现相对信号优先。延长绿灯相位:当现代有轨电车在绿灯相位快结束到达交叉口时,延长该绿灯相位,实现不停车直接通过交叉口。缩短红灯相位:当现代有轨电车在红灯相位到达交叉口时,提前开启绿灯相位,最大限度减少车辆停车等待时间,实现优先通过。

③ 交叉口绝对信号优先策略。通过插入专用相位来实现绝对信号优先。当现代有轨电车在红灯相位到达交叉口时,在红灯相位中插入一个有轨电车专用相位,实现有轨电车不停车直接通过交叉口,待车辆完全通过后,按照原有相位顺序恢复运行。

3. 起停附加时间的影响

起停附加时间分为列车起动附加时间和列车停车附加时间。

列车起动附加时间是指列车从起动开始到速度达到正常运行速度时所需要时间与列车按正常运行速度通过这段起动距离所需要的时间之差,可用式(3-27)表示:

$$t_{起加} = t_{起} - t_{通} \tag{3-27}$$

式中: $t_{起加}$——列车起动附加时间,min;

$\quad\quad t_{起}$——列车从起动开始到速度达到正常运行速度为止所需要的时间,min;

$\quad\quad t_{通}$——列车按正常速度通过列车起动距离所需要的时间,min。

列车停车附加时间是指列车在按正常运行速度行驶时从制动开始到完全停车所需要时间与列车按正常运行速度通过这段停车距离所需要的时间之差,可用式(3-28)表示:

$$t_{停加} = t_{停} - t_{通} \tag{3-28}$$

式中: $t_{停加}$——列车停车附加时间,min;

$\quad\quad t_{停}$——列车从制动开始到完全停车为止所需要的时间,min;

$\quad\quad t_{通}$——列车按正常速度通过列车停车距离所需要的时间,min。

现代有轨电车平均启动加速度为 1.0 m/s²,制动减速度为 1.2 m/s²,基于以上参数,测算不同速度下的起停附加时间,即起动附加时间与停车附加时间的和。当车辆运行最高速度为 70 km/h 时,起停附加时间合计为 18 s。另外,出于安全考虑,在现代有轨电车通过交叉口时需保证其速度不高于 35 km/h,所以当车辆最高速度 70 km/h 时,减速至 35 km/h 通过交叉口后再加速至 70 km/h 需要加减速附加时间为 15 s。

3.2.2 旅行速度的计算方法

旅行速度应等于全线长度与全线单向单次旅行时间的比值，全线单向单次旅行时间应等于列车以最高速度通过全线的时间、各站点停车时间、各路口延误时间、每次停车、减速前后的起停附加时间和加减速附加时间、单次折返时间的总和，如式(3-29)所示。

$$V_{旅行} = L_{线路} / \left(\sum t_{停站} + \sum t_{延误} + n_{减速} t_{加减} + n_{停车} t_{起停} + t_{折返} \right) \quad (3-29)$$

按照以上方法测算在三种不同信号优先策略下的旅行速度，交叉口间距按 400~800 m；站点间距按 500~1 000 m 测算，计算结果如表 3-2 所示。

表 3-2　旅行速度计算评价表

交叉口间距(m)	站点间距(m)					
	500	600	700	800	900	1000
定时信号						
400	12.95	13.43	13.80	14.09	14.32	14.51
500	14.67	15.29*	15.77*	16.15	16.46	16.72
600	15.68	16.85*	17.44*	17.90	18.28	18.59
700	16.50	17.80	18.86	19.40	19.85	20.22
800	17.16	18.58	19.73	20.70	21.21	21.64
相对信号优先						
400	15.79	16.51	17.07	17.52	17.88	18.18
500	17.53	18.43*	19.13*	19.69	20.14	20.53
600	18.35	19.97*	20.79*	21.46	22.00	22.46
700	18.98	20.72	22.18	22.93	23.56	24.08
800	19.49	21.33	22.87	24.18	24.88	25.46
绝对信号优先						
400	19.16	20.94	22.42	23.68	24.77	25.70
500	19.96	21.89*	23.52*	24.91	26.11	27.16
600	20.53	22.58*	24.32*	25.81	27.10	28.22
700	20.95	23.10	24.92	26.48	27.84	29.04
800	21.29	23.50	25.39	27.02	28.43	29.68

注：深色阴影部分数据表示服务水平较差；浅色阴影部分数据表示服务水平较好；数据标 * 表示常规站点与交叉口间距范围。

由表 3-2 可知,当交叉口间距低于 500 m 时,在定时信号控制策略下,旅行速度均低于 18 km/h,即便在相对信号优先策略下,也有 50% 的测算结果低于 18 km/h。影响旅行速度的另外一个重要因素是车站间距,根据表 3-2 的测算结果,当车站间距小于 700 m 时,站间距对于旅行速度影响较大,而超过 700 m 时,影响较小,700 m 的车站间距是旅行速度计算的中位线。因此,交叉口和车站间距是影响有轨电车旅行速度的主要因素。为了获得较为理想的旅行速度,建议敷设现代有轨电车的线路平面交叉口间距不低于 600 m,平均设站距离不低于 700 m。

① 在正常的定时信号控制策略下,旅行速度较低,超过 1/2 测算结果小于 18 km/h,交叉口平均间距 500~600 m,车站平均间距为 600~700 m,旅行速度仅为 15.3~17.4 km/h。

② 在相对信号优先策略下,旅行速度有一定提升,1/3 测算结果低于 18 km/h,1/3 测算结果超过 22 km/h。旅行速度仅为 18.4~20.8 km/h,较定时信号控制策略下提高约 20%。

③ 在绝对信号优先策略下,超过 1/2 测算结果大于 22 km/h。旅行速度为 21.9~24.3 km/h,较相对信号优先策略下提高约 18%。

由此可见,采用信号优先策略有利于提高现代有轨电车的旅行速度。根据以上分析计算,参照公共交通相关规定与现代有轨电车的实际运行效果,建议针对现代有轨电车旅行速度设定评级标准:当旅行速度小于 15 km/h 时,与常规公交的运营速度相当,服务水平定级为较差;在 15~20 km/h 范围内,服务水平一般;在 20~25 km/h 范围内,可以定位为快速公交系统,服务水平定级为良;当旅行速度大于 25 km/h 时,服务水平定级为优。

3.2.3　现代有轨电车的车辆配属

车辆配属是现代有轨电车行车组织的重要参数,不仅关系到工程造价,还影响到车辆基地规模及运营维护的成本。因此,合理配属车辆不但能够节省车辆采购费用,还能节约土地资源。现代有轨电车车辆配属与车辆的旅行速度和发车间隔有关,具体关系如式(3-30)所示,单向单公里车辆配属与旅行速度和发车间隔成反比。

$$车辆配属 = 1/(旅行速度 \times 发车间隔) \tag{3-30}$$

由式(3-30)可以看出,根据最小发车间隔,在不同的旅行速度下,最大的车辆配属如表 3-3。初期高峰时段最小发车间隔按照 8 min,旅行速度为 20 km/h 时,单向单公里车辆配属约为 0.4 辆;远期最小发车间隔为 5 min,旅行速度仍保持

20 km/h时,单向单公里车辆配属约为0.6辆。

表3-3 不同速度与发车间隔下车辆配属　　　　　　　单位:辆/km

间隔 (min)	速度(km/h)						
	18	19	20	21	22	23	24
4	0.83	0.79	0.75	0.71	0.68	0.65	0.63
4.5	0.74	0.70	0.67	0.63	0.61	0.58	0.56
5	0.67	0.63	0.60	0.57	0.55	0.52	0.50
6	0.56	0.53	0.50	0.48	0.45	0.43	0.42
7	0.48	0.45	0.43	0.41	0.39	0.37	0.36
8	0.42	0.39	0.38	0.36	0.34	0.33	0.31
9	0.37	0.35	0.33	0.32	0.30	0.29	0.28
10	0.33	0.32	0.30	0.29	0.27	0.26	0.25

3.3 现代有轨电车合理线路长度

3.3.1 线路长度的影响因素

现代有轨电车作为城市新区一种快速公共交通运输工具,旅行速度、运行时间、居民出行距离及建设与运营成本是确定现代有轨电车合理线路长度的主要影响因素。

1. 旅行速度

现代有轨电车最大设计速度为70 km/h,通过交叉口最大速度一般为35 km/h,全程平均旅行速度一般在18~25 km/h。

2. 运行时间

运行时间是衡量现代有轨电车服务效率的重要指标,是指车辆完成一次全程运行时间的总和,包括运行时间、中间停站时间、交叉口延误时间、起停车附加时间、折返时间等,直观表征乘客最大在途可忍受的时间长短。

《地铁设计规范》(GB 50157—2013)中规定"每条线路长度不大于35 km,也可按每个交路运行不大于1h为目标"。《城市道路交通规划设计规范》规定,快速轨道交通的线路长度不宜大于40 min的行程。《公交线路设计原则及标准》建议线路以运行30~60 min为宜。

参照以上轨道和道路交通相关规定,现代有轨电车每个交路运行时间以45~60 min为宜。

3. 居民出行距离

城市居民平均出行距离既反映了城市空间规模大小,也在一定程度上影响现代有轨电车系统的线路规划长度,并直接关系到旅客的平均乘距。现代有轨电车作为城市公共交通系统的组成部分,其线路长度应满足城市居民平均出行距离的要求,公共交通的线路长度不宜过长或过短,市区线路宜取该城市平均运距的二倍,市郊线路宜不大于其三倍。

4. 建设与运营成本

现代有轨电车项目投资主要由工程费、其他费、预备费及专项费用组成。而影响其投资规模的主要是工程费用和专项费用(车辆购置),约占 80%。相关费用中的路基、轨道、通信、供电、车辆配属数量、系统设备等投资基本与线路长度呈线性比例,而车辆基地、停车场及相关的备用车辆等作为公共基础性投入按照里程分担时,线路里程越长,单位公里建设成本分摊就越低,但线路过长,也会增加工程投资和运营成本,造成综合效益下降。因此,现代有轨电车合理的线路长度应综合考虑建设投入和产出关系。

3.3.2　合理线路长度测算

根据影响现代有轨电车合理线路长度的因素分析,合理线路长度可以从以下几个角度分析和测算。

1. 按平均出行距离测算

根据调查统计城市新区居民平均出行距离为 5~9 km,测算城市现代有轨电车合理线路长度,中心区线路长度以 10~18 km 左右为宜,边缘区延伸市郊线路不宜大于 27 km。

2. 按车辆配属指标测算

车辆购置费在工程投资中占有较大比重,因此,现代有轨电车合理的线路长度应考虑每公里的配车指标。

车辆配置数＝运用车数＋备用车数＋定期维修车数。

$$
\begin{aligned}
M &= \left(\sum t / t_{间} \right) / L \\
&= \left[(3\,600 \times L \times 2) / V_{旅} + t_1 + t_2 \right] / (t_{间} \times L) \\
&= 1.2 + 1/3L
\end{aligned}
\tag{3-31}
$$

式中:M ——每公里运用车辆指标,列/km;

　　　L ——线路运行长度,km;

　　　$\sum t$ ——全程运行时间,s;

　　　$V_{旅}$——旅行速度,km/h,一般为 18~25 km/h, 取 20 km/h;

$t_间$——发车间隔,s,一般 4~10 min,取 5 min 即 300 s;

$t_1 + t_2$——两端折返时间,取决于线路折返条件,假设 100 s。

依据以上分析,现代有轨电车不同线路长度的车辆配属数量由表 3-4 所示。

表 3-4 不同线路长度配车指标

L(km)	2	3	4	5	6
M(列/km)	1.36	1.31	1.28	1.27	1.26
L(km)	7	8	9	10	11
M(列/km)	1.25	1.24	1.23	1.23	1.23
L(km)	12	13	14	15	16
M(列/km)	1.23	1.22	1.22	1.22	1.22
L(km)	17	18	19	20	21
M(列/km)	1.21	1.21	1.21	1.21	1.21

由表 3-4,在旅行速度为 20 km/h、发车间隔 5 min 的条件下,单位长度(双向)配车指标随线路长度的增加而减小。当线路长度小于 9 km 时,配车指标高于 1.23 列/km,且配车指标变化较大;而当线路长度大于 9 km 时,配车指标变化趋于平稳,当线路长度大于 17 km 时,配车指标 M 值稳定在 1.21 列/km。

从上述分析可知,当运行线路长度大于 9 km 时,车辆配属指标比较经济,对平均造价影响较小,具有较合理的经济效益。

3. 按照工程投资经济指标测算

根据现代有轨电车项目投资结构分析,现代有轨电车工程造价 60% 的费用随线路长度呈线性变化,如路基、轨道、通信信号、供电系统等;另有近 40% 的费用与线路长度是非线性关系,如车辆基地、停车场等基本建设费用,相关费用比例测算如表 3-5 所示。

表 3-5 不同线路长度工程投资指标

线路长度(km)	5	6	7	8	9	10	12	15	18	20
线性指标(亿元/km)	0.61	0.61	0.61	0.61	0.61	0.61	0.61	0.61	0.61	0.61
非线性指标(亿元/km)	0.64	0.58	0.54	0.50	0.47	0.46	0.44	0.40	0.38	0.37
每公里经济指标(亿元/km)	1.25	1.19	1.15	1.11	1.08	1.07	1.05	1.01	0.99	0.98

根据表 3-5 可知,当线路长度达到 20 km 时,每公里非线性指标为 0.37 亿元/km,仅为线路长度为 5 km 时的 55%。计算结果表明,在线路长度大于 9 km 时,工程投资的经济指标变化相对平稳。因此从工程投资经济性角度分析,线路长度为 9 km 是经济合理的长度临界值。工程投资经济指标如图 3-7 所示。

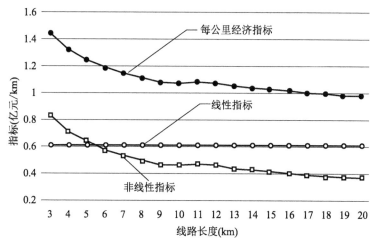

图 3-7 不同线路长度的投资指标情况图

4. 按旅行速度和运行时间要求测算

现代有轨电车平均旅行速度为 18~25 km/h,综合考虑城市快速轨道、常规公交的运行时间,以最大运行时间不宜大于 60 min 为目标,测算出现代有轨电车线路长度不宜大于 25 km。以全程运行时间 45 min 为宜控制,测算出相应线路长度以 18 km 左右为宜。

综合考虑城市居民平均出行距离、车辆配属指标、工程投资指标、运行时间等因素,现代有轨电车的在不同条件下的测算长度见表 3-6。

表 3-6 线路长度测算结果

测算指标	最短线路长度(km)	最长线路长度(km)
按平均出行距离测算	—	27
按车辆配属指标测算	9	—
按每工程投资测算	9	—
按照运行时间	—	25

综上所述,城市新区现代有轨电车线路合理长度,最短线路长度不宜小于 9 km,最大线路长度不宜大于 25 km,适宜的范围应控制在 9~18 km 之间,但在实际工程建设实践中,需进一步根据项目在城市交通的功能定位、城市客流规模、居民出行特征、交通条件等因素综合确定。

3.4 现代有轨电车客流负荷强度

客流负荷强度是表征现代有轨电车系统所承担交通荷载的重要指标,是确定轨道交通线网功能、交通制式、建设时机和运营组织的关键因素。现代有轨电车交通客流负荷强度的主要影响因素包括运输能力、发车间隔、服务水平、客流变化规律及旅客出行距离与时间目标等。

3.4.1 客流负荷强度的影响因素

1. 运输能力的影响

根据前文所述,5模块现代有轨电车在相对信号优先控制策略下的高峰小时运输能力一般为0.5万～0.8万人次/h,7模块为0.7万～1.2万人次/h。

2. 发车间隔的影响

在交叉口信号相对优先的控制策略下,现代有轨电车的最小发车间隔不宜小于3.5 min;建成初期最小发车间隔在高峰时段宜在5～8 min之间,平峰时段不宜大于12 min。远期最小发车间隔在高峰时段宜在3～5 min之间,平峰时段不宜大于10 min。

3. 服务水平的影响

《城市轨道交通工程项目建设标准》(建标104—2008)中对服务水平标准定义为"拥挤度+忍受度"组合指标,即:拥挤度为5～6人/m²时,忍受度不宜大于全区间长度总数的20%,或平均运距不大于12 km。参照上述标准,现代有轨电车采用服务水平的拥挤度为4～6人/m²,运营时间按每日6:00～22:00共计16 h。其中高峰运营时间5 h,平峰运营时间11 h,高峰时段满载率为0.75～0.9,平峰时段满载率为0.35～0.5。

4. 客流变化的影响

城市公共交通客流具有时间和空间动态性。时间动态性是指客流随时间变化而表现出的客流量变化趋势,如正常工作客流具有明显的工作日早、晚高峰特性;生活、购物出行客流具有周末、节假日高峰特性;观光休闲出行客流则呈现季节性变化。空间动态性是指客流在不同方向上的不均衡性,如早高峰城市外围向城市中心的向心客流,晚高峰城市中心向外围的离心客流等。

5. 出行距离的影响

出行距离和出行时间是决定出行者选择何种交通方式的基本前提。根据相关资料,城市平均出行距离分布符合二阶爱尔兰分布模型 $F(L) = \int_0^L \frac{(uk)^k}{(k-1)!} l^{k-l} \mathrm{e}^{-ukl} \mathrm{d}l$,且在距离为3 km以上的区间段上的累计概率误差在10%以下,其计算如式(3-32)所示:

$$\bar{L} = \sqrt{S_\alpha} \tag{3-32}$$

式中:$\bar{L}$——平均出行距离,km;

S ——城市建成区面积,km^2;

α ——参数,当城市形态为团块状时,$0.28 \leqslant \alpha < 0.35$;当城市形态为带状时,$0.35 \leqslant \alpha \leqslant 0.45$。平均出行距离既反映了城市建成情况,也在一定程度上影响现代有轨电车系统的建设规模和线路长度,并直接关系到现代有轨电车交通的平均乘距。

3.4.2 客流负荷强度的计算方法

客流负荷强度计算采用"服务水平极限法",即假定合理的极限服务水平,计算现代有轨电车线路最大和最小负荷强度。

现代有轨电车交通客流负荷强度与系统运输量呈正比,与线路长度成反比。在列车标准定员和线路设计通过能力一定的条件下,现代有轨电车交通实际客流量取决于列车服务水平、编组数量、车辆载客率。

客流负荷强度计算公式如下:

$$I = 2T \cdot p_e \cdot S \left(\frac{n_t \cdot b_t \cdot k}{L_t} + \frac{n_f \cdot b_f \cdot (1-k)}{L_f} \right) / 10\,000 \qquad (3-33)$$

式中:I ——客流负荷强度,万人次/(km·d);

S ——车辆承载旅客面积(m^2);

T ——现代有轨电车全日运营时间(16 h/d);

p_e ——站席标准,取值 4~6 人/m^2;

n_t ——高峰发车列数,列;

b_t ——高峰车辆满载率,取值 0.75~0.9;

L_t ——高峰平均出行距离,km;

n_f ——平峰发车列数,列;

b_f ——平峰车辆满载率,取值 0.35~0.5;

L_f ——平峰平均出行距离,km;

k ——高峰时间比率。

计算结果见表 3-7。

表 3-7 现代有轨电车系统客流负荷强度计算

主要指标			5模块		7模块	
			初期	远期	初期	远期
高峰时段	服务水平	运营时间	6:00~22:00			
		站立标准(人/m²)	4	6	4	6
		发车间隔(min)	8	5	8	5

主要指标			5 模块		7 模块	
			初期	远期	初期	远期
高峰时段		平均乘距(km)	7.5	7.5	7.5	7.5
		车辆容量(m²)	50	50	70	70
		单车运输能力(人次/辆)	200	300	280	420
		高峰运营占比	0.3	0.3	0.3	0.3
		高峰满载率	0.7	0.9	0.7	0.9
		高峰配车(辆/h)	7.5	12	7.5	12
		高峰用车(辆/h)	36	58	36	58
平峰时段	服务水平	站立标准(人/m²)	4	6	4	6
		发车间隔(min)	12	8	12	8
		平均乘距(km)	8.5	8.5	8.5	8.5
		单车运输能力(人次/辆)	200	300	280	420
		平峰运营占比	0.7	0.7	0.7	0.7
		平峰满载率	0.3	0.5	0.3	0.5
		平峰配车(辆/h)	5	8	5	8
		平峰用车(辆/h)	56	84	56	84
客流强度(万人次/(km·d))			0.21	0.71	0.3	1.0

根据计算若采用 5 模块车型,在服务水平取下限即站席标准为 4 人/m²,高峰期发车间隔为 8 min,平峰发车间隔为 12 min 时,客流负荷强度最低为 0.21 万人次/(km·d);远期当服务水平取上限即站席标准为 6 人/m²,高峰期发车间隔为 5 min,平峰发车间隔为 10 min 时,客流负荷强度最低为 0.71 万人次/(km·d)。当客流负荷强度超过 0.71 万人次/(km·d)且小于 1.0 万人次/(km·d)时,建议采用 7 模块车型。

3.5 现代有轨电车运输能力分析

现代有轨电车运输能力受到包括运行设施、运行组织方式以及运行环境等方面的影响,其中运行设施以及运行组织方式对运输能力的大小起到了决定性的作用,而运行环境则影响了系统发挥其运输能力的稳定性。

1. 运行设施的影响

现代有轨电车系统的运行设施包括现代有轨电车车辆、运行线路所在的路段、沿途的交叉口、中途站和折返站。

（1）车辆配置的影响

车辆对现代有轨电车运输能力的影响，一方面体现在车辆的长度、编组、车内设施与布局等因素对车辆载客能力的影响，另一方面体现在车门数量及位置、加减速性能等因素对车辆站台停车时间的影响。

① 车辆的长度和编组。现代有轨电车的车型非常多，各车型之间的长度和编组有所区别。表3-8列出了国内几种车型的相关参数，对于不同类型的车辆，其载客能力也有所区别。车辆在编组方面非常灵活，所有的车型都可以根据需求提供不同编组的车辆，因此在计算运输能力的时候需要确定好车辆的型号以及相应的编组。

表3-8　现代有轨电车不同车型对照

厂商	车辆型号	车辆长度(m)	车辆编组数	额定载客数(人)
株机公司	Combino Plus	36.36（四模块）	2～6	311（四模块）
长春客车公司	—	34.80（五模块）	3,5,7	292（五模块）
南京浦镇公司	Flexity2	32.00（五模块）	3,5,7	304（五模块）
青岛四方公司	ForCity	31.40（三模块）	2～6	305（三模块）
唐山客车公司	—	37.54（四模块）	2～6	315（四模块）
大连机车车辆公司	Sirio	32.08（五模块）	3,5,7	279（五模块）

② 车内设施与布局。在编组数一致的情况下，现代有轨电车车内设施、布局与车辆的额定载客数有一定的关系。车内面积越大，座席所占空间越小，站立空间越大，那么车辆所能承载乘客人数也就越大。为了缓解高峰期的拥堵，可以将车厢内的座位部分或者全部拆除，以增加站立面积，提高额定载客人数。

③ 规定满载率。为了保证一定的服务水平，运营商会对车辆的满载率进行规定。车辆的载客能力会受到规定满载率的影响，规定满载率越高，车辆所能运送的乘客数越大。规定满载率取值一般在0.8～1.2，由于运输能力代表系统输送乘客数的最大值，本书在计算运输能力时，规定满载率的数值取其上限1.2。

④ 地板和台阶的高差。地板与站台形成的高差会影响人们上车的速度，对于多数现代有轨电车，目前已经能够做到70%低地板，甚至是100%低地板，而对于一些传统老式的有轨电车，还有台阶。表3-9为根据美国交通研究委员会在 *Highway Capacity Manual* 中给出的不同地板高度条件下乘客上下车所需的平均时间，可以发现，低地板能够有效减少乘客上下车的时间。

表 3-9 在不同地板高度情况下乘客上下车平均时间

地板与站台形式	乘客上下车平均时间(s/pr)		
	以上车为主	以下车为主	上下车均有
水平式	2.0	1.5	2.5
台阶式	3.2	3.7	5.2

注：不包括售票时间。

⑤ 车门的配置。车辆的车门对停站时间的影响主要是由车门的数量、位置、尺寸、开关门时间等相关配置引起的。在车门的数量越多、与站台乘客进出口位置越贴近、宽度越大的情况下,乘客上下车的所用时间越少。如表 3-10。

表 3-10 不同车门数情况下乘客上下车时间[132]

车门数	乘客上下车时间(s/pr)		
	上车	前门下车	后门下车
1	2.5	3.3	2.1
2	1.5	1.8	1.2
3	1.1	1.5	0.9
4	0.9	1.1	0.7
6	0.6	0.7	0.5

开关门时间是指现代有轨电车司机按下开关门按钮到车门完成动作所花费的时间,由车门的机械传动装置的性能决定。一般情况下,开门和关门的时间是固定的。

⑥ 车辆动力性能。现代有轨电车的动力性能包括了车辆的设计运行速度、加速度以及减速度。

设计运行速度指车辆在技术条件允许的情况下所能达到的最大速度。一般情况下,现代有轨电车最大设计速度可达 70~80 km/h,依车型而定,如表 3-11 所示。

表 3-11 不同车型现代有轨电车的车辆动力性能比较

厂商	车型	最高设计速度 (km/h)	平均加速度 (m/s²)	常用制动速度 (m/s²)	紧急制动速度 (m/s²)
株机公司	Combino Plus	70	0.6	1.2	2.8
长春客车公司	—	70	0.6	1.1	2.5
南京浦镇公司	Flexity2	80	0.6	1.2	2.8 ·
青岛四方公司	ForCity	70	0.75	1.2	2.8
唐山客车公司	—	70	0.85	1.2	2.8
大连机车车辆公司	Sirio	70	0.6	1.2	2.8

现代有轨电车的运行加减速度与所采用车型的动力性能相关。为了保证车辆运营的平稳和乘客的舒适度,常用制动速度相比于紧急制动速度稍微小一点。加减速性能的好坏会影响车辆在线路上运行时的安全车头时距,在运行速度一定的情况下,加减速性能越好,那么所需的安全间隔就越小,运输能力就越大。

（2）线路的位置及轨道数的影响

① 线路铺设位置。现代有轨电车可以采用三种铺设位置,分别是路中式、两侧式以及同侧式。

路中式现代有轨电车是将线路布置在道路中央的形式。该情况下,两侧建筑出入口接入机动车道,路段出入的右转车辆对于现代有轨电车没有影响,而左转车辆对现代有轨电车有影响,如图 3-8 所示。

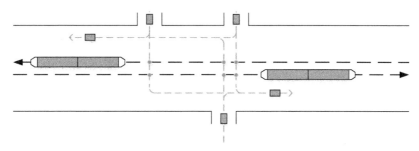

图 3-8　路中布置情况下路段出入口对现代有轨电车的影响示意图

两侧式现代有轨电车即其线路设置在道路主路最外侧的两条车道上,该情况下,沿线建筑的车辆在从辅路驶入主路时,不可避免地要跨越轨道,影响现代有轨电车的运行,如图 3-9 所示。同时,常规公交线路会与现代有轨电车线路发生冲突,特别是在设置有港湾式公交站台的路段。

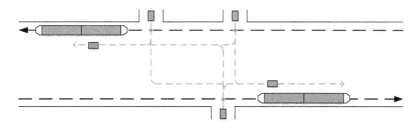

图 3-9　两侧布置情况下路段出入口对现代有轨电车的影响示意图

同侧式现代有轨电车即上下行线路位于道路同一侧。现代有轨电车线路对其同侧的机动车以及常规公交线路存在较大影响,相互干扰较大（如图 3-10）。

线路铺设位置对现代有轨电车的运输能力影响明显,考虑到国内外现代有轨

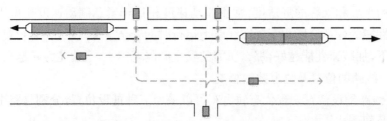

图 3-10　同侧布置情况下路段出入口对现代有轨电车的影响示意图

电车实践的案例中,路中式的情况较多,本书主要考虑现代有轨电车在路中式情况下的运输能力。

② 轨道数量。现代有轨电车运行线路上的轨道数量决定了后方的车辆能否超越前方的车辆,如果线路为三轨或者四轨,线路具备超车条件,后方的车辆可以对前方的车辆进行越行,线路上便可以开行更多数量的车辆,运输能力也会随之上升。

由于现代有轨电车运行在地面上,并且与其他交通方式(机动车、非机动车、行人)混行,若是采用三轨或者四轨,线路占用较大的空间后必然对其他交通方式的可用空间造成较大的影响,因此在实践中一般采用双轨线路,不具备超车条件。

③ 线路限定速度。又称线路限速,是指线路允许下现代有轨电车最高的运行速度。当现代有轨电车以线路限定的速度行驶时,线路限速不同,需要的安全距离不同,可能导致车辆的发车间隔不同,从而影响线路的运输能力。通常而言,路段上的限速为50 km/h,通过交叉口的限定速度又称安全通过速度,为 10～30 km/h。

(3) 中途站的影响

对于现代有轨电车线路而言,中途站的运输能力是制约整条线路的运输能力的关键因素之一,主要体现在停站时间对车头时距的影响。售检票方式和车辆的充电时间都会影响到车辆在站点的停站时间。另外,中途站的位置也影响现代有轨电车的运输能力。

① 售检票方式。站点的售检票方式对于乘客的上下车时间有着一定的影响,从而影响到了车辆在站台的停站时间。

售检票方式有车站无障碍售检票、车站强制售检票、车上无人售检票和车上人工售检票。其中车站无障碍售检票方式是指乘客上车前先在站台买票,检票员会在车上随机抽查检票,该方式售检票效率最高,苏黎世、慕尼黑等多个城市都在采用。车站强制售检票方式类似我国大多数地铁车站,采用封闭式站台,闸机检票。车上无人售检票方式类似我国的无人售票公交系统,包括刷卡与投币两种售检票方式。车上人工售检票方式则需要配售票员,对于上车乘客依次售检票。*Transit Capacity and Quality of Service Manual* 给出了北美在不同售检票方式下,乘客上车所需时间的观测值,如表 3-12。

表 3-12　不同售检票方式下单通道上车乘客服务时间

购票模式	观测值范围	乘客服务时间默认值(s/pr)
车站无障碍售检票方式、车站强制售检票方式	2.25~2.75	2.5
车上人工售检票方式	3.6~4.3	4.0
车上无人售检票方式	4.2	4.2

注:当车上有乘客站立时,每人的上车时间增加 0.5 s;低地板车辆上车时间减去 0.5 s。

② 车辆供电方式。现代有轨电车的车辆供电方式可以分为两种,一种是车身带有电池,在站台充电,运行的过程中依靠电池的电量供电;第二种由高架网或者第三轨在车辆运行的过程中给车辆供电。

第一种方式下,车辆在站点充电需要充电时间,若充电时间较长,会影响到车辆的停站时间;第二种则不存在这样的问题。

③ 中途站的位置。现代有轨电车中途站的位置通常设置在交叉口附近,可以结合交叉口的人行横道组织乘客进出站。由于现代有轨电车线路铺设在地面,中途站若是设置在路段中间,乘客进出站会对机动车流形成干扰,相当增加了一个交叉口,因此现代有轨电车中途站设置在路段中的情况较少。

当中途站设置在信号交叉口附近,现代有轨电车在进站或者出站时会受到信号控制的影响。下面采用 Aimsun 软件,通过仿真研究中途站设置在交叉口的进口道或者出口道时所受到信号控制的影响。

如图 3-11(a),中途站设置在交叉口进口道,车辆在进入交叉口之前即进入站台,完成乘客的接送之后,等待绿灯相位进入交叉口;另一种情况是中途站位于出口道,如图 3-11(b),车辆在通过交叉口之后进入站台,完成乘客的接送后,直接离开站台。

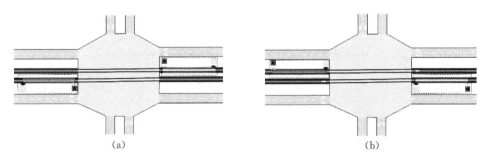

(a)　　　　　　　　　　　　(b)

图 3-11　中途站位置影响仿真实验中的交通仿真环境

参考图 3-11 在 Aimsun 中设置相应的交通环境,设置在路中的双向运行的现代有轨电车的发车间隔是 5 min,标准差为 1 min。设置车辆在站点接送乘客的数量,具体如表 3-13 所示。设置两个站台乘客的进站量均为每小时 200 人。

表 3-13 车辆在站点接送乘客相关参数设置列表

线路方向	上车乘客数 (prs)	上车乘客数 标准差(prs)	乘客上车单位 时间(s)	下车乘客数 (prs)	下车乘客数 标准差(prs)	乘客下车单位 时间(s)
东西	30	10	1	10	5	1
西东	30	10	1	10	5	1

对于中途站处于交叉口不同的位置,分别进行两组仿真实验,第一组保持信号周期为 120 s 不变,绿信比分别为 0.2、0.3、0.4、0.5、0.6、0.7、0.8;第二组保持绿信比为 0.4 不变,信号周期分别为 60 s、90 s、120 s、150 s、180 s、200 s。进行一小时的仿真,对所得的结果进行比较分析。

第一组仿真实验结果如表 3-14 和图 3-12 所示。信号周期相同,只改变绿信比的情况下,当站台位于进口道,现代有轨电车的延误相对较小,同时几乎不受到绿信比变化的影响;而当站台位于出口道,现代有轨电车的延误比较大,并且受到绿信比变化的影响较大,随着绿信比的增加,延误逐渐减少。

表 3-14 不同绿信比情况下现代有轨电车的延误 单位:s/(km·veh)

绿信比	0.2	0.3	0.4	0.5	0.6	0.7	0.8
站台位于进口道	24.58	24.81	25.01	25.12	25.13	25.39	25.43
站台位于出口道	143.15	118.17	98.64	80.17	59.05	49.77	38.97

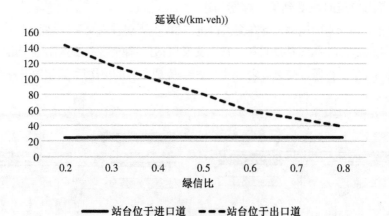

图 3-12 不同绿信比情况下现代有轨电车的延误

第二组仿真实验结果如表 3-15 和图 3-13 所示。绿信比相同,仅改变信号周期的情况下,站台位于进口道,现代有轨电车的延误相对较小,也不受到信号周期变化的影响;当站台位于出口道,现代有轨电车的延误较大,同时受到信号周期变化的影响也较大,随着信号周期变长,延误逐渐变大。

表 3-15　不同信号周期情况下现代有轨电车的延误表　　　　单位:s/(km·veh)

信号周期(s)	60	90	120	150	180	200
站台位于进口道	24.93	25.05	25.01	24.86	24.89	24.84
站台位于出口道	67.67	78.50	98.64	101.52	131.41	134.87

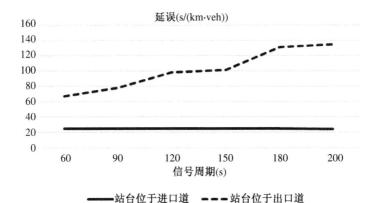

图 3-13　不同信号周期情况下现代有轨电车的延误图

相比于站台位于出口道的情况,当站台位于进口道,现代有轨电车在运行过程中受到交叉口信号控制的影响较小,车辆运输能力较大。

(4) 折返站的影响

折返站也是站点之一,现代有轨电车运输能力在折返站也会受到售检票方式以及车辆供电方式的影响。除此之外,运输能力还会受到车辆在折返站所进行的折返作业的影响。现代有轨电车折返作业的流程根据折返方式的不同而有所区别。

折返方式是车辆到达运行区间的终点后,通过渡线经由车站的一条线路进入到另一条线路,进而开始下次运行的方式。折返站的折返方式根据渡线数量和设置方式可以分为四种:单一渡线或交叉渡线的站前折返和单一渡线或者交叉渡线的站后折返,具体如图 3-14 所示。

不同的折返方式下,车辆在折返站的作业流程如下:

① 站前折返的作业流程包括:办理下行车辆进站进路→下行车辆进入站台→车辆停站上、下客(驾驶室转换、快速充电)→办理出站进路→车辆出站。

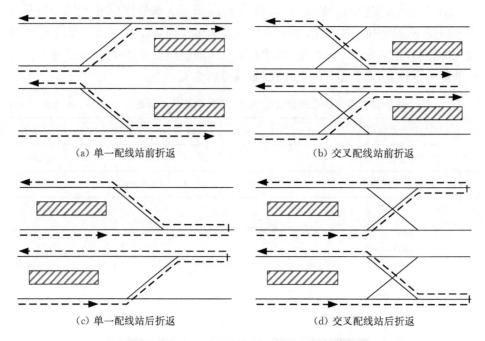

(a) 单一配线站前折返   (b) 交叉配线站前折返

(c) 单一配线站后折返   (d) 交叉配线站后折返

图 3-14　折返站折返方式及车辆作业流线示意图

② 站后折返的作业流程包括：办理下行车辆进站进路→下行车辆进入站台→车辆停站下客(车辆充电)→办理车辆进折返线进路→车辆进折返线→驾驶室转换→办理车辆出折返线进路→车辆出折返线→车辆停站上客→办理上行车辆出站进路→上行车辆出站。其中，车辆充电可以与车辆停站下客或者车辆停站上客同时进行。

可以看出，相比于地铁轻轨等交通方式，现代有轨电车的折返作业中需要进行充电作业，以保证后续正常运行。对于不同折返方式的作业流程，站后折返的作业流程的步骤明显多于站前折返，因此折返总时间上，站后折返存在一定的劣势。

(5) 交叉口信号控制的影响

由于现代有轨电车经过的交叉口为平面交叉口，车辆通过交叉口受信号相位的控制，只有在信号灯绿灯亮起时，现代有轨电车才能通过交叉口。为了避免前车遇红灯停车影响后续现代有轨电车的运行，需要在前后车之间增加一定的车头时距，因此，信号控制的周期与绿信比(绿灯时长)会影响现代有轨电车线路的运输能力。

通过 Aimsun 仿真研究交叉口信号的周期以及绿信比对现代有轨电车通过交叉口的影响。根据图 3-15 构建交叉口的交通仿真环境。设置双向运行的现代有轨电车发车间隔为 3 min,发车间隔的标准差为 1 min,以模拟现实运行中现代有轨电车进入路网的随机性。

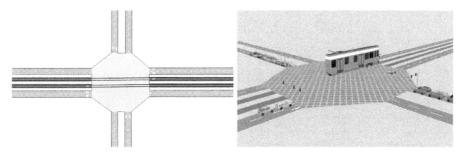

图 3-15 信号交叉口影响仿真实验中的交通仿真环境

① 信号周期影响的仿真。保持现代有轨电车前进方向绿灯信号的比例为0.4不变,将信号周期分别设置为 60 s、90 s、120 s、150 s、180 s、200 s,进行一小时的仿真。

仿真实验结果表 3-16 和图 3-16,当绿信比保持不变,随着信号周期的增加,现代有轨电车的延误逐渐增加,因此,现代有轨电车在交叉口的车辆运输能力减少。

表 3-16 现代有轨电车延误时间列表(信号周期影响) 单位:s/(km·veh)

信号周期(s)	60	90	120	150	180	200
延误	54.85	68.06	87.96	93.86	94.41	119.58
延误的标准偏差	5.12	6.65	8.12	9.53	9.66	11.03

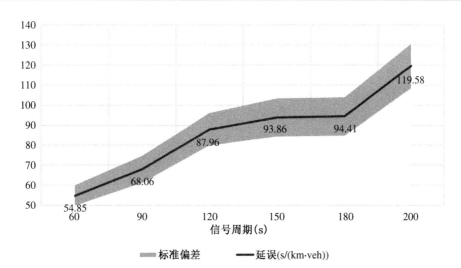

图 3-16 现代有轨电车延误时间分布图(信号周期影响)

② 绿信比影响的仿真。保持信号周期为 120 s 不变,将绿信比分别设置为 0.2、0.3、0.4、0.5、0.6、0.7、0.8,进行 1 h 的仿真。

仿真实验结果如表 3-17 和图 3-17 所示,保持信号周期不变,随着绿信比的增加,现代有轨电车的延误逐渐减少,因此,现代有轨电车在交叉口的车辆运输能力增加。

表 3-17　现代有轨电车延误时间列表(绿信比影响) 单位:s/(km·veh)

绿信比	0.2	0.3	0.4	0.5	0.6	0.7	0.8
延误	130.44	105.44	87.96	64.72	44.29	35.97	21.57
延误的标准偏差	10.54	9.11	8.43	7.21	5.32	3.58	2.72

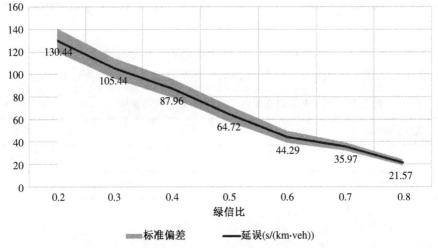

图 3-17　现代有轨电车延误时间分布图(信号周期影响)

根据以上实验结果和分析,为了减少信号交叉口的影响,可以在现代有轨电车通过交叉口采取多种信号优先策略,按照优先的程度可以分为:信号绝对优先、信号相对优先以及无信号优先,根据道路的等级、交通流等情况选择合适的优先程度。

2. 运行组织方式的影响

不同运行组织方式对运输能力的影响主要是由于部分路段或者车型的发车间隔的变化、车辆编组的变化所造成的。

图 3-18 展示了不同运行组织方式下现代有轨电车运输能力的变化,纵轴表示运输能力,横轴表示线路距离。

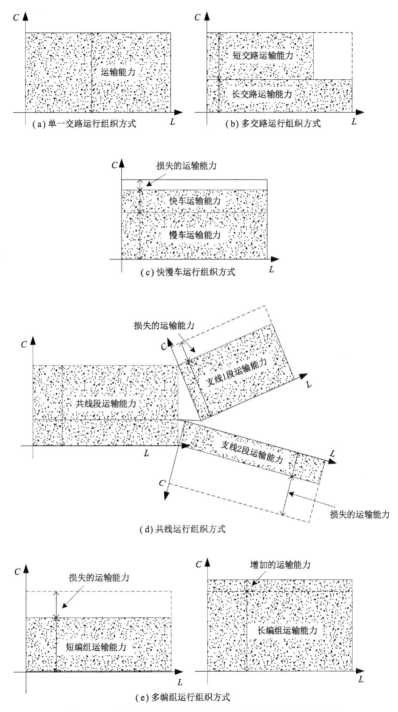

图 3-18　不同运行组织方式下运输能力的变化示意图

在单一交路运行组织方式下,车辆的发车间隔可以达到运行设施约束下的最小发车间隔,对运输能力没有影响(如图3-18(a))。

在多交路运行组织方式下,长交路和短交路车辆的混合发车间隔可以达到运行设施约束条件下最小发车间隔,对运输能力没有影响。由于短交路运行的区间变短,会损失部分周转量,如图3-18(b)空白处所示。

在快慢车运行组织方式下,由于现代有轨电车多为双轨的情况,快车因无法超车而需与前一辆发车的慢车相隔较长的发车间隔,以保证运行过程中不出现串车现象,快车的发车间隔变长,发车数量减少,在车型不变的情况下其相应的运输能力也就减少(如图3-18(c))。

在共线运行组织方式下,两条支线的发车数量受到共线段发车数量的约束,支线段的发车数量减少,发车间隔变长,车型不变的情况下其相应的运输能力也减少(如图3-18(d))。

在多编组的运行组织方式下,车辆的发车间隔可以达到运行设施约束的最小发车间隔,但是车辆的载客量受到编组的影响。若采用短编组车型,则车辆额定载客量减少,运输能力相应减少;若采用长编组车型,则车辆载客量增加,运输能力相应增加(如图3-18(e))。

在多种运行组织方式下运输能力都有所减少,这种"减少"并不等于浪费,而是为了更好地适应客流的需求,并且一定程度上节约车辆使用,降低运营成本。

3. 运行环境的影响

运行环境指现代有轨电车线路所在的交通环境,包括行人、机动车等。现代有轨电车在通过无信号交叉口时会受到机动车流以及行人流的干扰。机动车的干扰主要体现在左转时与运行中的现代有轨电车车辆会有流线上的冲突,而行人则是在通过交叉口时与直行的现代有轨电车会有冲突。如图3-19所示。

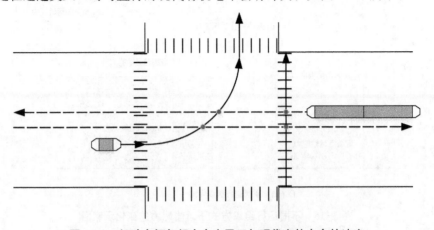

图3-19　机动车辆与行人在交叉口与现代有轨电车的冲突

采用 Aimsun 仿真研究机动车以及行人在无信号交叉口对现代有轨电车通过交叉口的影响,设置路网的机动车输入流量如表 3-18 所示。

表 3-18　交叉口周围路网机动车交通量设置详情(车流方向为从行到列)

单位:pcu/h

	东	西	北	南	总共
东	—	150	50	50	250
西	150	—	50	50	250
北	20	20	—	100	140
南	20	20	100	—	140
总共	190	190	200	200	780

（1）机动车影响的仿真

将机动车流量按照表 3-19 的配置分别乘以系数 1、2、3、4、5、6、7、8 加载到路网,并进行 1 h 的仿真。

表 3-19　现代有轨电车延误时间(机动车影响)　单位:s/(km · veh)

系数	1	2	3	4	5	6	7	8
延误	12.73	13.36	13.72	14.34	14.54	14.89	15.24	16.08
延误的标准偏差	0.45	0.73	1.23	1.68	2.09	2.41	2.78	3.21

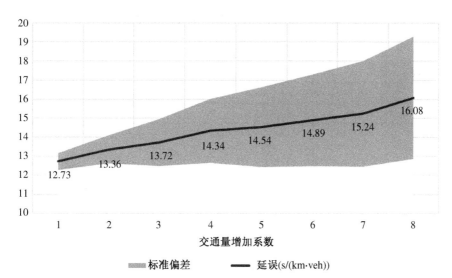

图 3-20　现代有轨电车延误时间分布图(机动车影响)

仿真实验结果如表 3-19 和图 3-20 所示,随着系数的增加,即路网中交通量的逐步增加,现代有轨电车的延误也随着增加,现代有轨电车在该交叉口的车辆运输能力受到影响。

（2）行人影响的仿真

在机动车影响仿真实验中增加北南方向的人行横道,因为此次仿真实验仅研究行人对现代有轨电车运输能力的影响,为了简化仿真环境,减少其他因素的干扰,不设置东西方向的人行横道,如图3-21所示。

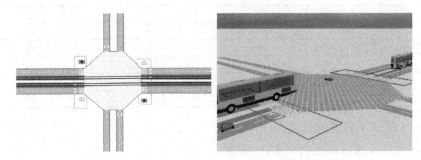

图3-21 行人影响仿真实验中的交通仿真环境

初始的行人流量设置为两边各50 peds/h,分别乘以系数1、2、3、4、5、6、7、8,并进行1 h的仿真。

仿真实验结果如表3-20和图3-22所示,随着行人的增加,现代有轨电车通过交叉口的延误逐步增加,现代有轨电车在交叉口的车辆运输能力随之降低。另外从影响程度看,随着行人数量的增加,延误时间有非常明显的上升。

表3-20 现代有轨电车延误时间(行人影响)　　单位：s/(km·veh)

系数	1	2	3	4	5	6	7	8
延误	18.19	22.76	28.12	34.62	36.35	45.20	66.55	78.41
延误的标准偏差	1.23	1.97	2.45	3.01	3.07	4.84	5.12	6.93

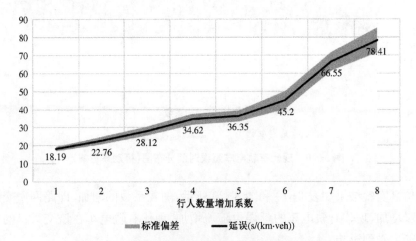

图3-22 现代有轨电车延误时间分布图(行人影响)

3.6　本章小结

　　本章主要对现代有轨电车交通运行特征进行分析,确定不同约束条件下最小车头时距的计算方式;结合停站时间、交叉口通行延误以及起停附加时间对车辆旅行速度的影响确定旅行速度的计算方法以及不同速度下的车辆配属;研究有轨电车合理线路长度以及客流负荷强度计算公式;结合系统仿真模型,分析车辆配置、线路设施、中途站、折返站以及交叉口信号、列车运行组织方式以及运行环境对有轨电车运输能力的影响。

第4章 现代有轨电车交通需求分析

4.1 现代有轨电车需求分析主要内容及流程

4.1.1 需求分析主要内容

现代有轨电车交通需求分析主要包括现代有轨电车交通调查、现代有轨电车客流预测以及现代有轨电车客流敏感性分析三部分。

1. 现代有轨电车交通调查

现代有轨电车交通调查是现代有轨电车需求分析的首要环节,交通调查所获得的基本出行特征与规律可以支持分析方法和模型的运用。对现代有轨电车的交通调查与数据处理,可以掌握交通的需求与供给关系,进而保障客流预测的合理性与准确性。

主要收集的交通调查资料包括基础资料(如城市总体规划、控制性详细规划、现状社会经济及土地利用资料等)和现状综合交通资料(如居民出行需求、公共交通出行需求、城市道路与公交线网布局等)以及城市交通发展战略与政策。现代有轨电车交通调查需要制定周密的计划,保障准确的数据信息,数据的获取需要基于现实情况并合理考虑未来发展状况。

2. 现代有轨电车客流预测

现代有轨电车客流预测是需求分析的重要内容,客流预测的结果是研究年限现代有轨电车的客流数据以及特征分析,合理的客流预测结果是现代有轨电车的建设时序安排、车辆选型以及运营管理方式的重要依据。现代有轨电车客流预测主要采用成熟的"四阶段"法,根据交通调查基础资料生成交通小区并进行出行生成、出行分布、方式划分以及交通分配。现阶段,现代有轨电车主要作为中运量交通工具,承担部分公共交通客流,因此现代有轨电车的客流主要来自公共交通网络的客流分配。

3. 现代有轨电车客流敏感性分析

敏感性分析是针对客流预测结果的不确定性和波动性进行分析,针对未来城市发展、有轨电车网络变化以及运营管理措施的动态变化进行适应性和风险性评估,对有轨电车的票价制定、运营公司的管理决策以及社会经济水平评价具有一定意义。

4.1.2　需求分析流程

现代有轨电车的需求分析是考虑现代有轨电车系统与城市发展之间的内在关系,结合现代有轨电车的特点和客流形成机理,采用基于"四阶段"的客流分析框架。

1. 预测阶段

"四阶段法"是目前常用的客流需求预测模型,包括出行生成、出行分布、方式划分、交通分配四个阶段,针对每个阶段都有相应的预测目标,如表 4-1 所示。

表 4-1　不同阶段预测目标与方法

阶段	第一阶段	第二阶段	第三阶段	第四阶段
	出行生成	出行分布	方式划分	交通分配
目标	交通小区产生量 交通小区吸引量	交通小区之间出行量分布	不同出行方式分担率	路网交通量分配预测

典型的"四阶段法"预测流程如图 4-1 所示。城市居民出行生成和分布规律变化很大,若能针对居民出行的生成和分布按出行目的分别建模,则可以很好地反映居民出行规律,提高客流预测的精度。在预测模型选用上,重力模型在交通规划实践中具有相对成熟、使用范围广等优点。但当交通小区划分集中、区间行走时间较短时,重力模型对现有交通分布的拟合误差较大。如果对区内和区间的交通分布分别建模,同时通过对地区间交流度的分析,调整预测交通大区的区内、区间出行比例,就可以更精确地计算预测年交通分布情况。

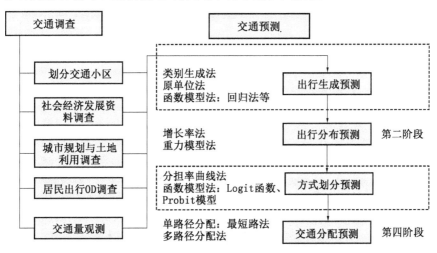

图 4-1　典型"四阶段法"预测步骤示意图

2. 预测流程

结合城市人口、就业、规划用地及目标年的开发情况,建立出行产生、吸引模型,依据出行分布模型,预测出全方式出行产生、吸引量;同时改进双约束重力模型,建立城市目标年的交通分布预测模型;利用 Logit 模型建立现代有轨电车出行方式选择模型,最后将得出的公交类 OD 在综合公交网(快速轨道交通+现代有轨电车+常规公交)上进行竞争分配,建立现代有轨电车客流分配模型。城市现代有轨电车线网客流预测流程见图 4-2。

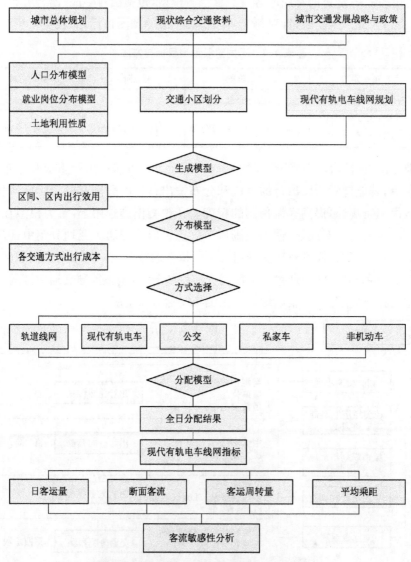

图 4-2 城市现代有轨电车客流需求预测流程

4.2　现代有轨电车交通调查

4.2.1　基础资料调查

　　基础资料中的城市总体规划资料主要提供城市发展目标、发展战略以及区位规划、人口与就业规划、用地布局规划和交通设施规划等信息,控制性详细规划资料中不同区域、不同地块的容积率信息对交通需求分析具有重要价值。现状资料主要包括城市的行政区划、人口与就业岗位分布等信息。基础资料的调查与收集有助于合理划分交通小区、合理预测未来人口与就业岗位、把握现代有轨电车现状和未来的总体需求。

4.2.2　现状综合交通调查

　　现状综合交通调查资料主要包括城市居民出行调查资料、城市公共交通客流调查资料等。居民出行调查主要目的是获取城市居民日均出行次数、出行目的与出行方式的结构、出行时耗分布、距离分布、时段分布以及出行 OD 等信息,此类信息是居民出行总量以及出行产生量预测的基础。城市公共交通客流调查包括公交客流走廊客流量及主要断面客流量、既有轨道交通线路客流数据;不同交通方式的交换量、公共交通 OD 客流分布等内容。现代有轨电车作为公共交通重要组成部分,其部分客流来源于既有公交线路的转移客流,获取公共交通客流信息以便在公共交通方式内分配现代有轨电车客流。

　　城市居民出行调查主要采取家庭访问的调查方法,一般情况下城市相关部门会定期进行居民出行调查,所获得的调查报告可以作为分析基础。公共交通客流调查除利用居民出行调查中出行次数、出行方式的调查信息,还可以利用公共交通系统电子数据进行分析处理,更全面地把握公交客流现状与变化趋势。

4.2.3　城市交通规划与政策

　　现代有轨电车作为轨道交通运输的一部分,其线路建成后保持固定,与其他公交、轨道线路产生联系,因此需要对城市交通规划与相关政策有清晰的认识,对现代有轨电车未来功能定位有明确的判断,其中包括现代有轨电车线网规划、其他公共交通线网规划、公共交通发展政策等。现代有轨电车线网规划资料中主要包括各预测目标年限所采纳的公交票制与票价方案、与其他交通方式接驳的规划、线路主要设计资料、各预测目标年限服务水平参数以及既有客流预测成果等。可以帮助分析现代有轨电车线路承担的客流,并分析其他公共交通线网、公共交通发展政策对现代有轨电车客流敏感性的影响。

4.3 现代有轨电车客流预测

4.3.1 综合交通需求预测

现代有轨电车客流预测需要明确具体的预测内容与预测成果,其中城市综合交通需求预测是基于城市社会经济发展水平、城市居民出行调查等现状的基础客流预测。城市综合交通总体需求预测包括交通小区划分以及城市人口增长预测。

1. 交通小区划分

交通小区划分的目的在于定义出行起讫点的空间位置,是交通分析与预测的基础。交通小区的划分应是相同活动且使用强度均匀的用地,同时考虑周边道路或城镇边界等。城市新区交通需求预测的研究对象是城市新区交通出行,而城市新区是由原有城市交通资源与空间资源整合而成,不但具有自身的完整性,而且城市新区具有自身的独特性。现代有轨电车交通需求预测属于宏观层面和中观层面的需求预测分析,城市快速路、主干道、地铁线路是横向对比分析的重要内容。因此,现代有轨电车交通需求预测的交通小区划分可以以城市新区的主干道、快速路以及地铁线路作为划分边界进行研究,如图 4-3 所示。

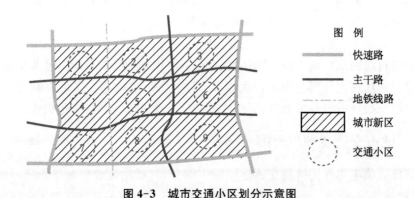

图 4-3　城市交通小区划分示意图

2. 城市人口与就业岗位预测

在城市客运交通需求预测中,城市人口与就业岗位分布是非常重要的指标。因此,城市人口与就业岗位预测可以通过城市总体规划获得,其中人口规模也可以通过既定预测模型获得,作为城市未来人口的预测值。

（1）规划文件人口与就业岗位需求预测方法

规划文件人口需求预测方法适应于有些城市政策导向性明显,对未来年城市人口具有远景控制,对于这一类城市人口总量预测重点要以相关规划文件为基本依据,然后采用差值方法获得预测年的人口需求,其计算公式如下:

$$P_k = P_i + \frac{k-i}{j-i}(P_j - P_i) \tag{4-1}$$

式中: P_k ——第 k 年的预测人口数量;

P_i、P_j ——分别是规划文件中明确规定的第 i 和第 j 年的规划控制人口, 且 $i < k < j$。

就业岗位根据分区规划中的就业岗位分布及各类岗位相关的用地规划,拆分到地块再统计交通小区,得到各交通小区未来就业岗位数。

（2）既定模型人口需求预测方法

既定模型人口需求预测适用于那些在规划中没有对人口进行明确控制规划的城市,可以根据历年城市人口数据的变化特征,利用趋势外推法（如平均增长率法）对未来年城市人口进行预测,计算公式如下:

$$P_k = f(P(i, i+n)) = f(P_i, P_{i+1}, P_{i+2}, \cdots, P_{i+n}) \tag{4-2}$$

式中: $P(i, i+n)$ ——从第 i 年到第 $i+n$ 年城市的人口序列;

f ——城市人口的预测函数。

由于平均增长率法是趋势外推法中最简单、也最实用的方法。平均增长率法是通过计算过去某一时间段内数据的平均增长率,然后假定在未来的某段时间内,数据的增长速度变化不大,仍然与过去的发展趋势一致。所以,基于平均增长率的城市未来人口需求预测公式为:

$$p_{k+n} = p_k (1+\delta)^n \tag{4-3}$$

式中: p_{k+n} ——第 $k+n$ 年的城市常住人口预测值;

p_k ——第 k 年的城市常住人口调查值;

δ ——平均增长率。

4.3.2　出行生成预测

出行生成预测是客流需求预测的第一步,也是最基本的部分,包括出行产生预测和吸引预测。出行产生、吸引量的预测一般考虑交通发生源的空间布局和土地利用状况,按区域进行预测。

出行生成预测中最常用的建模方法是交叉分类法。交叉分类法与线性回归模型建模过程类似,先建立基于交通小区的模型,然后建立基于家庭出行行为的模型。通过估计在给定的出行目的下每个家庭的出行产生量来建立以家庭属性为变量的模型。其基本假设是某一类家庭在某一时期内的出行产生率是稳定的,这就需要在建立模型时要有大量的数据并预测未来每类家庭的数量。

考虑城市发展的特点,本书的出行产生预测以交通小区的规划人口数及岗位数作为因变量,在参考主城区及类似城市的出行特征的基础上,预测城市居民在目标年的平均日出行次数,再结合产生区位影响系数建立出行产生预测模型。在建立出行吸引预测模型时,通过选取各类用地的面积作为出行吸引的主要影响因素,在参考主城区及类似城市的出行特征的基础上,预测各影响因素的吸引权重,同时结合吸引区位影响系数建立出行吸引预测模型。根据城市的发展规模,从总体上对出行生成进行预测,并用得到的生成总量来平衡产生预测总量与吸引预测总量。

采用出行强度预测方法,并通过区位信息对其修正,按不同出行目的确定各交叉类别的出行次数(次/(人·d))。

$$P_i = \sum_k R_{ik} T_{ik} \tag{4-4}$$

式中：P_i ——交通小区 i 的出行产生量;

R_{ik} ——交通小区 i 出行目的 k 的出行量;

T_{ik} ——交通小区 i 出行目的 k 的人口数。

出行吸引量预测采用吸引率法,建立吸引量与人口、就业岗位间的线性关系,如式(4-5)所示：

$$A_j = \alpha \times T_j + \sum_k \beta_k E_{jk} \tag{4-5}$$

式中：A_j ——交通小区 j 的出行吸引量;

α ——与人口的关联系数;

T_j ——交通小区 j 的人口数;

β_k ——与就业岗位数的关联系数;

E_{jk} ——交通小区 j 岗位 k 的数量。

此外,还要对具有特殊活跃性的地区(中心组团核心小区,城市副中心核心小区)考虑加入特殊的核心地区系数 γ。结合城市特点,中心组团核心小区、城市副中心核心小区的核心地区系数 γ 可取 $1.2\sim1.5$。即 j 类核心小区出行吸引量 $A_j' = \gamma \times A_j$。

4.3.3 出行分布预测

出行分布预测是客流需求预测的第二阶段,是把交通出行生成量转换成各小区之间的空间 OD 矩阵,其预测的任务是将各交通小区的出行产生量和出行吸引量联系起来,形成交通出行的空间结构,主要方法有增长率法、重力模型法和概率模型法等。考虑到城市的交通设施、出行规律都有较大的不稳定性,出行分布预测模型建立时,宜采用重力模型:

$$PA_{ij} = P_i \times \frac{k_{ij} \times A_j \times f(d_{ij})}{\sum\limits_n k_{in} \times A_n \times f(d_{in})} \tag{4-6}$$

式中:PA_{ij} ——小区 i 到 j 的分布量;

P_i ——小区 i 的产生量;

k_{ij} ——小区 i 到 j 的 k 因子;

A_j ——小区 j 的吸引量;

n ——小区号;

$f(d_{ij})$ ——小区 i 到 j 的阻抗函数,d_{ij} 为小区 i 到 j 之间的出行成本。

常用的阻抗函数包括伽马函数、幂函数、指数函数、半钟型函数等,指数函数只有一个参数,一般比较容易标定。阻抗函数的选择需要根据具体调查的情况,通过对调查数据的分析,分别采用不同的函数形式进行标定后,选择与调查数据较为吻合的函数形式:

$$f(d_{ij}) = a \times d_{ij}^{-b} \times e^{-c} \tag{4-7}$$

以南京河西新城出行分布预测为例,将扩样校核后的居民出行调查数据根据不同的出行目的汇总成矩阵数据,并和现状调查的交通小区间的阻抗矩阵一起输入软件,进行标定后得到南京河西新城出行分布预测重力模型见式(4-7),a,b,c 为待估计参数,参数见表 4-2。

表 4-2　重力模型参数

参数	a	b	c
参数值	18	2.2	-0.05

将标定的模型参数代入重力模型计算,得到所有小区间的出行量,并可以统计出居民出行的平均距离,以及出行距离的分布,将平均出行距离和出行距离分布与现状调查进行比较,并结合规划年城市空间、社会经济发展以及同类城市的比较,判断居民出行分布的合理性。如以南京河西新城出行分布预测为例进行模型验证。

根据对南京河西新城远期 2030 年人口规模预测结果,结合不同分类的出行率,预测 2030 年居民日出行生成量见表 4-3。

表 4-3　南京河西新城远景年出行生成预测结果

区域	城镇人口(万人)	出行总量(万人次)	流动人口(万人)	出行总量(万人次)
南京市域	1 160	3 016	150	450
河西新城	78.5	204.1	10.2	30.6

　　采用传统的重力模型分别对内部小区之间、内部小区与外部小区之间、外部小区之间的出行分布进行分析,得出河西新城居民全方式日出行分布期望线如图4-4所示,其中远景年河西南部内部联系客流约占35%,对外联系客流占65%,如表4-4所示。

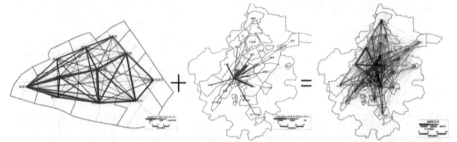

内部小区之间出行分布　　　内部—外部小区之间出行分布　　地区全方式出行分布

注:外部小区之间出行分布,由于尚未进行南京市大区域OD分析,仅参考南京市综合交通规划相关分析结果

图 4-4　南京河西新城远期居民出行分布期望线图

表 4-4　南京河西新城远期内外出行分布

区位	内部	对外	合计
出行量(万人次/d)	82.1	152.6	234.7
比例(%)	35	65	100

　　实际应用过程中,可以引入区位影响系数来分析各交通区特性对交通分布的影响,相关研究成果表明 OD 分布量与各交通区之间的区位影响系数成正比,与交通区间的阻抗函数成反比,城市居民出行分布预测采用双约束重力模型与控制组团区内出行率相结合的方法,即加入双约束之外的第三维约束,用来控制组团区内出行。模型结构及标定参数为:

$$X_{ij} = A_i B_j T_i U_j f(d_{ij}) \tag{4-8}$$

其中, $A_i = \left[\sum_j B_j U_j f(d_{ij})\right]^{-1}$, $B_j = \left[\sum_i A_i T_i f(d_{ij})\right]^{-1}$

式中：X_{ij}——i，j 小区间的一日出行总量（次/d）；

　　　T_i——i 小区一日的产生量；

　　　U_j——j 小区一日的吸引量。

1. 出行效用设定。为体现不同出行目的影响，借鉴其他城市及相关地区数据进行分析。如以上学为目的的出行中有区内出行占比达到 90%，可以用最短出行距离表征其出行效用。因此，不同出行目的的出行效用需要按照交通小区之间和小区内部两种情况分别考虑。

2. 区间出行效用设定。交通小区之间的出行效用由使用方式较多的自行车及公共汽车确定，采用出行时间最短的方式作为区间出行效用。

3. 区内出行效用设定。由于交通小区产生、吸引量与小区的规模有明显的关系，根据城市发展规律，预测设定小区内的出行距离为 2/3 的小区半径（假设小区呈圆形，按面积推算半径），以步行和自行车两者的平均速度计算区内出行时间并作为出行效用。

4. 待定参数标定。可根据主城区的现状调查居民出行 OD 表，结合城市交通出行特征和不同性质用地的出行产生吸引率，标定重力模型的参数。

4.3.4　出行方式划分

交通方式划分是将各小区之间的出行量依据一定的交通方式选择行为准则分配给各交通方式。Logit 模型因对选择者的行为具有较强说服力，模型结构简单、适用性强、可解释性好，再加上具有选择概率在 0 与 1 之间，各选择枝的选择概率总和为 1 等合理性，在实际的交通方式选择中广泛应用。模型应用时，具有类似特性的交通方式应该归为一个类别，模型分层要综合考虑交通方式之间的相互关系，参数标定情况以及模型应用的方便性等因素。交通方式选择模型结构主要包括 Logit 模型的分层方法、各种交通方式的效用函数表达式两方面的内容。城市交通出行方式结构如图 4-5 所示。

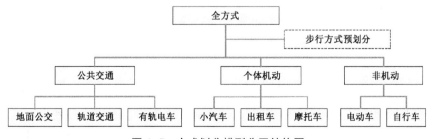

图 4-5　方式划分模型分层结构图

根据城市出行目的、出行方式变化、各方式适宜的平均出行距离以及现代有轨电车交通特性,分析各交通方式在承担交通需求时具有的特点:

1. 在出行方式选择上,公共交通分担率随着特大、大、中城市新区与主城区距离的增长而逐渐降低,而机动化出行方式分担率明显提高;随着城市新区进入成熟发展的稳定期后,内部交通出行方式结构逐渐向公交化方向发展,并趋同于主城区的出行方式结构,出行空间分布上以内部出行及与主城之间的对外出行为主,区内出行距离较短,因此公交及慢行系统在区内出行会占较大比重,小汽车及城市快速轨道交通等出行在对外出行中占较大比重,且随着城市新区出行需求的成熟度进一步提高,交通方式的性能改进,居民出行距离的加大,大运量快速轨道交通和中低运量的现代有轨电车开始成为城市的主干交通方式。

2. 在出行目的上,城市新区的通勤出行(上班、上学)比例要高于主城区,而弹性出行(购物、生活、文娱游憩)比例要低于主城区。在城市新区建设逐渐进入成熟稳定期后,随着城市新区基础设施和城市功能的不断完善,购物出行、生活出行、文娱游憩等弹性出行比率将不断增加。

3. 各方式适宜的平均出行距离:步行适宜的平均出行距离为 1 km 以内,自行车 2 km 左右,电动自行车 3~4 km,常规公交 5~8 km,BRT 8~10 km,现代有轨电车 5~9 km,地铁 10~15 km,私人小汽车 15 km 以上。

4. 现代有轨电车是一种适应于客流负荷强度为 0.2~1.0 万人次/(km·d)的公共交通方式,其准点率高、人性化设计、乘坐舒适性、能耗与噪声低的特色很明显。因此,本书采用多随机 Logit 模型预测方法。

城市公共交通出行方式中,公交和步行、公交和自行车组合出行较为普遍,且步行与自行车交通出行是公共交通出行常采用的辅助方式,因此多模式公交网络中应构建出行者出行路径和出行方式的选择组合模型;此外轨道交通、常规公交等城市交通设施在客流走廊集中配置,也需要在多模式公交网络模型中考虑走廊容量问题。分析各种公共交通模式之间的相互影响,考虑每一种公交模式对乘客的出行行为的影响,在多模式网络下,乘客具有选择各种公交出行模式的自主权,因此每一种公交模式都会对其他公交模式的需求和流量造成冲击。为全面、准确地预测各个模式的平衡流量,构建全方式组合出行随机用户均衡 Logit 模型,过程如下:

假定各类出行者均以为随机方式作出对交通出行组合方式的选择决策,并假定各类出行者对出行时间的要求符合 Gumble 随机分布。那么各类出行者对组合出行方式的选择将导致基于 Logit 的随机用户均衡,第 i 类出行者选择 OD 对之间组合出行方式选择模型如式(4-9)所示。

$$P_i = \frac{\exp(U_i)}{\sum_i \exp(U_R)} = \frac{\exp(-\theta E_i/E)}{\sum_i \exp(-\theta E_i/E)} \tag{4-9}$$

其中，$E_i = F_i + \alpha\rho T_i + b_i$

式中：P_i ——交通走廊内第 i 种组合出行选择概率；

T_i ——交通走廊内第 i 种组合出行时间，min；

ρ ——乘客的时间价值，元/min；

α ——乘客时间费用权重系数，时间费用相对比较敏感，根据调查结果给出；

b_i ——第 i 种组合出行的便捷性、安全性的综合判定参数，通过综合评分调查法给出；

E_i ——第 i 种组合出行的估计综合出行费用值（元）；

E ——非机动车、小汽车、常规公交、轨道交通等出行综合费用值的平均值（元），有 $E = \frac{1}{n}\sum_{i=1}^{n} E_i$；

θ ——居民在组合出行选择过程中对综合费用的敏感程度，由交通方式种类数量和换乘便捷性决定，推荐值见表 4-5。

表 4-5　不同出行组合方式种类下 θ 的推荐取值

组合出行交通方式种类	2	3	4	5	6	7
θ	3	3.75	4	4.25	4.6	5.0

假设存在包括现代有轨电车在内的 n 种出行组合方式，考虑城市快速轨道交通和现代有轨电车系统为骨干的公交网络逐渐形成，常规公交网络的逐渐优化，城市的公共交通的出行比例将大幅增加，则可得到多模式公交组合出行方式分担 Logit 模型见式（4-10）。

$$P_i = \frac{\exp(U_r)}{\sum_i \exp(U_i)} = \frac{\exp(-\theta E_i/E)}{\sum_i \exp(-\theta E_i/E)} \tag{4-10}$$

式中：E_i ——第 i 种组合出行的估计综合出行费用值（元）；

E ——非机动车、小汽车、常规公交、轨道交通等出行综合费用值的平均值（元），有 $E = \frac{1}{n}\sum_{i=1}^{n} E_i$。

基于以上构建的出行方式选择模型，通过调查获得各种交通出行方式的出行费用值后，可以此计算出各类交通方式承担 OD 量的比例。在模型应用时，具有类似特性的交通方式应该归为一个类别，在中心城区，地铁作为公共交通的骨架，有轨电车和 BRT 作为公共交通的主题,二者功能和特点较为相似,在进行方式划分预测时,在获得公共交通需求量的基础上,可考虑将此二者的占比作为一个整体共同预测。

有轨电车和 BRT 都以地面道路网为支撑,但又不同于常规公交,它们属于中运量干线交通,吸引范围和作用强度远大于常规公交。与地铁相比,其需要占用城市道路资源,会影响其他交通方式的通行权,因此,对其客流需求分析与规划与常规公交及地铁既存在一定程度的相似性,又存在不同程度的差异。本书认为,在城市背景和交通发展战略下确定交通方式定位与应用模式的前提下,通过客流走廊识别和交通方式划分进行线路确定、需求分析,得到运营属性特征,进而进行具体设施(包括专用道、车站与枢纽、车辆、信号优先等)规划与保障体系(包括法规政策、土地利用、乘客信息、车队管理等)规划,制定实施计划。

在市郊,有轨电车成为居民出行公共交通中的骨架,可将有轨电车视为独立的交通方式对其进行预测。

根据南京河西新城常驻人口与流动人口交通方式预测,采用随机用户均衡 Logit 模型法推算南京河西新城分类出行方式和组合出行结构分别见表 4-6、表 4-7。

表 4-6　南京河西新城分类出行方式划分(%)

年份	步行	自行车	组合公交出行	小汽车
2025	20.5	22.1	37.6	19.8
2040	18.3	19.7	41.5	20.5

表 4-7　南京河西新城多模式公交组合出行方式划分(%)

年份	合计	非机动车+常规公交	非机动车+轨道交通	小汽车+常规公交	小汽车+轨道交通	常规公交+轨道交通	有轨电车+轨道交通	步行+常规公交	步行+轨道交通
2025	37.6	6.768	5.64	0	1.504	5.64	1.128	9.4	7.52
2040	41.5	6.225	7.47	0	1.245	7.47	2.075	9.545	7.47

4.3.5　交通分配

考虑将不同发车间隔作为输入条件,建立基于时刻表的公交路径选择与客流分配模型,乘客选择行为一般则基于效用函数,且只讨论一种公共交通方式的情形,而忽视了现实中多种交通方式共存的现象。多模式公共交通网络的交通分配问题较单一的小汽车出行或公交出行要复杂,涉及的多方式出行包括出行者的路径选择、交通方式选择及换乘点和换乘类型的选择。

　　一般地,城市轨道建设已经较为完善的情况下,可通过方式划分获得的轨道交通 OD 量来进行轨道交通量的分配;若轨道交通建设尚不完善,通常考虑将轨道交通与常规公交交通量一同进行分配,并根据轨道和公交的不同延误函数对此二者进一步划分与分配。

　　基于公共交通方式多元化、客户出行选择的个性化,在综合考虑出行时间消耗的基础上,采用随机用户均衡模型进行交通配流,将公交类 OD 在综合公交网(快速轨道交通＋现代有轨电车＋常规公交)上进行竞争分配,计算现代有轨电车的断面客流量等指标。

1. 随机用户均衡出行分配模型

随机用户均衡出行分配问题可用等价数学规划模型描述为式(4-11)所示:

$$\min Z(x,f,q) = \sum_{a\in A}\int_0^{x_a} t_a(\omega)\,d_\omega + \sum_{i\in I}\frac{1}{\theta_i}\sum_{\omega\in W}\sum_{k\in R_k} f_{ki}^\omega(\ln f_{ki}^\omega - 1)$$
$$- \sum_{i\in I}\frac{1}{\theta_i}\sum_{w\in W} q_{\omega i}(\ln q_{\omega i} - 1) - \sum_{\omega\in W}\sum_{k\in R_k}\int_0^{q_{\omega i}} D_{\omega i}^{-1}(\omega)\,d_\omega$$

$$(4\text{-}11)$$

$$\text{s.t.} \sum_k f_{ki}^\omega = q_{\omega i};\ \forall\,\omega\in W,\ i\in I$$

$$f_{ki}^\omega \geqslant 0;\ \forall\,k\in R_\omega,\ \omega\in W,\ i\in I$$

$$q_{\omega i} \geqslant 0;\ \forall\,\omega\in W,\ i\in I$$

$$x_a = \sum_{i\in I} x_{ai};\ \forall\,a\in A$$

$$x_{ai} = \sum_{i\in I}\sum_{\omega\in W}\sum_{k\in R_\omega} f_{ki}^\omega \delta_{a,k}^\omega;\ \forall\,a\in A,\ i\in I$$

式中: A ——路段/路径集;

$\quad$ W ——起讫点对(OD 对)集;

$\quad$ I ——多模式公交网络中出行组合类型集;

$\quad$ $t_a(\omega)$ ——OD 对 ω 之间的出行时间;

$\quad$ d_ω ——OD 对 ω 之间的 OD 需求函数;

$\quad$ R_ω ——OD 对 ω 之间的路径组合出行方式集;

$\quad$ $q_{\omega i}$ ——OD 对 ω 之间出行者对第 i 类组合出行方式的需求;

$\quad$ x_a ——路径 a 组合出行方式的综合费用;

$\quad$ x_{ai} ——路径 a 组合出行方式集中第 i 类组合方式的综合费用;

$\quad$ f_{ki}^ω ——OD 对 ω 之间路径 k 上第 i 类组合出行方式的流量;

$\quad$ $\delta_{a,k}^\omega$ ——路段/路径关联变量(0/1 变量)。

2. 模型求解算法

随机用户均衡求解多采用将 Dial 算法嵌入 MSA 迭代过程中的方法,考虑到这类算法可能在迭代过程中有效路径集发生变化而导致结果不收敛。因此,引入求解多用户类弹性需求随机用户均衡模型算法的相关研究成果,具体计算步骤为:

① 确定组合出行方式集。运用分层算法确定 OD 对 ω 之间的路径组合出行方式集 R_ω, $\forall \omega \in W$。

② 初始化。基于零流量路径出行时间 $t_a^{(0)} = t_a(\omega 0)$($\forall \omega \in W$),根据有效路径阻抗,计算期望最小走行时间和相应的 OD 对 ω 之间出行者对第 i 类组合出行方式的需求 $q_{\omega i}$,进而计算 OD 对 ω 之间路径初始组合出行方式的流量 f_{ki}^ω,得到路径 a 组合出行方式的综合费用: $x_a^{(n)} = \sum\limits_{i \in I} \sum\limits_{\omega \in W} \sum\limits_{k \in R_\omega} f_{ki}^{\omega(n)} \delta_{a,k}^\omega$,($\forall a \in A$),令迭代次数 $n = 1$。

③ 更新。改进 OD 对 ω 之间的出行时间 $\{t_a^{(n)}\}$, $t_a^{(n)} = t_a(x_a^{(n)})$,($\forall a \in A$)。

④ 方向搜索。计算新的有效路径阻抗和期望最小出行时间和路径流量。

⑤ 修正路径 a 组合出行方式的综合费用。 $x_a^{(n+1)} = \sum\limits_{i \in I} \sum\limits_{\omega \in W} \sum\limits_{k \in R_\omega} f_{ki}^{\omega(n+1)} \delta_{a,k}^\omega$。

⑥ 收敛性检验。如果:

$$\frac{\sqrt{\sum\limits_{i \in I} \sum\limits_{\omega \in W} \sum\limits_{k \in R_\omega} (f_{ki}^{\omega(n+1)} - f_{ki}^{\omega(n+1)})^2}}{\sum\limits_{i \in I} \sum\limits_{\omega \in W} \sum\limits_{k \in R_\omega} f_{ki}^{\omega(n)}} + \frac{\sqrt{\sum\limits_{i \in I} \sum\limits_{\omega \in W} (q_{\omega i}^{\omega(n+1)} - q_{\omega i}^{\omega(n)})^2}}{\sum\limits_{i \in I} \sum\limits_{\omega \in W} q_{\omega i}^{\omega(n)}} \leqslant \varepsilon,$$

成立,则算法停止;否则,令 $n = n + 1$,返回到上层继续进行迭代计算,其中 ε 为预先设定的迭代精度 ε。

3. 相关影响因素及标定

分配时为了能比较真实地反映乘客在整个公交出行过程中的心理状态,将公交出行时间分为候车时间、上下车时间、步行换乘时间和车上时间等不同环节,并分别设置不同的权重;另一方面,由于乘客对公交的选择除了考虑到出行时间长短以外,也要考虑到票价、车内拥挤程度等敏感性因素,其中票价对乘客的选择影响最大,因此在模型中采用了广义的出行费用,不仅考虑了时间,还考虑了出行的成本、票价等因素,将票价影响根据出行费用当量折算成出行时间当量。

① 时间函数定义

普通公交、现代有轨电车:

$$F_{t1} = 60 \times \frac{L}{v_1} + (L \times C/tv)/60 \tag{4-12}$$

地铁：

$$F_{t2} = (24 + (1\,000 \times L - 144)/v_2) + (L \times C/t_v)/60 \qquad (4\text{-}13)$$

市郊轨道：

$$F_{t3} = (24 + (1\,000 \times L - 144)/v_3) + (L \times C/t_v)/60 \qquad (4\text{-}14)$$

式中：L ——站间距离(km)；

　　　v ——公共交通速度(m/s)；

　　　C ——公共交通票价；

　　　t_v ——目标年的时间价值。

② 速度

步行：4 km/h(包括地面、地铁站点间换乘)。

普通公交：15 km/h(主城)；20 km/h(外围)。

现代有轨电车：15~30 km/h。

地铁：35 km/h 左右。

市郊轨道：45 km/h 左右。

地铁启动及制动总时间：24 s。

地铁加(减)速段距离：144 m。

③ 发车间隔

普通公交：5 min。

现代有轨电车：在信号相对优先的条件下，最小发车间隔不宜小于 5 min，建成初期高峰时段最小发车间隔不宜大于 8 min，平峰时段的最大发车间隔不宜大于 12 min。远期高峰时段最小发车间隔不宜大于 5 min，平峰时段最大发车间隔不宜大于 10 min。

地铁：初期 6~8 min，近期 3~5 min，远期 2~3 min。

④ 换乘距离

城市快速轨道交通与现代有轨电车、常规公交、步行等方式之间换乘的步行距离：200 m。

城市快速轨道交通站内换乘的步行距离：150 m。

⑤ 时间价值

时间价值通常采用广义出行费用来表示，出行者收入水平和出行目的是出行时间价值的主要影响因素。

商务、工作出行的时间价值＝1.33×工资收入/h。

其他非工作出行的时间价值＝0.3×家庭收入/h。

时间价值＝(商务、工作出行的时间价值×商务、工作出行量＋非工作出行时间价值×非工作出行量)/总出行量。

⑥ 票价

现代有轨电车系统票价的制定除了要考虑运营成本以及国家政策因素的影响,实际运营时为了达到预计的客流量,也要考虑乘客的收入水平。

现代有轨电车系统票价有二种:单一票制和级差票制(计程票价和分区票价)。单一票制鼓励长距离乘用,单一票价对乘客以及运营方均难以满足效益的总体最优。在预测模型中,通常采用简化处理的级差票制,即根据现状公交票价水平和预测的时间价值增长情况确定地铁、现代有轨电车、常规公交的每公里票价。

⑦ 公交分配模型权重参数的确定

步行时间权重:1.5。

候车时间权重:2。

乘车时间权重:1。

上车惩罚时间权重:1。

换乘时间权重:2。

⑧ 公交网络设定

在确定上述模型结构以及参数设定后,构建由城市快速轨道交通、现代有轨电车、常规公交组成的城市公共交通网络,城市轨道及现代有轨电车采用预测年限的网络,公共交通网络(城市快速轨道交通+现代有轨电车+常规公交)在城市内部组织完整的运营体系,且与其他组团之间的联系采用区域性公交线路,在确定公交优先的通道上设定较快的公交运行速度。上述网络不仅应包括基础的道路网络,还需依据规划分不同年限设定。

4.3.6 线网客流预测分析指标

通过现代有轨电车客流需求分析模型,可以得到相关的线网客流分析指标,主要包括全日总客运量、全日客运周转量、廊道断面客流量等,以分析现代有轨电车线网客流的统计特性。

1. 线网全日总客运量

线网全日总客运量是指现代有轨电车线网的各个车站,在一天内上车客量或下车客量的综合。它反映了现代有轨电车在城市出行总量中所分担的客流量,及其与其他交通方式之间的客流吸引力的强度。该指标也是计算运营票务收入和进行经济评价的主要参数。

$$P = \sum_{i=1}^{n} P_i \qquad (4-15)$$

式中：P ——全日总客流量(人次/d)；

　　　P_i ——第 i 个车站的上车客流量或下车客流量(人次)；

　　　n ——该现代有轨电车线路的车站数。

2. 线网全日客运周转量

线网全日客运周转量是全日总客运量和平均乘距的乘积,是现代有轨电车直接运输客流量,是反映现代有轨电车效率的客运指标。

$$T = P \times D \tag{4-16}$$

式中：T ——全日客运周转量(人次 km/d)；

　　　P ——全日总客流量(人次/d)；

　　　D ——平均乘距(km)。

3. 断面客流

(1) 线网客流平均负荷强度

指现代有轨电车全日总客运量除以廊道线路长度,即一天内单位线路长度所承载的客运量,分为分时及全日断面客流负荷强度。

(2) 分时断面平均客流量

指一天中每个时间段某个区间的断面客流量,全日断面客流量是指一天中所有时间的某个区间的断面客流量。分时断面客流量反映了在一天内各区间断面客流量随时间的变化情况。其中,高峰小时断面客流量,是分时断面客流量中高峰时段一小时的断面客流量,其反映了各区间高峰断面客流量在整条客流廊道的空间分布。

4. 客流时间分布

现代有轨电车线网客流的时间分布,与城市居民出行时间息息相关。现代有轨电车线网小时客流量一般在一天内有两个高峰期,呈现驼峰形分布,早高峰一般在 7:00—8:00,为上午上班上学时间,晚高峰一般在 17:00—18:00,为下午下班放学时间,其他时间段为平峰期。

现代有轨电车分时断面客流量反映了一天内的小时客流量的分布及变化规律。由于客流量存在早晚高峰的潮汐变化,这就要求现代有轨电车从运能运量合理匹配及运营的经济性考虑,差异化的配置系统运输能力,合理计划全日行车及车辆配备。现代有轨电车线网客流可以通过调整行车密度来适应不同运能,匹配早晚高峰和平峰的差异性客流需求。高峰时加密行车密度,缩短行车间隔来满足早晚高峰客流的需求。

5. 平均乘距

平均乘距为线网客运周转量与线网进站量的比值,即线网中乘客平均一次出行的总乘车距离,平均乘距与乘客的出行需求密切相关,能够衡量乘客对有轨电车线网服务的依赖程度,反映出乘客的出行特征。

$$D = \frac{\sum_{i=1}^{p} d_i}{P} \tag{4-17}$$

式中:D——平均乘距(km);

d_i——乘客 i 乘坐现代有轨电车的距离(km);

P——乘客总量(人)。

4.4 现代有轨电车客流敏感性分析

客流预测应针对初期和远期选取不同敏感性因素,对客流指标进行敏感性分析。初期宜选取轨道运营方案相关因素,包括轨道交通票价、运营服务水平等,远期宜选取城市人口规模以及其他公共交通线路建设等因素。

敏感性分析应给出初期和远期全日客流量、高峰小时单向最大断面客流量出现区间位置及其波动范围;同时分初期和远期对全市人口规模的增长变化趋势进行分析,给出全市人口规模变化对客流的影响结果。

4.4.1 运营方案的影响

现代有轨电车运营方案包括票制票价的制定、列车运行速度与发车间隔的确定等方面,不同运营方案影响乘客对出行方式的选择,进而对客流产生影响。为保证现代有轨电车建成后的客流调控与运营方案合理,对不同运营方案进行客流敏感性分析尤为重要。

调查数据显示,超过 90% 的轨道交通乘客都是来自原来的公交乘客,这一部分群体对轨道交通的票价相对敏感。客流对票价的敏感性主要体现在:通勤客流受票价影响最小;夜间与周末客流受票价影响较大;出行距离越远,票价的影响程度越小。票价的制定可以调节城市居民公共交通出行方式的选择,进而改变客流条件。

现代有轨电车运营服务水平本质上是运输能力的配置,包括列车平均运行速度、发车间隔等,这类因素对居民出行和候车时间产生影响。当运行能力不足时,候车时长增加、车厢拥挤度增加、居民出行满意度降低,因此会导致部分客流转移至其他交通方式,造成现代有轨电车客流的波动。

在客流预测中,现代有轨电车票价、运营服务水平作为方式划分的参考因素,因此,运营方案的敏感性分析需要对不同事情、不同情况下的票价、发车间隔、运行速度等参数进行调整,从而获得预测客流波动水平,分析客流敏感性。

4.4.2　城市人口规模的影响

城市人口规模的变化直接影响城市总体客流需求,根据城市总体发展规划,分析不同发展阶段人口规模变化,考虑国家相关政策、经济发展水平以及人口流动的影响,可以对人口规模进行一定浮动从而预测不同条件下现代有轨电车的客流情况。一般情况下,现代有轨电车客流预测年限与工程可行性研究阶段客流预测年限一致,即初、近、远三期分别为线路建成通车后第 3 年、第 10 年和第 25 年,在此基础上,对各阶段的人口规模进行上下浮动(约 10%～20%的总人口数),从而获得各阶段有轨电车总体客流需求。

4.4.3　其他公共交通线路建设的影响

现代有轨电车常常与常规公交、轨道交通等其他交通方式形成衔接关系,同时后续建设的现代有轨电车线路也会对客流产生较大的影响。多种模式交通方式的衔接,会带来明显的换乘客流,以及吸引其他地区的客流,在客流敏感性分析时需要参考交通发展规划等相关文件,分析交通网络结构变化所带来的影响。

4.5　本章小结

本章研究现代有轨电车交通需求分析,探讨了需求分析的主要内容及流程,明确了现代有轨电车需求分析所需要的交通调查资料,采用“四阶段”分析方法,结合现代有轨电车特点,构建出行生成、出行分布、方式划分、交通分配模型,并针对现代有轨电车客流的影响因素,确定客流敏感性分析内容。

第5章 现代有轨电车线网 布局规划方法

5.1 现代有轨电车线网合理规模

5.1.1 现代有轨电车线网规模影响因素

现代有轨电车线网规模受城市发展规模、空间形态、交通发展态势和相关政策导向等因素的影响,同时这些影响因素之间相互制约。如城市规划范围、空间结构、土地利用及人口密度等对城市交通发展态势有决定性作用,而国家宏观政策、城市经济水平、综合交通规划又对城市基础设施的建设和投资具有重要影响。

城市现代有轨电车线网规模的影响因素主要有以下几个方面:

1. 城市发展规模

城市发展规模的表征指标主要为人口规模、用地面积和经济水平等。人口规模直接决定该区域的交通出行总量;用地面积的大小对该区域居民出行时间与出行距离起决定性作用,进而影响出行方式结构;经济水平一方面与居民出行特征有关,另一方面对城市基础设施投资比例造成影响。因此,城市发展规模是影响城市现代有轨电车线网规模的最直接、最重要的因素之一。

2. 城市空间形态

城市空间形态包括空间结构和用地布局。城市的多样化决定了城市具有多种空间结构,如带状、团块状以及组团式等,与用地布局共同影响着居民出行分布,从而成为现代有轨电车线网的布局形态和发展规模的主要影响因素之一。

3. 交通发展态势

交通需求和供给的动态平衡是城市发展的内生动力。城市建设和发展的速度影响城市交通需求的发展,并进一步刺激城市基础设施的供给,而适度超前的基础设施供给又会诱增新的交通需求。因此,城市公共交通需求的总量和分布特性,决定了城市公共交通总体发展规模,并影响现代有轨电车的线网规模。

4. 相关政策导向

现代有轨电车作为一种公共交通方式,很大程度上受到国家及地方公共交通发展和环境政策的影响。政府或主管部门一方面在国土空间规划和综合交通规划中明确公共交通发展战略和策略,为城市现代有轨电车系统的发展提出具体实施性指导意见。另一方面通过制定一系列公共交通优先方面的政策,在财力、物力及宣传上予以支持。相关政策将有效推动城市内部以城市快速轨道交通和现代有轨电车为骨干的公共交通体系建设和发展。

5.1.2　现代有轨电车线网规模测算方法

现代有轨电车线网规模的测算不仅要充分考虑城市公共交通系统总体发展,还要结合现代有轨电车的技术特点和适应性。

1. 基于交通需求的现代有轨电车线网规模测算

现代有轨电车线网规模测算是以城市总体规划和居民出行需求分析为基础,综合考虑城市的人口数量、居民出行次数、居民出行分布情况和居民出行方式结构等因素,进行系统测算。根据考虑的因素分析,建立城市居民出行总量、现代有轨电车线网负荷强度与现代有轨电车线网发展规模之间的数量关系。具体计算见式(5-1)。

$$L = q\alpha_1\alpha_2/\gamma_1 \tag{5-1}$$

式中:L——现代有轨电车线网总长,km;

q——居民出行总量,万人次/d;

α_1——公交出行所占比例,%;

α_2——现代有轨电车交通出行占公交总出行的比例,%;

γ_1——现代有轨电车线网负荷强度,万乘次/(km·d)。

(1) 居民出行总量 q 的测算

根据城市远景人口和出行强度推算远景年限的出行总量,见式(5-2)所示。

$$q = q_1\gamma_2 \tag{5-2}$$

式中:q_1——城市远景人口规模(含常住人口和流动人口),万人;

γ_2——城市居民出行强度,次/(人·d)。

(2) 公交出行比例 α_1 的测算

与国外城市相比,我国城市一般存在道路面积率低、人口密度大等问题,因此须鼓励高效的公共交通发展模式,提倡"公交优先"的城市公共交通发展战略。公交出行比例 α_1 可结合城市发展规模和发展目标进行确定,表5-1为我国部分城市的规划目标值。

表 5-1 公共方式出行占全方式出行比例取值参考

城市	数据来源	目标值描述
上海	《上海市城市总体规划(2016—2040)》	至 2040 年,公共交通占全方式出行的比重达到 50%以上
广州	《广州市综合交通发展第十三个五年规划》	至 2020 年,中心城区公共交通占机动化出行比例为 65%、绿色交通分担率为 75%
深圳	《深圳市综合交通"十三五"规划》	至 2020 年,高峰期间公共交通占机动化出行分担率不低于 65%
杭州	《杭州市综合交通发展"十三五"规划》	至 2020 年,主城区公共交通机动化出行分担率达到 61%;主城区公共交通出行分担率(不含步行)达到 45%
南京	《南京市"十三五"综合交通运输体系规划》	2020 年中心城区公共交通占机动化出行比例不低于 63%
苏州	《苏州市交通发展战略研究》(2015)	2020 年全方式出行中公共交通出行比例达到 32%
珠海	《珠海市城市总体规划(2001—2020 年)》(2015 年修订)	至规划期末,机动化公交分担率达 50%,公共交通占全方式客运比例的 30%以上
镇江	《镇江市城市综合交通规划(2016—2030)》	公共交通出行分担率目标值大于 30%

(3) 现代有轨电车出行占公交出行的比例 α_2 的测算

α_2 为城市现代有轨电车客运量占城市公共交通总客运量的比重,与城市道路网状况、常规公交线网密度、常规公交服务水平、城市现代有轨电车线网密度以及现代有轨电车在公共交通体系中的定位等有关。以苏州市为例,《苏州高新区有轨电车线网规划》提出,2020 年骨干公共交通方式(轨道+有轨电车)占公交出行比重的 40%,其中有轨电车占公交出行比重的 20%;2030 年骨干公共交通方式(轨道+有轨电车)占公交出行比重的 50%,其中有轨电车占公交出行比重的 30%。

(4) 线网负荷强度 γ_1 的测算

现代有轨电车线网负荷强度的影响因素有城市空间结构、公共交通体系发展规模、现代有轨电车规划布局和车辆的额定运输能力等。我国现代有轨电车的建设与发展处于起步阶段,总体发展要求应以较少的投资来解决城市交通的问题,并能取得较好的社会经济效益,使得运营和建设达到良性循环。根据国内外经验,地铁负荷强度大部分在 2.0～4.0 之间(上海、北京、广州等城市的城市快速轨道交通的测度,选择的平均线路负荷强度在 3.5～4.0 之间),轻轨的客流强度大概为地铁的一半左右,一般取 1.0～2.0。现代有轨电车的客流强度可参照地铁轻轨进行确定。苏州高新区有轨电车 2 号线工程可行性研究客流预测中,初期 2019 年线路负荷强度预测值为 0.21 万人次/(km·d),近期 2026 年为 0.50 万人次/(km·d),远期为 0.71 万人次/(km·d)。

2. 基于线网服务覆盖面的现代有轨电车线网规模测算

现代有轨电车线网近期可能实施的规模主要取决于城市经济实力,按国民经济生产总值分析,可能投入现代有轨电车工程建设的资金额度可用于估计线网规模。因此,可以根据城市建成区面积及现代有轨电车线网覆盖影响范围,测算线网规模总量。

现代有轨电车线网应该具备一定的线网密度,对于呈片状集中发展的城市,人口就业密度相对均衡,要求城市建成区都应处于现代有轨电车的吸引范围之内,可用城市建成区面积和线网密度,推导现代有轨电车线网规模,见式(5-3)。

$$L = S \times \sigma \tag{5-3}$$

式中：L ——线网长度,km;

　　　S ——城市建成区面积,km^2;

　　　σ ——线网密度,km/km^2。

式(5-3)中各参数的测算如下:

(1) 城市建成区面积的测算

由于不同规划建设区开发强度和成熟度不同,为了使线网规划更加符合城市发展的实际需求,将城市划分成中心区和边缘区两个区域进行分析。根据现代有轨电车线路或车站的合理吸引范围,在定量分析的基础上,采用式(5-4)测算城市建成区面积:

$$S = S_1 + S_2 \tag{5-4}$$

式中：S ——城市建成区总面积,km^2;

　　　S_1 ——城市中心区的城市建成区面积,km^2;

　　　S_2 ——城市边缘地区的城市建成区面积,km^2。

① 在城市中心区,乘客从居住地到公交车站步行时间一般不大于 15 min,而且在车站的停留时间为 3～5 min。当乘客步行速度为 4 km/h 时,中心区现代有轨电车车站的吸引范围为 650～800 m(本章建议值 $r = 750$ m)。 所以,城市中心区的吸引面积:

$$S_1 = n_1 \pi r^2 = 1.766 n_1 \tag{5-5}$$

式中：n_1 ——城市中心区的车站站点数。

② 在城市边缘区,步行至车站的距离在 800～1 000 m 的范围内,采用自行车或公交方式换乘的距离不超过 2 km。考虑到城市边缘区人口较少,测算现代有轨电车车站的吸引范围为 2 km。所以,城市边缘区的吸引面积:

$$S_2 = n_2 \pi r^2 = 12.56 n_2 \tag{5-6}$$

式中：n_2——城市边缘区的车站站点数。

根据表5-2，一条现代有轨电车线路的吸引范围 $S=S_1+S_2$。如果有多条现代有轨电车线路，则进行叠加计算。

表5-2　现代有轨电车的吸引范围

区域	车站的吸引范围(km)	吸引面积(km²)	建成面积(km²)
城市中心区 S1	0.65～0.8，建议值 0.75	1.766n_1	$S=1.766n_1+12.56n_2$
城市边缘区 S2	2，建议值 2	12.56n_2	

（2）现代有轨电车的线网密度 σ 测算

一般在中心区，客流需求是多方向的；而在边缘区，现代有轨电车线网一般只满足向心的客流需求。现代有轨电车的线网密度建议值如表5-3所示。

表5-3　现代有轨电车的线网密度

区域	要求	线网形式	线路间距(km)	线网密度建议值(km/km²)	
				区间值	建议值
城市中心区	满足4个客流方向的需要	棋盘型路网	1.5	$1.3<\sigma<1.4$	1.33
城市边缘区	满足向市中心的客流需求	带型路网	4	$0.2<\sigma<0.3$	0.25

3. 基于几何分析法的现代有轨电车线网规模测算

几何分析法是在不考虑现代有轨电车系统运量并保证合理吸引范围覆盖整个城市建设用地的前提下，利用几何方法来确定现代有轨电车线网规模。该方法在选取合适的现代有轨电车线网结构形态和线路间距的基础上，将城市规划区简化为较为规则的图形或者规则图形的组合，以合理吸引范围来确定线路间距，最后在图形上按线路间距布线基础计算线网规模。

（1）计算合理吸引范围

合理吸引范围是由乘客步行和乘车至车站的时间消耗确定，因为乘客对车站、出行方式和交通工具的选择，取决于交通规划的组织条件。

① 计算车站加权平均接运距离。根据车站的 p_i、t_i、v_i，计算出各类车站加权平均接运距离 L_i：

$$L_i=\sum_i v_i t_i p_i \tag{5-7}$$

式中：p_i——第 i 种接驳方式构成比例，%；

t_i——第 i 种接驳方式的平均接驳时间，h；

v_i——第 i 种接驳方式的出行速度，km/h。

② 测算车站合理吸引范围。由车站加权平均接运距离 L_i 及区域折算系数 Z_i，估算不同区域车站合理吸引范围 R_i（至车站直线距离的区域范围）：

$$R_i = L_i \times Z_i \tag{5-8}$$

式中：R_i——平均接运距离，km；

　　　Z_i——折算系数，按照方格网规划，无对角通道的时候该值取 0.798，有对角通道的时候该值取 0.864，具体见图 5-1 和图 5-2 所示。

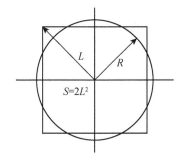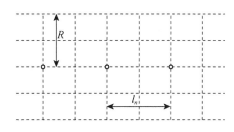

图 5-1　无对角通道方格网规划布局

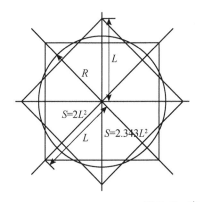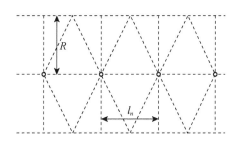

图 5-2　有对角通道方格网规划布局

（2）测算现代有轨电车线网密度

在不考虑现代有轨电车系统运量的前提下，当整个城市建设用地都在现代有轨电车的合理吸引范围之内时，城市各角落的出行者在可接受的时间或距离内都可以乘坐现代有轨电车。覆盖面相同时，线网密度有可能并不相同。在图 5-3 中，(a) 和 (b) 的线间距相同、覆盖面相同，(a) 的线网密度大于 (b) 的线网密度，(a) 可以满足 4 个方向的客流需要，但 (b) 只能满足 2 个方向的客流需要。线网密度及车站的合理吸引范围如表 5-4 所示。

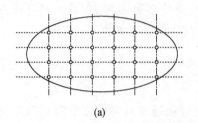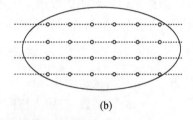

(a)   (b)

图 5-3　相同覆盖区域不同线网密度示意图

表 5-4　现代有轨电车的车站吸引范围

区域	要求	线网形式	车站吸引范围 (km)	线网理论密度 (km/km²)
城市中心区	满足 4 个客流方向的需要	棋盘型路网	R	$1/R$
城市中心区外围	满足向市中心的客流需要	带型路网	R	$1/(2R)$

　　需根据城市客流需求方向确定线网结构形态,由现代有轨电车站点的合理吸引范围确定线间距,在此基础上推算线网密度。基于几何分析法的现代有轨电车线网规模测算方法的缺陷是未考虑现代有轨电车运量的限制,且假定将合理吸引范围覆盖整个城市建设用地,会导致线网规模偏大。因此,该方法适用于现代有轨电车线网规模的微观测算,不适用于线网规模的宏观判断。

4. 线网规模测算方法的适用性

　　以上三种测算方法从线网规划的不同角度测算了现代有轨电车线网规模,其各自的特点和适用性如表 5-5 所示。

表 5-5　线网规模测算方法适用性比较

线网测算方法	特点	适用性
交通需求法	以线网需求预测成果为基础,综合了城市居民出行需求、公交分担率和线网客流负荷强度等要素,测算符合实际需求;存在的不足是由于新区交通需求发展的不确定性,可能导致测算的规模与未来的发展存在差异	适用于总体发展规划明确、交通需求分析清晰的城市,测算结果需结合城市用地布局适度微调
线网密度法	以线网覆盖率作为测算基础,能够结合城市空间结构、用地布局计算线网规模,实现对规划区域的全覆盖。不足是脱离城市土地开发建设时序和实际需求,测算结果可能偏大	适用于土地利用规划明确、但缺少交通需求分析的城市线网规模测算
几何分析法	以现代有轨电车交通的吸引范围为测算基础,按照合理的线间距布设线路来计算线网规模。缺点是忽略了实际需求和交通方式的负荷强度,测算结果可能偏大	适用于开发相对成熟的城市中心区的线网规模微观测算

　　线网规模测算的三种方法,"线网密度法"以城市建成区面积和线网覆盖的影响范围为测算基础,"几何分析法"以合理吸引范围确定线路间距来计算线网规

模,这两种方法存在的主要不足是都没有兼顾实际需求和未来的发展。"需求分析法"是以供需平衡为主导的综合分析法,在实际测算过程中,应以"需求分析法"为基础,以"线网密度法""几何分析法"计算结果作为参考和校验。

5.2　现代有轨电车线网布局分析

5.2.1　现代有轨电车线网布局原则

现代有轨电车处于城市公共交通系统的中间层次,是城市快速轨道交通和常规公交之间的有效补充,构建现代有轨电车线网有利于完善公共交通系统结构,提高公共交通服务水平和运营效率,在现代有轨电车线网布局规划中应遵循以下原则:

1. 线网布局应符合国土空间总体规划等上位规划

传统的规划理念没有认识到交通与土地利用的互动关系,导致现代有轨电车线网规划与土地利用规划(通常为城市总体规划或分区规划)常常是分开来做。城市规划师认为交通规划师的工作任务就是如何最大限度地在城市交通设施上配合城市总体规划,交通规划师往往处于从属和被动的地位,只能分析现状交通问题和提出近期或局部的交通改善意见,难以对土地利用规划进行比较和信息反馈。我国多数城市现代有轨电车线网规划局限于城市新区核心区域,与城市总体规划脱离,不能充分发挥现代有轨电车系统完善城市公共交通结构、提高公共交通整体效率的功能。因此现代有轨电车线网规划应在国土空间总体规划、城市综合交通体系规划、城市轨道交通建设规划等上位规划的导向和约束下进行,与城市总体规划保持一致。

2. 线网布局应明确其功能定位和应用模式

现代有轨电车系统在公共交通系统的功能定位应随着城市综合交通规划及不同区域结构形态进行调整。如在规划了快速轨道交通为公共交通骨干网络的城市,现代有轨电车系统作为加密和延伸线发挥补充功能,并与城市快速轨道交通系统共同承担公共交通骨干功能;而在尚未规划城市快速轨道交通的城市新区,现代有轨电车线网独立发挥公共交通骨干功能。因此,在城市公共交通体系中,现代有轨电车系统具有不同的功能定位和应用模式,产生相应的规模和布局形态。在线网布局规划研究过程中,需要具体情况具体分析,切不可按照统一的功能定位,采用约定俗成的规划思路。

3. 线网布局应实现与城市公共交通体系有机融合

按照公共交通主导城市发展模式,现代有轨电车系统作为中低运量的地面轨道交通方式,具有运量适中、生态环保、快速准点、造价合理的特性,有利于提高城市公共交通的服务水平,有利于引导线网及站点周边的土地利用,提高土地开发强度。因此现代有轨电车线网布局应结合其在城市公共交通系统中的功能层次和角色定位,合理规划科学布局,在实现线网规划功能和目标的同时,处理好与城市快速轨道交通、常规公交及出租车和公共自行车等公共交通方式在线网层面的协调关系,实现城市公共交通网络有机融合,避免产生客流竞争线路或网络之间衔接不畅等问题。现代有轨电车线网规划还需要结合城市客运枢纽布局,做好内部、外部交通衔接,融入高铁干线、城际铁路、市域铁路、城市轨道交通"四网融合"的轨道交通体系,完善城市公共交通系统结构,提高公共交通系统的吸引力。

4. 线网规划应关注旅游和城市形象的需要

现代有轨电车外观可以结合城市特点进行定制化设计,与城市新区环境景观有机融合,形成城市流动的景观和提高城市新区品位。因此,现代有轨电车线网布局规划时必须考虑城市环境和景观的需要,使之符合可持续发展的要求。

5.2.2　现代有轨电车线网布局模式

现代有轨电车线路受城市空间形态、用地规划、建设条件等因素的影响,线路间相互组合形成了特定的线网形态结构,在形成现代有轨电车线网形态的过程中要考虑线网编织的合理性。高效的现代有轨电车线网既要满足出行方向的多种选择,亦需降低乘客出行中的换乘量,而任意一种线网形态很难同时满足这两方面的要求。由于城市不同区域功能结构复杂,现代有轨电车线网通常是几种形态的组合体。目前,现代有轨电车的线网布局主要有如下三种模式。

(1) 补充型线网

在相对成熟的城市地区,快速轨道交通往往已经建成通车,拥有多层次的公共交通体系,现代有轨电车作为中低运量的地面轨道交通系统,主要承担快速轨道交通线网的加密、补充或延伸功能。这种情况下,现代有轨电车系统通常与既有的城市快速轨道交通系统之间容易形成良好的接驳关系,现代有轨电车系统不仅可以覆盖由于客流不足而没有建设地铁的区域,而且可以承担衔接快速轨道交通系统的末端客流,发挥补充或延伸功能。

该区域的线网形态以快速轨道交通线网为主,现代有轨电车配合快速轨道交通,形成更加完善的公共交通骨干网络体系。因此,在该类城市中,现代有轨电车线网通常表现为非连续的环形与放射形。较为典型的实例是法国的城市里昂,如图 5-4 所示。里昂城市轨道交通网络中有五条现代有轨电车线路,其编号分别为T1、T2、T3、T4、T5,其中 T1 全线和 T4 的部分重合线路为快速轨道交通系统的加密线,定位为里昂的公交骨干线路。T2、T3、T5 和部分 T4 线路作为里昂郊区

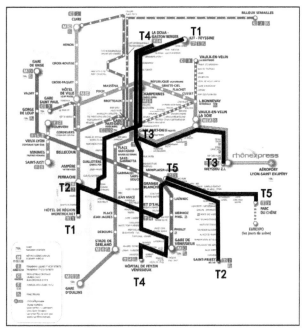

图 5-4 里昂轨道交通线网图

的支线,主要是定位为快速轨道交通的重要补充、延伸,因此,T2、T3、T5 和部分 T4 线路没有在地铁线网密集的西部与北部区域建设,而是主要向里昂的东南部和南部郊区延伸。这种线网布局模式可以充分体现出现代有轨电车系统适应性灵活的优势,能够在同一城市中承担主干或延伸线路等不同的交通功能[133]。

（2）骨干型线网

在客流不足以支撑城市快速轨道交通建设的城市,现代有轨电车线网可以覆盖主要客流走廊,定位为城市公共交通的骨干网络,同时与城市内部的常规公交系统及铁路、机场等对外交通形成良好的接驳关系,共同构建城市多层次公共交通体系。

在现代有轨电车作为城市公共交通骨干线网时,现代有轨电车线网形态与城市空间结构和用地布局相呼应,通常会采用网格、放射状或环形放射状,或者是基本路网形态的组合。例如：蒙彼利埃市的现代有轨电车线网主要承担该市的快速客运功能,其线网布局呈现出小规模的环＋放射形,如图 5-5 所示。而开封市现代有轨电车线网,如图 2-7 所示,则贴合棋盘状的古城特色和组团发展的新区特点,采用了方格网＋放射状的综合路网形态[134]。

（3）特色型线网

具有历史文化背景或者特殊景观需求的部分城市在规划现代有轨电车线网时,会考虑将现代有轨电车系统定位于特色公共交通服务线网。国外比较典型的案例是波尔多市的现代有轨电车系统,波尔多市的现代有轨电车系统不仅承担着城市内部的主要客流,同时也作为特色的公共交通服务于中心城区,其线网布局呈现出小规模的环＋放射形,如图5-6所示。

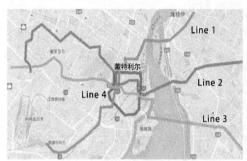

图 5-5　蒙彼利埃市有轨电车线网布局图　　　图 5-6　波尔多市现代有轨电车线网布局图

5.3　现代有轨电车线网生成方法

现代有轨电车线网布局规划的合理与否,直接影响着城市空间结构、土地利用、居民交通出行模式以及公共基础设施项目的社会经济效益。在交通调查和资料收集与分析的基础上,预测现代有轨电车线网客流需求;结合城市公共交通体系的基本架构和现代有轨电车系统的功能定位,测算现代有轨电车线网合理规模;研究确定现代有轨电车线网基本结构,在此基础上构建初始线网。目前在规划实践层面应用较多、相对成熟的线网规划方法主要包括:"面、线、点"要素分析法、最优路径搜索法和逐线规划扩充法等等,这些方法的基本规划思路是:逐条布设、优化成网,最后形成备选方案,运用综合评价方法,反复优选确定最优方案。图5-7是现代有轨电车线网生成的基本流程。

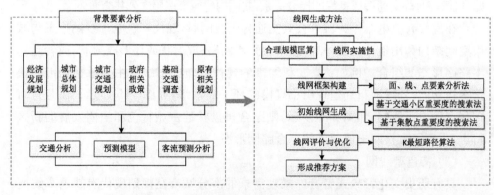

图 5-7　现代有轨电车线网生成基本流程图

现代有轨电车线网规划既要体现整体性又要反映差别化,在布局规划中考虑不同层次公共交通方式的技术特性、功能定位和布局特点,同时要综合分析各层次网络在整体组合的状态下,客流相互影响、线路通道衔接和运行组织协调等方面问题,统筹考虑整体网络的体系构成、功能层次和衔接换乘方式。

5.3.1　基于"面、线、点"要素分析的线网基本框架

现代有轨电车线网布局与城市的空间结构、用地形态、道路网络、客流走廊以及客流集散点等要素有关,这些要素可以分别归为"面、线、点"三个层次,这三个不同层次的要素基本表征了城市整体和局部、宏观与微观、系统与个体之间的相关关系。其中"面"层要素制约现代有轨电车线网的结构与形态,主要是指现代有轨电车线网与城市空间结构、用地布局、地形地貌以及城市发展规划等的吻合关系;"线"层要素控制现代有轨电车线路的走向与路径选择,主要涵盖对客流走廊以及交通通道的分析;"点"层要素控制线网路径局部走向与站点设置,包括城市核心区、交通枢纽、行政中心等大型客流集散点。

1. "面"层控制要素

"面"层要素控制现代有轨电车线网整体结构与形态,明确现代有轨电车线网系统构成和功能层次,形成现代有轨电车线网基本架构,作为预选线网方案的基础。"面"层要素主要包括四个方面:

① 城市社会经济及土地利用。包括人口规模、国民生产总值、就业岗位分布等。通过该类要素分析,把握城市发展阶段、发展水平和发展趋势,是现代有轨电车线网规划必要性与可行性分析、线网合理规模判定以及线网建设时序安排的基础。

② 城市总体规划。包括城市发展战略定位、城市空间结构形态、土地利用布局、核心区域架构以及环境和文化保护等方面的规划意图与成果;城市总体规划是现代有轨电车线网规划最重要的基础控制要素之一,是确定现代有轨电车线网功能层次、网络结构形态、线网密度的基本依据,也是需求分析与线网评价的基础。

③ 城市综合交通体系规划。包括城市的交通发展战略和综合交通规划,以及各专项规划中确定的城市交通发展目标、发展模式、道路网络、交通枢纽、城市公共交通结构体系、网络结构等。城市综合交通体系规划控制要素是现代有轨电车线网规划发展目标、线网合理规模、现代有轨电车线路引入空间和线网客流需求预测等方面的基础。

④ 相关政策。包括城市和交通发展相关政策,比如公交优先、机动车需求管理和交通投资等国家与地方相关规定和政策。政策要素是现代有轨电车线网规划必要性与可行性、发展战略与目标、功能层次体系构建等方面分析的依据。

2. "线"层控制要素

"线"层要素用于控制现代有轨电车线网的功能定位、布局方向和具体路径。"线"层要素主要包括两个方面：客流走廊和引入空间。

① 客流廊道。客流廊道是基于对城市居民出行空间分布特征分析，结合道路网布局、客流要求及集散点分布特征，构建出能够反映城市客流分布特征，并衔接城市内主要客流集散点的虚拟路径，根据客流规模可以分为主廊道和次廊道。客流廊道是现代有轨电车线网功能层次、线网构架和线路基本走向的基本判定要素。

② 引入空间。引入空间是基于城市道路的实体路径，用以分析现代有轨电车线网中路径敷设的工程实施条件。现代有轨电车线网路径的选择需要具备良好敷设条件的实体空间，包括道路空间、工程地质、土地性质、文物保护等方面。

3. "点"层控制要素

"点"层要素是指城市主要客流集散点，是确定现代有轨电车线网路由和站点布局的主要依据。各类客流集散点由于其地理位置和集散规模的差异，在功能定位和服务范围上存在较大的差异，不同用地性质的客流集散点，客流需求强度和集散特征也存在非常大的差别。城市现代有轨电车规划线网是否合理，很大程度取决于串联的节点是否合理，大型客流集散点是研究现代有轨电车线网规划的基础和核心控制点，在线网布局规划中必须对这些客流集散点的规模等级、建设顺序和客流特征进行分析，形成现代有轨电车线网架构的控制点。

5.3.2 基于交通小区重要度的虚拟线网生成方法

该方法以重要度理论为基础，结合交通小区之间交通需求关系，提出的基于重要度的虚拟线网生成法，通过基于交通小区重要度的虚拟路径搜索，明确以客流走廊为主的线网主骨架。具体过程如下：

1. 交通小区邻接矩阵与边界矩阵的构建

交通小区邻接矩阵 A 是线路搜索的基础，主要反映交通小区之间的邻接关系，邻接矩阵 A 中，元素 a_{ij} 的值如下：

$$a_{ij}=\begin{cases}1 & 小区\ i\ 与小区\ j\ 邻接\\0 & 小区\ i\ 与小区\ j\ 不邻接\end{cases} \tag{5-9}$$

边界矩阵 B 是边界小区和城市内部可作为线路终点的小区构成的矩阵。边界矩阵 B 中，元素 b_j 值如下：

$$b_j=\begin{cases}1 & b_j\ 是边界小区\\0 & b_j\ 不是边界小区\end{cases} \tag{5-10}$$

2. 计算交通小区重要度

交通小区的重要度主要受该交通小区在城市的位置、交通小区的人口数量和交通小区的就业岗位数量等因素影响。交通小区重要度的分析通常从区位重要度和交通重要度两个方面展开。

(1) 交通小区的区位重要度

假设城市交通小区居民交通出行的产生和吸引点处于小区地理形心位置；当外围交通小区面积相对较大时，则外围交通小区可以选择小区内主要的客流集散点作为交通小区的形心。假设某一线网规划范围划分为 n 个交通小区，由交通小区形心位置构建的小区之间空间距离矩阵如式(5-11)所示：

$$S = \begin{bmatrix} s_{11} & s_{12} & \cdots & s_{1n} \\ s_{21} & s_{22} & \cdots & s_{2n} \\ \vdots & \vdots & \ddots & \vdots \\ s_{n1} & s_{n2} & \cdots & s_{nn} \end{bmatrix} \tag{5-11}$$

$$S_i = \sum_{j=1}^{n} s_{ij} \tag{5-12}$$

式中：s_{ij} —— 交通小区 i 与交通小区 j 之间的形心空间距离；

S_i —— 交通小区 i 与其他交通小区之间的距离之和。

根据式(5-12)，S_i 的值越小表示交通小区 i 在区域内区位优势越明显，同时表明该小区重要度越高，因此，交通小区 i 的区位重要度 D_i 计算如式(5-13)所示。

$$D_i = \frac{1}{S_i \sum_{i=1}^{n} S_i} \tag{5-13}$$

(2) 小区交通重要度

小区交通重要度主要影响因素包括交通出行产生量、吸引量。因此，交通小区的交通重要度 T_i 计算公式为：

$$T_i = \frac{G_i}{A_i \sum_{i=1}^{n} \dfrac{G_i}{A_i}} \tag{5-14}$$

式中：G_i —— 为交通小区 i 的交通生成量；

A_i —— 为交通小区 i 的面积。

(3) 交通小区的综合重要度

交通小区 i 的综合重要度是小区 i 的区位重要度与交通重要度的加权平均值：

$$E_i = \alpha D_i + \beta T_i \tag{5-15}$$

式中：权重系数 α 和 β 采用专家打分法，建议值均为 0.5。

3. 现代有轨电车虚拟路径搜索

在构建邻接矩阵、边界矩阵和交通小区综合重要度计算的基础上，定义现代有轨电车虚拟线路搜索方向权重为：

$$F_{ij} = \frac{E_j}{S_{ij}} q_{ij} \tag{5-16}$$

式中：F_{ij} ——从交通小区 i 到交通小区 j 的方向搜索权重；

E_j ——交通小区 j 的重要度指数；

S_{ij} ——从交通小区 i 到交通小区 j 的形心距离；

q_{ij} —— i、j 两个交通小区之间的客流分布量。

现代有轨电车虚拟路径搜索主要有以下几个步骤：

(1) 现代有轨电车线路搜索起点的确定

计算交通小区重要度指数值，按照重要度值的大小进行排序，选取重要度值较大的交通小区形心点作为搜索起点，搜索起点的个数根据城市的发展规模而定。

(2) 从已确定的搜索起点向各邻接交通小区权重较大的方向进行搜索，起点的搜索方向通常是 4 个方向，假如在搜索过程中出现 2 个方向权重比较接近（相差在 20% 以内），则分别向这两个方向搜索，即由中心向 2 个邻接交通小区方向搜索，搜索过程中要满足现代有轨电车线路的平顺性要求，即两条线路相交的角度不小于 90°。

(3) 在线路走向搜索过程中，若发现邻接交通小区对之间形心已经连接，则搜索方向转向次级权重方向，避免出现现代有轨电车线路重复。

(4) 如果搜索到的点是边界小区的形心点，则结束搜索，该线路经过交通小区的集合为 $Z_k = \{z_k^1, z_k^2, \cdots, z_k^i\}$。$k$ 为现代有轨电车线路号，$z_k^1, z_k^2, \cdots, z_k^i$ 为现代有轨电车线路经过交通小区的编号。

对于搜索生成的现代有轨电车虚拟线网进行分析，若有重要度指数较大的部分交通小区遗漏而没有搜索到或初始线网规模明显偏低，应针对性地补充搜索，重复以上搜索步骤，同时以线网基本构架为基础，对虚拟线网（客流廊道）网络进行优化与调整，最终得到能够反映交通小区之间需求强度的现代有轨电车虚拟线网。

5.3.3 基于集散点重要度的初始线网生成方法

基于集散点重要度的实体路径生成方法，主要包括：确定集散点的重要度、列出现代有轨电车线路的所有起讫点、明确现代有轨电车线路的搜索域、确定线路起讫点间有效客流集散点的匹配集及确定最佳客流集散点匹配组等，并依据虚拟线网进行线路网络调整。主要步骤如下：

1. 集散点重要度的确定

（1）客流集散点的筛选

城市客流集散点是客流发生与集中的源点，通常集中于城市的核心区和交通枢纽；核心区的集散点主要包括重要的集中居住区、商业中心、商务中心（CBD）、行政中心及各类学校、医院和文体活动场所；交通枢纽包括城市内部和外部客流集散的公交场站、汽车客运站、铁路客运站和机场等。

（2）集散点重要度评价指标体系的构建

客流集散点重要度评价指标体系的构建主要是在对客流集散点影响要素分析的基础上，依据集散点所在区域的区位条件、客流发生吸引的能力和集散点之间的相对交通可达性进行构建，具体分析见表 5-6。

表 5-6　客流集散点指标体系构成

目标层	一级指标	二级指标	测度值
集散点的重要度	区位条件	节点所在区域	a_{11}
		节点所在地段	a_{12}
		周边主要用地性质	a_{13}
	客流发生与吸引能力	吸引范围内居住人口数	a_{21}
		吸引范围内就业岗位数	a_{22}
		吸引范围内商业零售数	a_{23}
		客流分布方向的影响	a_{24}
	相对可达性	客流到达难易程度	a_{31}
		周围路网等级级配	a_{32}

（3）评价指标值的确定与标准化处理

表中选取的评价指标有定量指标和定性指标，定量指标可以通过调查或是查阅相关统计获得计算值 a_{ij}，而对于定性指标值 a_{ij} 一般可以通过专家打分法确定。为了便于比较，必须对指标计算值进行标准化处理，标准化处理后的值为 x_{ij}。

（4）指标权重的确定

采用熵值法从定量化角度确定评价指标权重系数。在数据标准化处理后的决策矩阵中，第 j 个评价指标数值在第 i 集散点的比重为：

$$q_{ij} = x_{ij} \cdot \Big[\sum_{i=1}^{m} x_{ij} \Big]^{-1} \tag{5-17}$$

令第 j 个指标的熵值 $H_j = -\dfrac{1}{\ln m} \sum_{i=1}^{m} q_{ij} \times \ln q_{ij}$，则第 j 个指标权重系数为：

$$w_j = \frac{(1 - H_j)}{(n - \sum\limits_{j=1}^{n} H_j)} \tag{5-18}$$

式中，$0 \leqslant w_j \leqslant 1$，$\sum\limits_{j}^{n} w_j = 1$，$w_j$ 表示第 j 个指标的权重系数。

（5）集散点重要度的确定

确定评价指标权重值后，计算客流集散点 $i(i = 1, 2, \cdots, m)$ 的重要度方法见式（5-19）所示。

$$E_i = \sum\limits_{j=1}^{n} w_j \times q_{ij} \tag{5-19}$$

式中：E_i——客流集散点 i 的重要度；

$\quad n$——所选指标的数量；

$\quad q_{ij}$——客流集散点 i 第 j 个归一化指标处理值。

2. 现代有轨电车线路起讫点的匹配

结合基于交通小区重要度的虚拟线网搜索结果，在边界条件内选择一定数量的可能起讫点，必要时可能还需在非边界条件中选择部分可能的起讫点，同时应考虑现代有轨电车车辆基地用地条件的限制，在已选取的起终点间确定可能的现代有轨电车线路，拟定起讫点匹配组合。

3. 现代有轨电车线路搜索域的确定

线路搜索域的范围由起讫点的位置与现代有轨电车线路的合理长度决定，当确定了线路的起讫点后，线路搜索域的确定主要受制于现代有轨电车线路的合理长度。假定城市中心在半径 20 km 的范围内，综合考虑线路起讫点与城市边缘的关系，起讫点直线距离为 22 km，选取线路非直线系数为 1.35，则线路最大长度约为 30 km。由此通过起讫点和最大线路长度约束就可以确定线路搜索范围。

4. 起讫点间有效客流集散点匹配集的确定

以城市平面上任一点为坐标原点，建立一个平面直角坐标系，以 S_i 为起点、E_i 为终点构建有向图。设定在有向图中，路径集散点匹配组 $D_i^k = \{d_i^{k1}, d_i^{k2}, \cdots, d_i^{kt}\}$ 定义为：在以 S_i 为起点、E_i 为终点构建的有向图中，从 S_i 到 E_i 的第 k 条路径由各点组成的集合。根据需要求解起讫点之间多条路径，采用 Double-Sweep 算法搜索满足现代有轨电车最大线路长度的线路，得到备选集散点匹配集 $BD_i = \{D_i^1, D_i^2, \cdots, D_i^k\}$。

5. 最佳客流集散点匹配组的确定

令城市客流集散点备选集 $BD_i = \{D_i^1, D_i^2, \cdots, D_i^m\}$ 中每一条路径的综合

重要度为 $E^j = \sum\limits_{j=1}^{m} E_j$。 则最佳客流集散点匹配组的路径的综合重要度为 $E^k = \max\{E^1, E^2, \cdots, E^m\}$。

式中：m ——匹配集 D_i^j 中的客流集散点数量；

　　　E^j ——匹配集 D_i^j 的综合重要度，$j=1, 2, \cdots, m$。

在最佳客流集散点匹配组的路径中选取综合重要度最大的路径 E^k，则认为第 k 条路径是最佳客流集散点匹配组。该过程主要是通过锚固客流集散点，大致确定现代有轨电车线路的走向，所有路径方案都是相邻节点间有效路段的排列组合。现代有轨电车路径优选主要分两个步骤：第一步，将需求预测部分的 OD 分布结果通过最短路分配法，分配到远期道路网上，得到远期路段上的客流总量；第二步，利用最短路分配结果优选和落实虚拟路径。

由于客流集散点在城市核心区分布相对密集，且大部分多位于城市道路网络的节点位置，因此搜索出的虚拟路径与路网客流廊道配合度较高，叠加最短路分配优选的虚拟路径，见图 5-8，遵循现代有轨电车线路的走向尽可能与客流廊道统一的原则，进行现代有轨电车线路的具体路径调整，最终确定现代有轨电车初始线网。

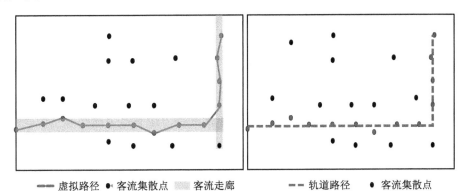

　　━━ 虚拟路径　● 客流集散点　▨ 客流走廊　　　　　- - - 轨道路径　● 客流集散点

图 5-8　现代有轨电车路径落实示意图

"面、线、点"要素分析法是现代有轨电车线网规划和初始线网生成的基本方法，该方法从三个不同层面综合了客流集散点、交通廊道、线网结构和形态等方面的基本要素，所构建的现代有轨电车线网经过分析、测试、调整与完善，能够满足现代有轨电车线网构建的基本要求。应用"面、线、点"要素分析法时，根据路径生成过程中考虑因素的不同，可采用基于交通小区重要度和客流集散点重要度的网络生成方法，二者分别从交通小区和集散点两个角度出发，通过重要度判定，利用最优路径搜索方法，确定各种可行的现代有轨电车交通路径而构建成网。

5.4 现代有轨电车线网方案优化方法

现代有轨电车线网规划是在区域总体规划与功能需求分析的基础上,通过构建初始线网,进行反复优化与改进,最终形成推荐方案的过程。K 最短路径是单一最短路径算法的改进与推广,K 最短路径算法通过提供 K 条非递减的可供选择的最短路备选方案集,在满足多种约束条件的情况下,可以使用户最大限度进行个性化选择,符合现代有轨电车线网优化与决策过程。

5.4.1 现代有轨电车线网优化的约束条件

现代有轨电车线网规划需要综合考虑不同交通方式之间的影响、区域重要集散点的分布、道路空间资源及实施条件等各方面制约关系。因此,线网规划是满足一定约束条件下的优化决策过程。在对初始线网进行优化改进时应考虑的主要约束条件包括:道路空间资源要素、线路重复系数、节点综合重要度、非直线系数等。

1. 道路空间资源要素,是现代有轨电车线路敷设的基础条件,通常以道路用地边界线之间的道路红线宽度 w 作为关键要素,包括机动车、非机动车和行人交通所需的道路宽度。现代有轨电车系统一般选择城市主干路、次干路作为敷设线路的基础,要求道路红线宽度不少于 30 m。

2. 线路重复系数 β,是指公共交通线路总长度与区域内线路网长度之比。公交线网重复系数以 1.25~2.5 为宜。为协调不同公共交通方式在线网层面的关系,提高城市公共交通系统整体运行效益,一般要求现代有轨电车线路不宜与城市快速轨道交通或 BRT 等城市骨干公交线路重复。在 k 最短路径算法中,线路重复系数 β 一般作为控制 k 条最短路径之间线路重复程度的约束条件。

3. 节点综合重要度 $E(P)$,是指现代有轨电车线网应尽可能覆盖城市主要客流集散点,为区域内主要节点提供快速高效的客流集散。规划区域内的集散点主要包括重要的集中居住区、商业中心、商务中心(CBD)、行政中心及各类学校、医院和文体活动场所;节点综合重要度 $E(P)$ 主要依据线路中节点所在区域的区位条件、客流发生吸引的能力和集散点之间的相对交通可达性进行判断,一般采用熵值法或德菲尔法确定。

4. 非直线系数 ξ,是表征线网中线路顺直性的指标。非直线系数定义为线路起讫点间的实际线路距离与两点间空间直线距离的比值,公共交通线路非直线系数不应大于 1.4,整个线网的平均非直线系数应以 1.15~1.2 为宜。现代有轨电车线路设置尽可能保持线形顺直,减少线网的换乘次数。

现代有轨电车线网优化是多约束条件下的决策过程,一般不存在全局最优解。而 k 最短路径算法是在满足多约束条件下,构建多重备选方案集以满足不同需求的一种系统工程算法。

5.4.2　基于 K 最短路径的现代有轨电车线网优化

1. 现代有轨电车线网优化问题描述

K 最短路径问题是在网络图中以一种非递减的顺序寻找起点和终点间的多条备选优化路径,形成最短路径组,以最大程度满足用户对不同路径的选择需求。它除了要确定最短路径之外,还要确定第二短路径、第三短路径、直到找到第 k 条最短路径为止。

假定 $G=(V,E)$ 表示一个现代有轨电车网络图,其中 V 为所有 n 个节点的集合,E 为所有 m 条道路的集合,$e_k=(i,j)\in E$ 表示一条从节点 i 到节点 j 的边,c_{ij} 表示节点 i 到节点 j 直接相连路段的权值(或边的长度、路阻参数等),若从节点 i 到节点 j 之间没有权值,则 $c_{ij}=+\infty$。 s 表示起始节点,t 表示终止(或目标)节点,p_i 表示图 G 中 s 与 t 之间第 i 条最短路径,可由路径经过的节点序列 $p_i=(v_1=s, v_2, \cdots, v_h=t)$ 表示,其中 $1<h\leqslant n$, $i=1,2,\cdots,h-1$, $c(p_i)$ 表示第 i 条最短路径 p_i 经过的所有的路径的权值之和 $c(p_i)=\sum_{(i,j)\in p} c_{ij}$。

K 最短路径问题确定备选路径集合 $P_k=\{p_1, p_2, \cdots, p_k\}\in P_{st}$,满足以下 2 个条件:

① 备选路径集 k 条最短路径按非递减排序,即:$c(p_i)<c(p_{i+1})$, $\forall i=1, 2,\cdots,k-1$;

② k 条最短路径任一条路径的权值均不大于 s 与 t 之间非备选路径的权值,即 $c(p_k)<c(p)$, $\forall p\in P_{st}-P_k$。

2. K 最短路径算法

K 最短路径问题大致可分为限定无环问题和一般问题两种,现代有轨电车初始线网优化问题定义为限定无环 k 最短路径问题。计算过程是首先采用 Dijkstra 算法寻找第一条最短路径,然后采用偏离路径的概念计算第 $m+1$($1\leqslant m\leqslant k-1$) 条最短路径,在每次求第 $m+1$ 条最短路径时,将第 m 条路径上除了终止节点之外的所有节点都视为潜在的偏离节点进行计算,以偏离边的"缩小长度"最小作为寻找第 $k+1$ 条最短路径的选择标准,从而简化了偏离路径长度的计算,被称为"偏离路径算法"。

该算法通过引入"道路空间资源要素(如道路红线宽度 w)"对初始图 $G_0=(V_0, E_0)$ 中的边进行筛选,剔除不具备敷设现代有轨电车线路的边(或将边的权值 $c_{ij}=+\infty$),形成新的图 $G=(V,E)$;采用 K 最短路径算法计算第 1 条最短路径;引入"线路重复系数 β"的概念,对偏离路径算法进行改进,计算第 2 至 k 条最短路径,形成备选路径集。重复计算网络图中起终点集 $OD=(S,T)$ 中的每一组起始节点和终止节点 (s_i,t_i) , $i=2,\cdots,N$ 的 k 最短路径,生成现代有轨电车线网备选方案集合。算法步骤如下:

(1) 构建网络图

以城市规划道路网中的主干线和次干线作为边的集合 V_0 ,主要的线路节点及客流集散点作为节点的集合 E_0 。(重要的集中居住区、商业中心、商务中心(CBD)、行政中心及各类学校、医院和文体活动场所、交通枢纽场站等)构建初始网络图。

(2) 网络图筛选

根据现代有轨电车线网优化相关的约束条件,进行初始网络图筛选:

① 剔除不符合规划条件的边,如位于城市快速路上不宜敷设现代有轨电车线路的边,或者是与既有或规划的城市快速轨道交通线路重复达到一定限值的边。

② 引入道路红线宽度 w 不低于 30 m,剔除不具备敷设现代有轨电车线路的边。对初始图 $G_0=(V_0,E_0)$ 中的边进行筛选优化后形成新的图 $G=(V,E)$ 。

(3) 确定网络起终点组合集

选定起终点组合集 $OD=(S,T)$, $S=s_1,s_2,\cdots s_N$, $T=t_1,t_2,\cdots t_N$ 。根据城市客流廊道和客流集散点空间分布确定的现代有轨电车初始线网,选定各线路通道需要连接的起始节点和终止节点 OD 组合数量。从而将现代有轨电车线网规划问题,转变为确定起终点集 $OD=(S,T)$ 中的每一组起始节点和终止节点 (s_1,t_1) , (s_2,t_2) , $\cdots$, (s_N,t_N) 的 k 最短路径问题。

(4) 求第 1 条最短路径 p_1

计算步骤如下:

② 以起始节点 s 作为当前节点 i ,权值赋值为 $c_{i=s}=0$,将当前节点保存到节点集合 E' 。

② 以路段长度作为边的权值,计算与当前节点 i 相邻的所有节点之间的权值 $c_{ij}(i=S,j=1,2,\cdots h)$, h 为与当前节点相邻的所有节点数量。

③ 根据当前节点与相邻节点之间边的权值 $c_{ij}(i=S,j=1,2,\cdots h)$,选择边权值最小的节点作为下一个循环的当前节点,最小权值记为 c'_{ij} ,将当前节点保存到节点集合中。

④ 计算下一节点权值 $c_{i+1}=c_i+c'_{ij}$

⑤ 重复执行步骤②~④,直到 $i=t$ 时,算法结束,输出结果和权值 c_s 。搜索到的最短路径信息为:从 s 到 t 之间的最短路径节点集合为 E' ,最短路径权值为 c_s ;将其作为 p_1 放入备选路径集合中。

（5）求最短路径 p_{m+1}

计算步骤如下：

① 选取偏离节点。取 $p_m(1 \leqslant m \leqslant k-1)$ 中除了终止节点之外的每个节点 v_i 作为可能的偏离节点。

② 寻找偏离节点 v_i 到节点 t 的最短路径。采用 k 最短路径算法计算 v_i 到节点 t 的最短路径，在计算 v_i 到节点 t 的最短路径时，需要满足二个条件：第一，该路径不能通过当前最短路径 p_m 上从 s 到 v_i 之间的任何节点，避免形成回路环；第二，从节点 v_i 分出的边不能与 p_1，p_2，$\cdots$ p_k 上从 v_i 分出的边相同，或者与已找到的路径重复系数 β 不大于给定的 ε 值，即：假定从 s 至 t 之间二条最短路径 $p = (v_1, v_2, \cdots, v_t)$，$q = (u_1, u_2, \cdots, u_w)$，则 $\beta = \sum_{ij} c_{ij}/c(p) \leqslant \varepsilon$，$\forall (v_i = u_i, v_j = u_j, e_k = (i, j) \in E)$。

③ 路径拼接。将从偏离节点 v_i 至节点 t 之间最短路径与当前路径 p_m 上从 s 至 v_i 的路径拼接在一起，构成 p_{m+1} 的一条候选路径，存入备选路径列表中。

④ 从候选路径列表中选择最短的一条作为 p_{m+1}，放入备选路径集合中。

⑤ 重复①～④过程，找到 k 条路径后，终止计算，并输备选路径集合 $p = (p_1, p_1, \cdots p_k)$，作为起始节点和终止节点 (s_1, t_1) 之间的现代有轨电车线路的备选路径。

按照以上计算步骤，计算网络图中起终点集 $OD = (S, T)$ 中的每一组起始节点和终止节点 (s_i, t_i)，$i = 2, \cdots, N$ 的 k 条最短路径，生成现代有轨电车线网初始备选方案。

5.4.3　基于联合熵权的现代有轨电车线网优化

引入"非直线系数 ξ"和"节点综合重要度 $E(P)$"的联合熵权 $W(P)$ 的概念作为选择现代有轨电车线路最优路径的参数，选出的线路路径不一定是最短路径，但必须是联合熵权最大的线路，逐一选择网络图中每一对起终点组合 $OD = (S, T)$ 的现代有轨电车线路最优路径，从而实现对现代有轨电车初始线网的优化。计算步骤如下：

1. 计算 $p = (p_1, p_1, \cdots p_k)$ 中最短路径 p_k 的非直线系数 $\xi(p_k)$，计算如式（5-20）所示：

$$\xi(p_k) = c(p_k)/d(s, t), \quad k = 1, 2, \cdots, K \qquad (5-20)$$

式中：$\xi(p_k)$——最短路径 p_k 的非直线系数；

$d(s, t)$——起终点 (s, t) 空间直线距离。

2. 计算最短路径 p_k 的节点综合重要度 $E(p_k)$，如式（5-21）所示：

$$E(p_k) = \sum_{i \in p_k} E_i, \quad k = 1, 2, \cdots, K \tag{5-21}$$

式中：E_i——p_k 最短路径节点 i 重要度。可以通过调查节点 E_i 的区位条件(节点所在区域、所在地段、周边主要用地性质)、客流发生与吸引能力(吸引范围内居住人口数、就业岗位数、商业零售数、客流分布方向的影响)、相对可达性(客流到达难易程度、周围路网等级级配)等进行综合确定。

3. 计算 p_k 最短路径联合熵权 $W(p_k)$，如式(5-22)所示：

$$W(p_k) = \alpha / \xi(p_k) + (1-\alpha) E(p_k), \quad k = 1, 2, \cdots, K \tag{5-22}$$

式中：$W(p_k)$ —— p_k 最短路径的联合熵；

$\xi(p_k)$ —— p_k 最短路径的非直线系数；

$E(p_k)$ —— p_k 最短路径的节点综合重要度；

α ——权重系数。

4. 选择最优路径。选取联合熵最大的 p_k 最短路径作为从 s 到 t 之间的现代有轨电车线路最优路径，如式(5-23)所示：

$$W(p) = \max\{W(p_1), W(p_2), \cdots, W(p_K)\} \tag{5-23}$$

按照以上计算步骤，对网络图中起终点集 $OD = (S, T)$ 中的每一组起始节点和终止节点 (s_i, t_i)，$i = 2, \cdots, N$ 的最优路径进行选择，实现对现代有轨电车初始线网方案的优化。

5.5　本章小结

本章探讨了基于交通需求、线网覆盖率和几何分析法的现代有轨电车线网规模测算方法，提出了城市现代有轨电车线网规划布局原则，并分析了不同城市形态和承担功能下的布局模式。采用"面、线、点"要素分析法研究线网生成的控制要素，按照"面"层要素控制线网的结构与形态，"线"层要素控制线路的走向与路径选择，"点"层要素控制线网路径局部走向与主要集散点，构建初始线网，并采用基于交通小区重要度的虚拟路径(客流廊道)生成方法和基于集散点重要度的实体路径生成方法进行线网改进与调整；通过引入"道路空间资源条件要素""线路重复系数""非直线系数"和"路径各节点综合重要度"联合熵权的概念，基于 K 最短路径算法，构建了城市现代有轨电车线网优化模型。

第6章　现代有轨电车线网规划方案评价

6.1　现代有轨电车线网方案评价指标体系

现代有轨电车线网方案评价体系需要结合城市发展战略、总体布局规划、经济社会发展水平和交通需求等要素。如果城市现代有轨电车规划的线网规模过小,既不能满足日益增长的城市交通需求,也不能发挥轨道交通对于城市新区交通引导土地开发利用的功能,并且由此引发的交通拥堵问题将很难再通过其他途径和方法来解决;相反,如果轨道交通规划的线网规模过大,会造成轨道交通运输能力的过剩,由此会带来工程投资和社会资源的巨大浪费。所以,合理的线网规划方案,既要满足城市交通需求,提升城市公共交通服务水平,还要有效控制投资,保障最佳的经济效益和社会效益。由于现代有轨电车是城市轨道交通的重要组成部分,在评价有轨电车线网规划方案时,需要结合经济、社会、环境效益等指标。

6.1.1　评价指标的设置原则

现代有轨电车线网方案评价是对现代有轨电车的规划线网进行全局性、整体性的评价,分析规划线网布局、线网规模的合理性,并考察规划线网是否与城市的发展目标相一致等,为后期线网的调整与优化提供科学的决策依据。选取城市现代有轨电车规划方案评价指标时,选取的指标应充分表述城市现代有轨电车规划方案的内涵、功能和特征。

现代有轨电车规划方案评价是系统概念,但作为衡量现代有轨电车规划方案的评价指标体系,不可能也无需将所有涉及的因素都作为衡量指标,应根据实际情况选取有代表性的指标构成现代有轨电车规划方案评价指标体系。

现代有轨电车规划方案评价指标的选择、评价指标权重系数的确定、数据的采集和处理必须以科学的理论准则为依据。现代有轨电车规划方案评价指标体系应是可操作性和简易性的统一,要充分考虑数据获取和指标量化的难易程度。现代有轨电车规划方案评价指标体系结构要尽可能简单,易于被公众所接受。

现代有轨电车规划方案评价指标体系的设计要求各项指标尽可能采用国际

上通用的名称、概念和计算方法,使之具备必要的可比性,同类城市现代有轨电车线网可进行互相比较。此外,具体评价指标也应该具有某种时间上的可比性,可对现代有轨电车进行动态分析和评价。

6.1.2　现代有轨电车线网方案评价准则

现代有轨电车规划的实施效果可以从多个维度、多个角度构建评价准则,不同的评价目标所构建的指标体系相差也很大,可结合城市的发展水平、交通基础设施对城市的影响及现代有轨电车线网的自身特点和功能定位,建立递阶层次结构的评价指标体系,相对客观地评价城市现代有轨电车线网规划的科学合理性。

建立适宜的准则层有助于对各个指标进行明确分类,能够切合现代有轨电车规划的功能定位。考虑现代有轨电车规划方法、线网结构与城市发展、社会经济的促进作用,确立的准则层主要包括四个维度:

(1)城市发展 I_1,从宏观层面考察现代有轨电车线网方案与城市发展战略、城市总体规划、城市土地利用之间的吻合程度,系统评价现代有轨电车线网的构建对城市发展的促进作用。

(2)线网功能 I_2,从现代有轨电车线网所具备的交通功能、承载的客流负荷及其在城市公共交通体系中发挥的作用等角度,客观评价现代有轨电车线网功能的合理性。

(3)线网结构 I_3,从现代有轨电车线网自身的技术层面考察现代有轨电车线网方案的科学性,采用线网规模、线网覆盖率及城市主要集散点的连通度等指标,验证现代有轨电车线网结构的可靠性。

(4)运行效果 I_4,体现现代有轨电车线网的运行特征,反映现代有轨电车线网运行后对城市公共交通服务水平的改善情况及综合运行效果。

6.1.3　现代有轨电车线网方案评价的指标体系

现代有轨电车规划方案评价是通过构建规划方案评价指标体系,采用科学合理的评价方法,对线网规划方案进行客观评价的过程,为现代有轨电车线网优化提供依据。现代有轨电车线网的评价指标应具有典型代表性,能够全面反映城市交通系统的综合特征和对城市发展的作用,各评价指标具有独立性、可量化性和通用性,指标及其组合应恰当地表达对现代有轨电车线网评价的定量判断。综合国内外相关研究成果,设计现代有轨电车线网方案评价的指标体系如图 6-1。

1. 体现城市发展协调性方面的指标

现代有轨电车线网规划作为城市交通专项规划之一,要与城市布局结构相协调,注重其对沿线土地利用开发的导向作用,且能够灵活的适应城市总体规划的

目标	准则	指标

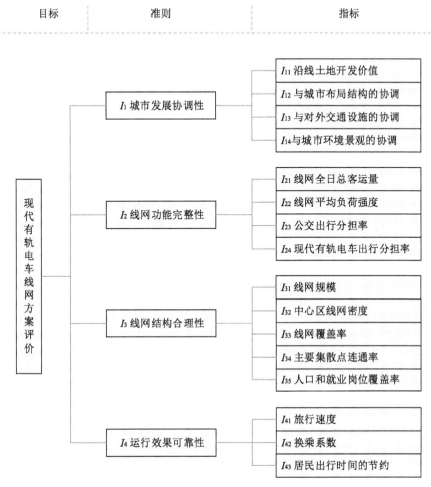

图 6-1 城市现代有轨电车线网方案评价指标体系示意图

变动。基于此,选择以下四个指标对现代有轨电车线网与城市总体发展协调性进行评价。

(1)沿线土地开发价值 I_{11}

用以评价现代有轨电车线网建设对沿线土地开发的带动作用,体现现代有轨电车线网规划方案的实施对提升沿线和交通站点土地开发强度、促进土地增值等方面的影响。

(2)与城市布局结构的协调 I_{12}

考察现代有轨电车线网与城市发展的配合程度、串联城市中心组团与各功能组团的数量、线网结构形态与城市规模的吻合程度,以及线网是否对远景规划发展的各种可能性具有适应性和灵活性等因素。

（3）与对外交通设施的协调 I_{13}

现代有轨电车线网应尽量衔接对外交通设施，包括高铁站、机场、长途汽车站和港口码头等。体现现代有轨电车线网与对外交通设施的衔接程度，衡量现代有轨电车线网与对外交通衔接换乘方式及其布局的合理性，评价线网规划是否考虑预留接驳控制用地等因素。

（4）与城市环境景观的协调 I_{14}

分析现代有轨电车线网布设是否与城市环境景观协调，是否对城市自然景观、历史古迹产生影响，需要对不同性质的城市进行分别考虑。

2. 体现线网功能完整性方面的指标

线网功能完整性指标反映现代有轨电车线网规划是否符合总体规划目标，衡量现代有轨电车线网在城市公共交通体系中的功能和作用，包括在城市公共交通体系中承担的客运量、现代有轨电车的出行分担率和对城市公共交通分担率提升的贡献。

（1）线网全日客运量 I_{21}

指现代有轨电车线网的各个车站，在一天中上客量或下客量的总和。它反映现代有轨电车系统在出行总量中所分担的客流量大小，以及现代有轨电车交通与其他交通方式之间的客流吸引强度。该指标也是计算运营票务收入和进行经济评价的主要参数。

$$P = \sum_{i=1}^{n} p_i \tag{6-1}$$

式中：P——全日总客流量；

p_i——第 i 个车站的上客量或下客量；

n——现代有轨电车线路的车站数。

（2）线网平均负荷强度 I_{22}

指现代有轨电车线网单位长度所承担的日客运量，用以考察线网运营效率和经济性，反映现代有轨电车线网功能和作用发挥程度。

（3）公交出行分担率 I_{23}

指在城市交通出行中，使用公共交通作为出行方式的比例，用以考察城市现代有轨电车线网规划实施后对整个城市公共交通系统的服务水平改善程度，评价公共交通整体服务品质。

（4）现代有轨电车出行比例 I_{24}

指现代有轨电车出行量占公共交通总出行量的比例，可衡量现代有轨电车系统在整个公共交通系统的地位作用。

3. 体现线网结构合理性方面的指标

线网结构合理性指标反映现代有轨电车线网的空间尺度和特性,进行现代有轨电车线网方案评价时,需要重点评价线网结构自身是否合理,能否满足人们的出行需求,能否诱导居民选择公共交通出行,能否改善城市交通基础条件等。具体包括线网规模、中心区线网密度、线网覆盖率、主要集散点连通率和人口就业岗位覆盖率。

（1）线网规模 I_{31}

指现代有轨电车线网规划的总里程,用以衡量现代有轨电车线网布局的总量与总体需求的匹配关系,对城市的基础设施建设、城市发展格局的形成以及城市发展的速度等方面都将起到至关重要的作用。

（2）中心区线网密度 I_{32}

指城市中心区单位面积拥有的现代有轨电车线网长度,用以考察现代有轨电车系统在城市中心区的服务能力和服务水平,计算公式如下:

$$\rho_c = L_c / S_c \tag{6-2}$$

式中: ρ_c ——中心区的线网密度 (km/km^2);

　　　L_c ——中心区的线网长度 (km);

　　　S_c ——中心区的面积 (km^2)。

（3）线网覆盖率 I_{33}

线网覆盖率包括线网面积覆盖、人口覆盖率和客流覆盖率等,本书推荐采用客流覆盖率进行评价,线网客流覆盖率是指线网客流吸引覆盖范围内的出行量与城市内总出行量之比,反映了规划线网在城市内对出行总量的承担比例。

$$D = \frac{\sum_{i=1}^{n} B_i C_i}{Q_{总}} \tag{6-3}$$

式中: D ——线网覆盖率;

　　　B_i ——第 i 条线路的客流覆盖范围,其宽度为线路两侧各 $500\ m$ 范围;

　　　C_i ——第 i 条线路覆盖面积内交通出行发生密度,万人次 $/km^2$;

　　　$Q_{总}$ ——规划年城市总出行量;

　　　n ——线路行经的交通小区数量。

（4）主要集散点连通率 I_{34}

现代有轨电车线网应尽可能连通城市公交枢纽、行政中心、商业中心、文体中心和会展及娱乐中心等主要客流集散点。实际应用过程中,可对主要集散点按照重要程度进行分类,通过加权折算为当量值,计算主要集散点个数及总数。主要集散点连通率是指线网规划方案中覆盖主要集散点的当量个数与主要集散点当量数之比。

（5）人口和就业岗位覆盖率 I_{35}

指城市现代有轨电车线网辐射范围内人口与就业岗位占规划区域总数的百分比，反映现代有轨电车线网的潜在客流发生情况。

4. 运行效果可靠性指标

现代有轨电车系统是公共交通体系的重要组成部分，在进行线网规划时不仅要考虑现代有轨电车的开通运营对公共交通系统出行的影响，确保规划线网能够承担较大的客流量，还应考虑规划线网的整体社会效益。体现运行效果的指标主要有平均运行速度、换乘系数和居民出行时间的节约与否等。

（1）平均运行速度 I_{41}

平均运行速度应等于全线长度与全线单向单次旅行时间的比值，全线单向单次旅行时间应等于列车以最高速度通过全线的时间、各站点停车时间、各路口延误时间、每次停车、减速前后的起停附加时间和加减速附加时间、单次折返时间的总和。

（2）换乘系数 I_{42}

衡量乘客直达程度的指标，其值为现代有轨电车线网出行人次与换乘人次之和与现代有轨电车线网出行人次的比值，是衡量乘客出行直达程度及线网布局、站点设置合理性的指标，换乘系数越小，表明直达程度越好。

（3）居民出行时间的节约 I_{43}

指城市居民采用公共交通出行带来的平均消耗时间的减少。该指标用于评价现代有轨电车线网规划的实施对居民采用公交出行带来的时间节约程度，同时反映整个城市综合交通网络的社会经济效益。

6.2 现代有轨电车线网方案评价模型

现代有轨电车线网方案评价是对现代有轨电车的规划线网进行全局性、整体性的评价，分析规划线网布局、线网规模的合理性，并考察规划线网是否与城市的发展目标相一致等，为后期线网的调整与优化提供科学的决策依据。

在研究城市新区发展的基本特征以及现代有轨电车适应性、功能定位和应用模式的基础上，本书针对不同城市新区及其公共交通系统发展策略，提出现代有轨电车的四种应用模式及适用条件。通过对现代有轨电车的合理引入，结合现代有轨电车在城市新区不同的应用模式，进一步研究现代有轨电车线网规划方案评价。

表 6-1　现代有轨电车应用模式及适用地区

	应用类型	适用范围	应用模式	应用城市
1	独立成网型	城市新区或中小城市	指尚不具备城市快速轨道交通建设条件的中小城市或大城市的城市新区,现代有轨电车线网作为骨干公共交通,规划形成城市新区或中小城市内部的现代有轨电车线网	上海松江或开封市
2	替代补充型	城市新区	对于部分城市新区,规划的快速轨道交通尚未建设,而从城市新区的发展规模、区位以及目标出发,选择现代有轨电车作为相对独立的骨干公交方式,并在外围地区与快速轨道交通进行枢纽衔接。未来城市轨道交通成网后,将现代有轨电车网作为骨干网络的一种补充	湖南湘江新区
3	网络加密型	特大城市、大城市或相对成熟的城市新区	现代有轨电车在城市新区以少量城市快速轨道交通线路为骨架,形成现代有轨电车加密线网,与城市快速轨道交通共同组成轨道交通骨干网络	法国里昂
4	单线补充型	特大城市、大城市或相对成熟的城市新区	在已建设并规划有较为完善的快速轨道交通网络的相对成熟的城市新区,通过现代有轨电车与快速轨道交通之间形成良好衔接。起到为快速轨道交通集散客流、补充线网密度不足和满足近期交通发展需求等作用	南京河西新城

　　在进行现代有轨电车线网规划方案评价时,采取多目标原则分别对影响规划线网的因素进行定量计算和定性分析,确定现代有轨电车线网的评价准则和评价方法,综合评价城市现代有轨电车系统发展的总体水平,评价流程见图 6-2。

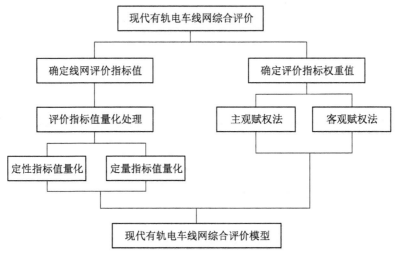

图 6-2　现代有轨电车线网评价流程图

6.2.1 评价指标属性值的量化处理

为了使各评价指标属性值具有公度性,需要将各评价指标属性值进行标准化、归一化处理。现代有轨电车线网的评价指标可分为定量和定性两类,定性评价指标的标准化处理方法不同于定量评价指标的标准化处理方法。

1. 针对定量评价指标的标准化处理

定量评价指标主要是通过查找既有的统计资料直接获得或者根据查到的数据资料推导计算获得,确定评价指标 I_{ij} 的属性值 x_{ij}。由于各定量评价指标的内容不同,计算方法也不相同,导致现代有轨电车线网各个评价指标的量纲不一致,需对评价指标值进行标准化处理,并统一变化到[0,1]范围,使其具有公度性。令 $J^+ = \{$效益型评价指标$\}$,$J^- = \{$成本型评价指标$\}$。定量评价指标按效益型和成本型分别采用式 6.4 和 6.5 进行标准化处理。

$$r_{ij} = \frac{(x_{ij} - \min_{1 \leqslant i \leqslant n} x_{ij})}{(\max_{1 \leqslant i \leqslant n} x_{ij} - \min_{1 \leqslant i \leqslant n} x_{ij})}, \ (i = 1, 2, \cdots, n; j \in J^+) \quad (6\text{-}4)$$

$$r_{ij} = \frac{(\max_{1 \leqslant i \leqslant n} x_{ij} - x_{ij})}{(\max_{1 \leqslant i \leqslant n} x_{ij} - \min_{1 \leqslant i \leqslant n} x_{ij})}, \ (i = 1, 2, \cdots, n; j \in J^-) \quad (6\text{-}5)$$

2. 针对定性评价指标的标准化处理

定性指标需要选择合适的量化方法来转化,通常可采用层次分析法、德菲尔法等量化方法。本书采用模糊数学语言(见表 6-2)来处理现代有轨电车线网评价的定性评价指标,然后将其统一变化到[0,1]范围。

表 6-2 定性评价指标的量化评语集

评价结果	优	良	中	一般	差
取值范围	(0.9, 1]	(0.8, 0.9]	(0.7, 0.8]	(0.6, 0.7]	[0.5, 0.6]

令现代有轨电车线网的定性评价指标相对于评价指标评语 $V = \{$优、良、中、一般、差$\}$ 的隶属度向量为 $v_i = \{v_1, v_2, v_3, v_4, v_5\}$,此处隶属度向量 v_i 通过集值统计方法来确定。

6.2.2 评价指标权重系数的确定

权重值的确定是现代有轨电车线网方案评价的关键点,一般说来,可以采用主观赋权法或客观赋权法确定权重系数。

1. 主观赋权法

由于参与评价者的主观愿望不同,现代有轨电车规划线网会呈现出不同的特征,使得权重系数的确定较为困难,故可选用依据人们主观上对各评价指标的重视程度来确定其权重系数的主观赋权法,如层次分析法。现代有轨电车线网评价中也可采用此方法确定定性评价指标的权重系数,通过专家咨询综合量化确定评价指标的权重系数 w_i。

为了反映各评价指标的重要程度,对评价指标应分配一个相应的权重系数 w_i,并满足: $w_i \geqslant 0$, $\sum w_i = 1$。

(1) 构建优先关系矩阵

为定量描述某一准则任意两个评价指标的相对重要程度,可采用表 6-3 所给予的数量标度。

表 6-3　1~9 标度的含义

标度	含义	具体说明
1	一样重要	两评价指标相比较,差不多一样重要
3	略微重要	一指标比另一指标略微重要
5	较为重要	一指标比另一指标较为重要
7	非常重要	一指标比另一指标重要得多
9	极度重要	一指标比另一指标重要许多

通过专家打分得到关于现代有轨电车线网评价指标的优先关系矩阵:

$$R = \begin{bmatrix} r_{11} & r_{12} & \cdots & r_{1n} \\ r_{21} & r_{22} & \cdots & r_{2n} \\ \vdots & \vdots & \ddots & \vdots \\ r_{m1} & r_{m2} & \cdots & r_{mn} \end{bmatrix}$$

(2) 优先关系矩阵一致性检验

为避免相对重要性矩阵出现错误,需要对判断矩阵进行一致性检验,检验公式为:

$$CR = \frac{CI}{RI} \tag{6-6}$$

式中: $CI = \dfrac{1}{m-1}(\lambda_{\max} - m)$, $\lambda_{\max}$ 为最大特征根;

RI 为判断矩阵的平均随机一致性指标,其值如表 6-4 所示。

表 6-4　平均随机一致性指标值

N	1	3	4	5	6	7
RI	0	0.580	0.940	1.120	1.240	1.320

N	8	9	10	11	12	13
RI	1.410	1.450	1.490	1.510	1.540	1.560

式(6.6)中,当 $CR \leqslant 0.1$ 时,认为判断矩阵的一致性可以接受。

③ 利用特征根方法计算权重系数。假设与最大特征值相应的特征向量为:

$$\lambda = (w'_1, w'_2, \cdots, w'_n)$$

对特征向量按照下式(6.7)归一化:

$$w_i = \frac{w'_i}{\sum_{j=1}^{n} w'_j} \tag{6-7}$$

最后得到各评价指标的权重系数:

$$W = (w_1, w_2, \cdots, w_n)$$

2. 客观赋权法

由主观赋权法确定出的权重系数与实际是否相符,主要取决于参与评价的专家的知识结构、经验积累以及各自的偏好等。客观赋权法,如熵权系数法,是一种避免主观赋权过程中的人为主观臆断性,采用基础数据统计分析确定权重的方法,其主要思想是根据现代有轨电车线网评价指标样本自身在总体中的变异程度和相关关系确定权重系数,计算权重的基础数据和信息应当直接来源于客观环境,可根据各指标所提供的信息量的大小来决定相应指标的权重系数。

Shannon 将熵引入信息论,对信息进行定量描述并利用熵值来反映信息无序的程度。评价指标值的熵值越大通常表示该指标蕴含有用的信息量越少,在评价模型中的作用也就越小;反之,则表明蕴含的信息量越多,作用越大。熵权系数法的客观定权法的过程如下:

① 形成原始数据矩阵。现有 m 个待评价项目,n 个评价指标,形成原始数据矩阵:

$$Q = (q_{ij})_{m \times n} = \begin{bmatrix} q_{11} & q_{12} & \cdots & q_{1n} \\ q_{21} & q_{22} & \cdots & q_{2n} \\ \vdots & \vdots & \ddots & \vdots \\ q_{m1} & q_{m2} & \cdots & q_{mn} \end{bmatrix} \tag{6-8}$$

② 评价指标的无量纲化处理。针对不同类型的评价指标量纲不同带来的不可比性,对原始数据矩阵 Q 进行无量纲化处理得 $Q' = (q'_{ij})_{m \times n}$。

③ 计算评价指标的比重矩阵。每个评价指标值比重矩阵：

$$P = (p_{ij})_{m \times n}$$

式中：$p_{ij} = \dfrac{q'_{ij}}{\sum\limits_{i=1}^{m} q'_{ij}}$ 为第 j 个评价指标下第 i 个项目的评价指标值比重，且满足

$0 \leqslant p_{ij} \leqslant 1$，$\sum\limits_{j=1}^{n} p_{ij} = 1$。

④ 计算第 j 个评价指标的熵值：

$$t_j = -\frac{1}{\ln(m)} \sum_{i=1}^{m} (p_{ij} \ln p_{ij}) \tag{6-9}$$

⑤ 计算第 j 个评价指标的熵权：

$$w''_j = \frac{1 - t_j}{n - \sum\limits_{j=1}^{n} t_j} \tag{6-10}$$

评价指标的熵权系数法所得权重 $W'' = (w''_1, w''_2, \cdots, w''_n)$。

6.2.3　线网方案的评价模型

采用模糊综合评价理论来构造城市现代有轨电车线网的评价模型。

模糊综合评价是在模糊环境下、考虑了多种影响因素的基础上，对同一事物作出评价的方法。现代有轨电车线网的评价模型，计算过程如下：

1. 确定评价对象集、因素集、评语集和权重集

① 对象集：$O = \{$现代有轨电车规划线网$\}$。

② 因素集：是一个由测评指标构成的评价指标集合。主要有：一级因素集和二级因素集。

现代有轨电车线网评价的一级因素集：

$I = \{I_1, I_2, I_3, I_4\} = \{$与城市发展协调程度、线网功能完整性、线网结构合理性、运行效果可靠性$\}$。

现代有轨电车线网评价的二级因素集：

$I_1 = \{I_{11}, I_{12}, I_{13}, I_{14}\} = \{$沿线土地开发价值、与城市布局结构的协调、与对外交通设施的协调、与城市环境景观的协调$\}$；

$I_2 = \{I_{21}, I_{22}, I_{23}, I_{24}\} = \{$线网全日客运量、线网平均负荷强度、公共交通出行分担率、现代有轨电车出行分担率$\}$；

$I_3 = \{I_{31}, I_{32}, I_{33}, I_{34}, I_{35}\} = \{$线网规模、中心区线网密度、线网覆盖率、

主要集散点连通率、人口和就业岗位覆盖率};

$I_4 = \{I_{41}, I_{42}, I_{43}\} = \{平均运行速度、换乘系数、居民出行时间的节约\}$。

其中：I_{ij} 表示第 i 个子集中的第 j 个评价指标。

③ 评语集：$V = \{v_1, v_2, \cdots, v_5\}$ 是一个评语集合,现代有轨电车线网的评语集采用"优、良、中、一般、差"五个评价等级进行界定。

④ 权重集：$W = (w_1, w_2, \cdots, w_m)$ 是一个权重系数集合。现代有轨电车线网的一级评价指标 $I_i(i = 1, 2, 3, 4)$ 的权重系数为 w_i,则现代有轨电车线网的一级评价指标集 $I = \{I_1, I_2, I_3, I_4\}$ 的权重集为 $W = (w_1, w_2, w_3, w_4)$;现代有轨电车线网的二级评价指标 $I_{ij}(i = 1, 2, 3, 4; j = 1, 2, \cdots, n)$ 的权重系数为 w_{ij},则现代有轨电车线网的二级评价指标的权重集为 $W_i = (w_{i1}, w_{i2}, \cdots, w_{in})$。

2. 构建模糊测评矩阵

评价指标的属性值可依据评价指标的类型,按照评价指标的量化方法来计算。现代有轨电车线网评价中,许多评价指标只能进行定性分析,无法定量计算,故采用模糊综合评价向量来描述。依据表 6-5,得到现代有轨电车线网的评价指标 I_{ij} 的模糊综合评价向量 $v_{ij} = (v_{ij1}, v_{ij2}, v_{ij3}, v_{ij4}, v_{ij5})$。

$$令\ r_{ijk} = \frac{v_{ijk}}{\sum\limits_{k=1}^{5} v_{ijk}} \tag{6-11}$$

则 r_{ijk} 为第 i 个子集,第 j 个评价指标对于第 k 等级评语的隶属度,$r_{ijk} \in [0, 1]$。

因此,评价指标 I_{ij} 的评价矩阵为 $R_{ij} = \{r_{ij1}, r_{ij2}, r_{ij3}, r_{ij4}, r_{ij5}\}$。构建模糊测评矩阵如下：

$$R_i = \begin{bmatrix} r_{i11} & r_{i12} & \cdots & r_{i15} \\ \vdots & \vdots & \ddots & \vdots \\ r_{in1} & r_{in2} & \cdots & r_{in5} \end{bmatrix} \tag{6-12}$$

3. 确定评价指标的权重系数

现代有轨电车的评价指标权重系数的取值有很大的随机性,不同的方法会得到不同的权重系数值,所以这样得到的评价结果也就不同。由于专家赋权带有主观偏好性,会影响评价结果,为避免这种偏差,采用客观赋值法来确定现代有轨电车线网的测定指标的权重系数。这样一方面充分利用现代有轨电车线网的各评价指标本身监测数据所提供的信息;另一方面通过归一化处理,可以防止现代有轨电车线网的评价指标之间因量纲不同而对权重产生影响,通过归一化处理更能反映评价指标的相对重要程度。现代有轨电车线网的评价指标 I_{ij} 的权重系数:

$$w_{ij} = \left[\sum_{i=1}^{m} r_{ij} \right] \cdot \left[\sum_{i=1}^{m} \sum_{j=1}^{n} r_{ij} \right]^{-1} \tag{6-13}$$

因此，现代有轨电车线网规模的二级评价指标的权重向量为 $W_i = (w_{i1}, w_{i2}, \cdots, w_{in})$。

4. 利用模糊矩阵的合成关系，得到初始评价模型

依据模糊测评矩阵 R_i 和二级评价指标的权重向量 $W_i = (w_{i1}, w_{i2}, \cdots, w_{in})$ 的合成运算，得到现代有轨电车线网的初始评价模型：

$$
\begin{aligned}
B_i &= W_i \cdot R_i \\
&= (w_{i1}, w_{i2}, \cdots, w_{in}) \cdot
\begin{bmatrix}
r_{i11} & r_{i21} & \cdots & r_{i15} \\
r_{i12} & r_{i22} & \cdots & r_{i25} \\
r_{i31} & r_{i32} & \cdots & r_{i35} \\
\vdots & \vdots & \vdots & \vdots \\
r_{in1} & r_{in2} & \cdots & r_{in5}
\end{bmatrix} \\
&= (b_{i1}, b_{i2}, \cdots, b_{i5})
\end{aligned}
\tag{6-14}
$$

5. 构建综合评价模型

现代有轨电车线网的综合评价是对一级评价指标属性值的进一步收敛，其大小反映了整个现代有轨电车线网的态势。依据模糊测评矩阵 B_i 和一级评价指标的权重向量 $W = (w_1, w_2, w_3, w_4)$ 的合成运算，得到现代有轨电车线网的综合评价模型：

$$
\begin{aligned}
B &= (w_1, w_2, w_3, w_4) \cdot (B_1, B_2, B_3, B_4)^T \\
&= (w_1, w_2, w_3, w_4) \cdot
\begin{bmatrix}
b_{11} & b_{12} & \cdots & b_{15} \\
b_{21} & b_{22} & \cdots & b_{25} \\
b_{31} & b_{32} & \cdots & b_{35} \\
b_{41} & b_{42} & \cdots & b_{45}
\end{bmatrix}
\end{aligned}
\tag{6-15}
$$

6. 现代有轨电车线网的评价值

令 $F = (f_1, f_2, f_3, f_4, f_5) = (95, 85, 75, 65, 55)$ 为分数集，f_i 表示第 i 级评语的均分值。

利用向量乘积，计算出现代有轨电车线网的最终测评结果。即现代有轨电车线网的评价值：

$$Z = B \cdot F^T \tag{6-16}$$

依据模糊综合评价模型得到现代有轨电车线网的评价值。评价值不仅要反映目前城市现代有轨电车线网发展水平，用于综合对比研究该现代有轨电车线网发展水平的动态状况,还需用于不同时期不同城市交通系统发展程度的比较研究,为规划研究提供城市公共交通系统进一步发展的方向。现代有轨电车线网的评价值 Z 越大,表示城市现代有轨电车线网的发展态势越好;现代有轨电车线网的评价值 Z 越小,表示城市现代有轨电车线网的发展态势越差。

7. 现代有轨电车线网评价值的等级标准

现代有轨电车线网较为复杂,线网评价中涉及多方面的内容,无法用一个数值来客观评价线网规划的优劣,为得到更加科学合理的评价结果,采用等级标准来判断现代有轨电车规划线网的总体情况。在参考现代有轨电车发展的判断标准以及评价值的分级方法基础上,对现代有轨电车线网方案的评价值进行等级界定。将现代有轨电车线网的评价结果划分为五个等级区间,见表6-5。

表6-5 现代有轨电车线网规划的评价区间

评价等级	一级	二级	三级	四级	五级
	优秀	良好	中等	一般	较差
评价区间	$0.9 \leqslant Z < 1$	$0.8 \leqslant Z < 0.9$	$0.7 \leqslant Z < 0.8$	$0.6 \leqslant Z < 0.7$	$0 \leqslant Z < 0.6$

如城市现代有轨电车线网的评价值 $Z = 0.78$,则 $0.78 \in [0.7, 0.8)$ 对应等级为:三级,即城市现代有轨电车线网属于"中等"水平。

6.3 现代有轨电车规划线路实施决策方法

城市现代有轨电车规划线网的实施是一项长期、持续发展的系统工程,在资金、人力、物力等客观条件一定的条件下,现代有轨电车线网的实施影响城市公共交通体系的运营效益以及对城区开发的引导和带动作用。由于现代有轨电车规划线网中各条线路服务于不同繁忙程度的客流交通走廊,承担不同性质的客运任务,且各条线路与城市发展的契合程度不同,各线路在整体网络中的功能定位和建设时间也有区别。可通过对现代有轨电车规划线路实施的主要影响因素进行分析,选择合适的决策模型,在具体时期的既定条件下优选其中最宜建设的线路,明确线网方案中各线路的介入时间,以支撑有轨电车线网分期建设的决策。

6.3.1 规划线路实施的影响因素

城市现代有轨电车规划线路实施的主要影响因素涉及社会经济、城市发展、交通需求和社会经济效益等方面。

1. 现代有轨电车规划线路的实施需要以城市经济社会发展为基础

城市经济社会发展总体情况是现代有轨电车规划线网实施的基本条件,可以概括为城市经济基础和城市人口规模。城市经济发展现状与发展潜力是现代有轨电车线网在各个时期规划目标实现的经济基础。由于现代有轨电车建设项目资金需求量大,城市的经济发展水平及由此决定的政府财政承受能力是决定规划线网实施的重要制约因素。衡量一个城市经济实力的主要指标是国内生产总值(GDP),城市的基础设施投资占该城市 GDP 的 3%~5%时较为合适;而公共交通的投资在占该城市基础设施投资的 14%~18%,即公交投资约占城市 GDP 的 0.9%时被认为是合理且符合政府财政承受能力的。

现代有轨电车规划的实施,需要以"地方财政一般预算收入在 30 亿元以上、国内生产总值达到 300 亿元以上、人口在 50 万人以上"作为基本实施条件。

2. 现代有轨电车规划线路实施安排需要与城市发展相协调

现代有轨电车系统对于城市总体发展规划和空间结构的完善以及城市形态的发展方向都有着重要的引导作用。现代有轨电车规划线路的实施决策需要契合城市总体发展规划时序,线路的建设实施应与城市的开发和建设时序及方向相吻合,以城市的核心区、功能区以及实现城市不同功能区联系为选择重点,按照城市交通与城市土地开发利用互动反馈的原理,促进城市空间演化,推动现代有轨电车规划方案的实施。

3. 现代有轨电车规划线路实施安排需要以交通出行需求为导向

城市各类人口的出行特征决定客流需求的大小和客流方向,反映了城市居民对交通设施的需求程度。因此,应以城市公共交通供需平衡关系为基础,保障规划线路的实施与城市交通的主要客流廊道和重要集散点的形成和发展相吻合。

4. 现代有轨电车规划线路实施安排需要兼顾交通基础设施的经济社会效益

现代有轨电车系统基本建设投入相对于城市轨道交通具有较明显的成本优势,但对城市的建设投入仍然存在较大的压力。因此,城市现代有轨电车规划线路实施决策,需要兼顾综合社会经济效益。

6.3.2　规划线路实施的决策指标

初步选择人口和就业岗位覆盖率(I_1)、沿线土地开发价值(I_2)、城市布局结构协调系数(I_3)、线路负荷强度(I_4)、中心区线网密度(I_5)和主要集散点连通率(I_6)构建现代有轨电车规划线路实施的决策指标集。上述指标在规划线路实施决策中的说明如表 6-6 所示。

在指标选取过程中,社会经济发展的指标包括 GDP、财政收入和人口,本书仅选择人口和就业岗位覆盖率作为代表,其他指标作为城市实施现代有轨电车规划线网的基本条件指标;反映交通需求特征的指标包括线路的客流量、客流周转量等,考虑典型代表和比较意义,选择线路客流负荷强度用以反映每日每公里线路承载的客流大小。

表 6-6 规划线网实施时序的决策指标

指标	定义	说明
I_1	人口和就业岗位覆盖率	是城市社会经济特征的代表指标之一,线网中线路经过的区域覆盖的人口和就业岗位越多,线路的重要性就越强
I_2	沿线土地开发价值	体现现代有轨电车规划线路实施对沿线和交通站点土地开发强度、促进土地增值等方面的影响;具体可通过不同线路周边的站点密度、沿线可开发区域大小等指标比较确定
I_3	城市布局结构协调系数	主要反映线路与城市的匹配程度,以及具体线路与城市主要客流廊道的吻合关系,可以通过不同线路之间上述指标比较确定
I_4	线路负荷强度	取值于线路客流预测的指标;反映线路承载的客流需求强度
I_5	中心区线网密度	体现线路处于城市核心区、中心组团或功能组团的长度比例;说明线路建设对中心区交通作用
I_6	主要集散点连通率	反映线路串联的城市主要集散点数量比例关系,线路联系的集散点越多,功能越强

6.3.3 规划线路实施的决策模型

利用多目标理想点决策(TOPSIS)模型比较在具体的建设时期条件下,不同线路的建设优先度。在决策目标空间中计算各规划线路到理想化目标的距离,并按距离大小进行排序,距离越小,则规划线路的建设优先度越高。理想决策法适用于城市现代有轨电车规划线路实施排序优选问题,其主要决策过程如下:

1. 构建标准决策矩阵

现代有轨电车规划线路实施决策问题,属于多目标决策问题。城市现代有轨电车规划线网中有 n 条排序线路,设 $A = \{A_1, A_2, A_3, \cdots, A_n\}$ 为现代有轨电车规划线网线路集;$G = \{I_1, I_2, \cdots, I_6\} = \{$人口和就业岗位覆盖率,沿线土地开发价值,城市布局结构协调系数,线路负荷强度,中心区线网密度,主要集散点连通率$\}$为实施决策指标集;评价指标的权重向量为 $W = (w_1, w_2, \cdots, w_6)^{\mathrm{T}}$。

设 $y_{ij} = f_i(x_j)$ $(i = 1, 2, \cdots, 6; j = 1, 2, \cdots, n)$ 为规划方案 A_j 对评价指标 I_i 的属性值,则 $Y = (y_{ij})_{n \times 6}$ 表示规划方案集 A 关于属性集 G 的决策矩阵。主要的决策指标的属性类型一般包括效益型、成本型、固定型或区间型;针对"效益型"和"成本型"评价指标,采用决策矩阵标准化消除评价中的测度标准之间的不统一和矛盾问题。同公式(6-4)、(6-5)的计算方法分别对效益型和成本型评价指标进行标准化处理,得到标准化后的决策矩阵 $R = (r_{ij})_{n \times 6}$。

决策指标的权重,表征了各个评价指标在决策体系中不同的作用和影响程度。采用标准差方法确定各评价决策指标的权重,如式(6-17)所示。

$$w_i = \frac{\left(\sum\limits_{i=1}^{n}\sum\limits_{j=1}^{6} r_{ij} - \sum\limits_{j=1}^{6} r_{ij}\right)}{(n-1)\sum\limits_{i=1}^{n}\sum\limits_{j=1}^{6} r_{ij}} \tag{6-17}$$

式中：$i = 1, 2, 3, 4, 5, 6$。

则权重向量 $W = (w_1, w_2, \cdots, w_6)^T$。

得到加权标准化决策矩阵为：

$$z = \begin{bmatrix} w_1 r_{11} & w_2 r_{12} & \cdots & w_6 r_{16} \\ w_1 r_{21} & w_2 r_{22} & \cdots & w_6 r_{26} \\ \vdots & \vdots & \cdots & \vdots \\ \vdots & \vdots & \cdots & \vdots \\ \vdots & \vdots & \cdots & \vdots \\ w_1 r_{n1} & w_2 r_{n2} & \cdots & w_6 r_{n6} \end{bmatrix} = (z_{ij})_{n \times 6} \tag{6-18}$$

2. 定义最优解A^+和最劣解A^-

记 $J^+ = \{$效益型评价指标集合$\} = \{I_2, I_3, I_5, I_6\}$，$J^- = \{$成本型评价指标集合$\} = \{I_1, I_4\}$。令

$$A^+ = \{\min_{1\leqslant i\leqslant n} z_{i1}, \max_{1\leqslant i\leqslant n} z_{i2}, \max_{1\leqslant i\leqslant n} z_{i3}, \min_{1\leqslant i\leqslant n} z_{i4}, \max_{1\leqslant i\leqslant n} z_{i5}, \max_{1\leqslant i\leqslant n} z_{i6}\}$$
$$= \{A_1^+, A_2^+, A_3^+, A_4^+, A_5^+, A_6^+\}$$

$$A^- = \{\max_{1\leqslant i\leqslant n} z_{i1}, \min_{1\leqslant i\leqslant n} z_{i2}, \min_{1\leqslant i\leqslant n} z_{i3}, \max_{1\leqslant i\leqslant n} z_{i4}, \min_{1\leqslant i\leqslant n} z_{i5}, \min_{1\leqslant i\leqslant n} z_{i6}\}$$
$$= \{A_1^-, A_2^-, A_3^-, A_4^-, A_5^-, A_6^-\}$$

3. 计算相对距离和相对贴近度

令现代有轨电车实施线路 $A_i (i = 1, 2, \cdots, n)$ 到最优解的距离为 S_i^+，其到最劣解的距离为 S_i^-，则

$$S_i^+ = \sqrt{\sum_{j=1}^{6} (z_{ij} - A_j^+)^2} \tag{6-19}$$

$$S_i^- = \sqrt{\sum_{j=1}^{6} (z_{ij} - A_j^-)^2} \tag{6-20}$$

式中：$i = 1, 2, \cdots, n$。

定义现代有轨电车线路 $A_i (i = 1, 2, \cdots, n)$ 到最优解的贴近度为

$$e_i = \frac{S_i^-}{S_i^+ + S_i^-} \tag{6-21}$$

式中：e_i——贴近度，$i=1,2,\cdots,n$，则 $0<e_i<1$。

4. 最佳实施线路选择

当 e_i 接近 0 时，S_i^- 越接近 0，现代有轨电车线路 A_i 即越靠近最劣解，该现代有轨电车线路 A_i 建设优先度越低；当 e_i 接近 1 时，S_i^+ 越接近 0，现代有轨电车线路 A_i 即越靠近最优解，该线路 A_i 的建设优先度越高，该线路 A_i 为研究的具体时期内最宜先投入建设的有轨电车线路。

6.4　本章小结

本章在分析现代有轨电车线网方案评价目的的基础上，以"城市发展协调性、线网功能合理性、线网结构合理性、运行效果可靠性"为评价准则，选取相关评价指标，构建了现代有轨电车规划线网方案评价指标体系；通过确定二级评价指标值和权重系数，建立初始评价模型和综合评价模型，明确了线网规划的评价流程和方法；通过等级评价研判现代有轨电车线网的实际效果，为有轨电车线网规划的进一步优化提供参考依据。

在规划线路实施影响因素分析的基础上，提出了人口和就业岗位覆盖率、沿线土地开发价值、城市布局结构协调系数、线路负荷强度、中心区线网密度和主要集散点连通率等 6 个决策指标；采用多目标理想点决策模型（TOPSIS），构建标准化决策矩阵和加权标准化矩阵，确定评判对象与理想化目标的距离，计算各规划线路与最优解的贴近度，确定各线路在具体时期中的建设优先度，为线路的实施安排提供决策依据。

第7章 现代有轨电车系统设计

7.1 现代有轨电车线路设计

7.1.1 现代有轨电车线路选线依据

1. 选线原则

现代有轨电车线路的选定应根据城市轨道交通线网规划、城市用地规划的调整、建设时序的变化等产生的影响加以研究。线路选线方案包括线路走向、线路路由、车站分布、辅助线分布、线路交叉方式及线路敷设方式等的选择。现代有轨电车线路走向选择应考虑以下主要原则:

(1) 应符合城市轨道交通线网规划和城市发展总体规划要求,沿主客流方向选择并通过大客流集散点(如工业区、大型住宅区、商业文化中心、公交枢纽、火车站、码头及长途汽车站等),以便于乘客直达目的地,减少换乘。

(2) 应符合城市改造及发展规划,通过与地铁换乘点衔接共同形成城市综合交通枢纽来引导或维持沿线区域中心或城市副中心的发展。

(3) 尽量避开地质条件差、历史文物保护、地面建筑和地下建筑物等地域。

(4) 应结合地形、地质及道路宽窄等条件,尽量将线路位置选择在施工条件好的城市主干道上。同时进行施工方法的比选,合理选择线路基本位置,减少现代有轨电车施工过程中对房屋等建筑物的拆迁及城市交通的干扰。

(5) 尽可能减少线路通过建筑群区域的范围。线路在道路的十字路口拐弯时,通过十字路口拐角处往往会侵入现存的建筑用地。此时若以大半径曲线通过,虽然对运行速度、电能消耗、轨道养护、乘客舒适性等方面都有利,但会造成通过建筑群地带用地费用增加,应尽量避免。

(6) 车站应设置在客流量大的集散点和各类交通枢纽上,并与城市综合交通规划网相协调。这样有利于最大限度地吸引客流,方便乘客,使现代有轨电车线路成为城市公共交通骨干,车站间的距离应根据需要确定,一般为 1.5 km 以下,市郊区域可长些,而市中心可以短些。

(7) 应充分考虑城市轨道交通既有及规划线路的情况。当线路预定与远期规划线联络时,先期建设的线路应考虑与远期规划线路交叉点处的衔接,为方便未来线网中的乘客换乘创造条件,虽然费用支出可能有所增加,但较将来改建线路增设换乘设施所需的投资要少。

(8) 应考虑车辆段、停车场的位置和连接两相邻轨道交通线路间的联络线。

2. 选线依据及相关参考资料

现代有轨电车选线中需收集城市总体规划、城市社会经济发展规划、城市综合交通规划及城市公共交通规划等相关规划和城市水文气象、地形图、工程地质及水文地质等基础资料,以充分考虑沿线既有、潜在的环境影响源,兼顾客流发生和吸引源,保障线路运营效率。

同时,现代有轨电车选线阶段应对现代有轨电车线网规划报告、现代有轨电车工程项目建议书(或预可行性研究报告)及其审批文件和市政府及其上级部门对该线项目建设的指示予以落实,并开展现代有轨电车线路客流预测。

7.1.2 现代有轨电车线路平面设计

线路平面由直线、圆曲线和缓和曲线组成。线路平面设计主要确定圆曲线半径、缓和曲线和超高设置,圆曲线半径应综合考虑车辆类型、地形条件、运行速度及环境要求等因素,因地制宜合理选用;缓和曲线是设置在直线与圆曲线之间的一种曲率连续变化的曲线。

1. 圆曲线最小曲线半径

因现代有轨电车线路一般沿城市道路进行地面布设,线路平面受交叉路口、建筑物影响,可能需要设置较小半径的圆曲线。最小曲线半径的选择主要受运行速度、车辆最小转弯半径、城市道路、乘客舒适度等影响。

(1) 行车速度对曲线半径的影响

现代有轨电车车辆在通过曲线时会产生离心加速度,为了维持车辆的平衡,需要给车辆提供相应的向心加速度。现代有轨电车线路一般设置外轨超高,使得车辆的重力加速度产生一个水平分量来平衡车辆的离心加速度,如图 7-1 所示。

根据受力平衡分析可以推导出:

$$R_{min} = \frac{11.8\,v^2}{h_{min} + h_{qy}} \qquad (7-1)$$

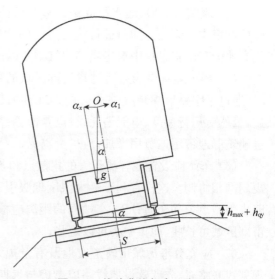

图 7-1 线路曲线超高示意图

式中：R_{min} ——最小曲线半径，单位为 m；

h_{max} ——最大超高允许值，单位为 mm；

h_{qy} ——允许欠超高，单位为 mm；

v ——行车速度，km/h。

行车速度 v 一定时，最小曲线半径 R_{min} 由最大超高 h_{max} 和允许欠超高 h_{qy} 取值决定。

当超高值过大时，列车在曲线上低速行驶或者临时停车就会有向内倾覆的危险。因此，为了保证行车安全，需要设定最大超高允许值。根据中国铁道科学研究院 1980 年的试验研究，当列车停在超高 $h_{max}=200$ mm 及以上的曲线上时，部分旅客感到站立不稳，行走困难且有头晕感觉。《高速铁路设计规范》(TB10621—2014)采用的最大超高允许值 $h_{max}=175$ mm；《城际铁路设计规范》(TB10623—2014)采用的最大超高允许值 $h_{max}=170$ mm；《地铁设计规范》(GB50157—2013)采用的最大超高允许值 $h_{max}=120$ mm。

现代有轨电车运行速度略低于地铁，《城市有轨电车工程设计标准》(CJJ/T 2019)建议最大超高允许值与地铁保持一致，即 $h_{max}=120$ mm。

当行车速度高于计算超高的均衡速度时，将会产生未被平衡的横向加速度 a，即欠超高 h_{qy}。欠超高过大时，对列车通过曲线的安全性、舒适性和轨道横向稳定性都会造成影响，故应对欠超高 h_{qy} 加以限制。根据国内铁路相关试验结果，未被平衡的横向加速度 a、欠超高 h_{qy} 与乘客舒适度的关系见表 7-1。

表 7-1 欠超高与乘客舒适度的关系

a (m/s²)	h_{qy} (mm)	乘客反应
0.26	40	无感觉
0.39	60	基本无感觉
0.52	80	稍有感觉
0.59	90	有些感觉，能适应
0.72	110	较大感觉，尚能克服
0.85	130	甚大感觉，需用力平衡
1	153	更甚感觉，站不稳，无法行走

《高速铁路设计规范》(TB10621—2014)欠超高允许值标准见表 7-2。

表 7-2 高速铁路欠超高允许值标准

舒适度条件	优秀	良好	一般
欠超高允许值 h_{qy} (mm)	40	60	90

《城际铁路设计规范》(TB10623—2014)欠超高允许值标准见表7-3。

表7-3　城际铁路欠超高允许值标准

舒适度条件	优秀	良好	一般
欠超高允许值 h_{qy} (mm)	40	80	110

《地铁设计规范》(GB 50157—2013)规定的未被平衡的横向加速度,正常取 $a = 0.4 \text{ m/s}^2$,对应的欠超高允许值 $h_{qy} = 60 \text{ mm}$;瞬间取 $a = 0.5 \text{ m/s}^2$,对应的欠超高允许值 $h_{qy} = 80 \text{ mm}$。

现代有轨电车采用了低地板的新型车辆,相比地铁可以承受更高的未被平衡的离心加速度,因此可适当提高现代有轨电车未被平衡的横向加速度,建议现代有轨电车未被平衡的横向加速度值,一般取 $a = 0.5 \text{ m/s}^2$,欠超高允许值 $h_{qy} = 80 \text{ mm}$;困难条件下取 $a = 0.7 \text{ m/s}^2$,欠超高允许值 $h_{qy} = 110 \text{ mm}$。

将以上参数取值代入公式(7-1)中计算可得:一般情况下 $R_{min} = 0.059v^2$,困难条件下 $R_{min} = 0.05lv^2$;以最高设计时速 $v = 70 \text{ km/h}$ 计算并取整,一般条件下 $R_{min} = 300 \text{ m}$,困难条件下 $R_{min} = 250 \text{ m}$。

现代有轨电车在交叉口转弯并与城市道路上的车辆共享路权时,为保证道路的交通安全,现代有轨电车应限速运行,因轨面与城市道路路面齐平,曲线不设置超高,即 $h_{max} = 0 \text{ mm}$,当行车速度 $v = 20 \text{ km/h}$,欠超高允许值 $h_{qy} = 80 \text{ mm}$ 时,$R_{min} = 59 \text{ m}$;当欠超高允许值 $h_{qy} = 110 \text{ mm}$ 时,$R_{min} = 43 \text{ m}$。

经计算分析,现代有轨电车线路最小曲线半径主要受行车速度、曲线超高和欠超高控制。现代有轨电车在按正常速度运行并按设计速度设置曲线超高时,一般条件下最小曲线半径 $R_{min} = 300 \text{ m}$,困难条件下 $R_{min} = 250 \text{ m}$;现代有轨电车线路在交叉口转弯并与城市道路上的车辆共享路权、不设置曲线超高,且现代有轨电车以行车速度 $v = 20 \text{ km/h}$ 限速运行时,最小曲线半径取 $R_{min} = 50 \text{ m}$。

(2) 车辆最小转弯半径

现代有轨电车车辆最小转弯半径主要受转向架轴距及结构影响,性能参数基本一致,现代有轨电车线路的最小曲线半径一般不受其控制。

车场线因不载客、不受乘客舒适度影响,且行车速度较低,其最小曲线半径的取值可依据车辆的最小转弯半径选取,车场线最小曲线半径可取 $R_{min} = 20 \text{ m}$。

(3) 最小曲线半径对城市道路的影响

现代有轨电车一般采用地面布设方式,敷设于道路路中或路侧,因此,现代有轨电车最小曲线半径的取值如与城市道路最小曲线半径不匹配,会对城市道路造成影响。根据《城市道路工程设计规范》(CJJ37—2012),城市道路圆曲线最小曲线半径见表7-4。

表7-4　城市道路圆曲线最小曲线半径

设计速度(km/h)		100	80	60	50	40	30	20
不设超高最小半径(m)		1 600	1 000	600	400	300	150	70
设超高最小曲线半径(m)	一般值	650	400	300	200	150	85	40
	极限值	400	250	150	100	70	40	20

现代有轨电车的运行速度一般在 $20\sim70$ km/h,在设置曲线超高的情况下,对应的圆曲线最小曲线半径见表7-5。

表 7-5　现代有轨电车圆曲线最小曲线半径

设计速度(km/h)		70	60	50	40	30	20
设超高最小曲线半径(m)	一般值	300	220	150	100	65	25
	困难值	250	190	130	85	45	20

比较表7-4和表7-5可知,在现代有轨电车线路按设计速度设置曲线超高时,其圆曲线最小曲线半径的取值可以与城市道路最小曲线半径相匹配。

一般的十字形交叉口路缘石的最小半径为:主干道 $20\sim25$ m;次干道 $10\sim15$ m;支路 $6\sim9$ m。

在城市道路交叉口路段,由于现代有轨电车与城市道路上的车辆共享路权故不设曲线超高。当现代有轨电车的运行速度限制在 $v=20$ km/h 时,现代有轨电车线路的最小曲线半径不宜小于 50 m,大于交叉口转弯的最小半径,会影响平面交叉口道路的交通组织或切割地块,并有可能造成拆迁,因此,线路敷设时需要结合城市道路的实际情况进行调整。

主干路十字路口现代有轨电车分别敷设于路中、路侧不同曲线半径线路对交叉口和地块的影响见图7-2。

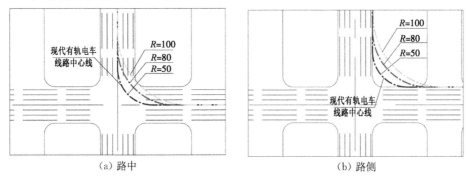

（a）路中　　　　　　　　　　　　　　（b）路侧

图7-2　不同曲线半径线路对道路和地块影响

2. 缓和曲线和曲线超高

（1）缓和曲线线型的选定

缓和曲线线型较多，如回旋线、三次抛物线、七次四项式型、半波正弦型、一波正弦型、双纽线等类型，考虑到三次抛物线线型简单、设计方便，平立面有效长度、铁路和地铁现场运用、养护经验丰富等特点，现代有轨电车一般采用三次抛物线型的缓和曲线，曲率半径由 $\infty \sim R$ 过渡变化。

（2）缓和曲线长度

缓和曲线长度是现代有轨电车线路平面的主要参数之一。为保证列车运行的安全和乘客舒适度的要求，缓和曲线应有足够的长度，但过长的缓和曲线将影响平面选线和纵断面设计的灵活性，引起工程投资的增加。因此，缓和曲线长度的选择应因地制宜、合理选用。

缓和曲线长度的控制性要素主要有以下四项：

① 限制超高 h 递减坡度（3‰）是保证转向架下的车轮在三点支承情况下，悬起的车轮高度，受轮缘控制，不至爬轨、脱轨，这是安全的保障，其最小长度应满足一节车辆全轴距长度，即：

$$L \geqslant 1\,000h/3 \geqslant 15\ \text{m} \tag{7-2}$$

② 限制车轮升高速度的超高时变率 f 值，是满足乘客舒适度的一项指标，参照《地铁设计规范》取 $40\ \text{mm/s}$，即：

$$L \geqslant h \cdot v/3.6f = 0.07vh = 0.082v^3/R \tag{7-3}$$

③ 限制未被平衡横向加速度的时变率 β 值，也是乘客舒适度的指标，参照《地铁设计规范》取 $0.3\ \text{mm/s}^3$，即：

$$L \geqslant a \cdot v/3.6\beta = 0.37v \tag{7-4}$$

式中：a 取 $0.4\ \text{m/s}^2$。

限制车辆进入缓和曲线对外轨冲击的动能损失 $W = 0.37\ \text{km/h}$，也是乘客舒适度指标，即：

$$L \geqslant 0.05v^3/R \tag{7-5}$$

一般选择具有上述因素包容性较好，统一计算长度，$L \geqslant 0.007v \cdot h = 0.082v^3/R$ 为基本计算公式。

现代有轨电车列车设计运行速度 $v \leqslant 70\ \text{km/h}$，实际运行最高速度一般在 $60\ \text{km/h}$ 左右，按 $v = 65\ \text{km/h}$，曲线半径 $R = 1\,500\ \text{m}$，代入公式 $L \geqslant 0.082v^3/R$，计算得：$L \geqslant 15\ \text{m}$，即当线路正线曲线半径 $R > 1\,500\ \text{m}$ 时，按运行速度与曲线半

径关系计算的缓和曲线长度,已小于按限制超高 h 递减坡度(3‰)计算的保证行车安全要求的最小长度 15 m。因此,现代有轨电车线路正线曲线半径 $R >$ 1 500 m 时,可不设缓和曲线,但其曲线超高(和轨距加宽)应在圆曲线外的直线段内完成递变。正线曲线半径 $R \leqslant$ 1 500 m 时,圆曲线与直线之间应设置缓和曲线。

综上所述,现代有轨电车线路曲线超高—缓和曲线长度见表 7-6。

表 7-6　线路曲线超高—缓和曲线长度

R	v	70	65	60	55	50	45	40	35	30	25	20
1 500	L	20	20	20	20	20	—	—	—	—	—	—
	h	40	35	30	25	20	15	15	10	—	—	—
1 200	L	25	20	20	20	20	20	—	—	—	—	—
	h	50	40	35	30	25	20	15	10	10	—	—
1 000	L	30	25	20	20	20	20	—	—	—	—	—
	h	60	50	45	35	30	25	20	15	10	—	—
800	L	35	30	25	20	20	20	20	—	—	—	—
	h	70	60	55	45	35	30	25	20	15	10	—
700	L	45	35	30	25	20	20	20	—	—	—	—
	h	85	70	60	50	40	35	25	20	15	10	—
600	L	50	40	30	25	20	20	20	—	—	—	—
	h	95	85	70	60	50	40	30	25	20	10	10
550	L	55	40	35	25	20	20	20	—	—	—	—
	h	105	90	75	65	55	45	35	25	20	15	10
500	L	60	45	35	30	25	20	20	20	—	—	—
	h	115	100	85	70	60	50	40	30	20	15	10
450	L	60	55	50	40	25	20			20		
	h	120	110	95	80	65	55	40	30	25	15	10
400	L	60	55	45	35	30	25	20	20	20		
	h	120	120	105	90	75	60	50	35	25	20	10
350	L	60	55	50	40	30	25	20	20	20		
	h	120	120	120	100	85	70	55	40	30	20	15
300	L	60	55	50	50	35	30	20	20	20	—	—
	h	120	120	120	120	100	80	65	50	35	25	15
250	L	—	55	50	50	45	35	25	20	20	20	—
	h	—	120	120	120	120	95	75	60	40	30	20

续表

R	v	70	65	60	55	50	45	40	35	30	25	20
200	L	—	—	50	50	45	40	35	25	20	20	—
	h	—	—	120	120	120	120	95	70	55	35	25
150	L	—	—	—	—	45	40	35	25	20	15	
	h	—	—	—	—	120	120	120	100	70	50	30
100	L	—	—	—	—	—	—	35	30	25	15	15
	h	—	—	—	—	—	—	120	120	105	75	45
50	L	—	—	—	—	—	—	—	—	25	25	15
	h	—	—	—	—	—	—	—	—	120	120	95

注：R 为曲线半径(m)；v 为设计速度(km/h)；L 为缓和曲线长度(m)；h 为超高值(mm)。

3. 夹直线及圆曲线最小长度

相邻两曲线间夹直线最小长度受列车运行平稳和乘客乘坐舒适度要求的控制，根据车辆振动不叠加理论分析确定，即当某节车辆通过缓直点时受到冲击所产生的振动，不至与随后通过直缓点时产生的振动相叠加。所以，夹直线的最小长度要保证列车以最高速度运行的时间不小于车辆转向架弹簧振动消失的时间。参照《地铁设计规范》(GB50157—2013)，在正线、联络线及车辆基地出入线上，一般条件下，现代有轨电车线路两相邻曲线间，无超高的夹直线最小长度 $L = 0.5v(m)$；困难条件下，按一节车厢不跨越两种线型，即不小于一节车厢的全轴距长度考虑。

目前，我国现代有轨电车主流产品的全轴距一般小于 14 m。困难条件下，正线、联络线及车辆基地出入线上，现代有轨电车线路的夹直线最小长度按不小于 15 m 设置。

两缓和曲线间的圆曲线最小长度，也是基于车辆振动不叠加理论分析确定的，车辆由缓圆点进入圆曲线，或由圆缓点驶出圆曲线时均会因线型变化而引起车辆的附加振动，所以，现代有轨电车线路圆曲线最小长度参照夹直线最小长度确定。

车场线上的夹直线最小长度不应小于 3 m。

4. 站坪长度内的平面设计

站坪范围内现代有轨电车平面线型设置应满足以下条件：

(1) 车站站台宜设在直线上。若设在曲线上，其站台有效长度范围的线路曲线最小半径应根据不同车型和站台凹凸形态，满足安全要求，曲线半径一般不宜小于 800 m。

(2) 道岔应设在直线地段上，道岔两端与平、竖曲线端部或车站有效站台端部的直线距离不应小于 5 m。

（3）岔后附带曲线可不设缓和曲线和曲线超高,其曲线半径不应小于道岔导曲线半径。

（4）折返线、停车线等宜设在直线上,困难情况下,除道岔区外,可设在曲线上,不设缓和曲线和超高,但在车挡前应保持不小于 10 m 的直线段。

5. 道岔铺设

相邻道岔力求布置紧凑,但如果两相邻道岔岔心距离太短,则将影响列车运行的安全、平稳及道岔的使用年限。为此,两道岔间应插入一段钢轨,参照《地铁设计规范》(GB50157—2013),插入钢轨长度不应小于表 7-7 的规定。

表 7-7　道岔间插入钢轨长度(m)

道岔布置相对位置		线别	插入钢轨长度 L(按轨缝中心)	
			一般地段	困难地段
两组道岔前端对向布置		正、配线	12.5	6.0
		车场线	4.5	3.0
两组道岔前后顺向布置		正、配线	6.0	4.5
		车场线	4.5	3.0
两组道岔根端对向布置		正、配线	6.0	6.0

7.1.3　现代有轨电车线路纵断面设计

1. 坡度

正线纵断面最大坡度是线路的主要技术标准之一,对线路的布设方式、工程造价和运营都有较大的影响。现代有轨电车线路的最大纵坡主要受车辆爬坡性能、城市道路条件和乘客舒适度的影响。

（1）车辆性能

现代有轨电车主流产品的最大爬坡能力基本上在 5‰～8‰ 之间。

（2）道路纵坡

根据《城市道路工程设计规范》(CJJ37—2012),城市道路机动车车行道最大纵坡度推荐值与限制值见表 7-8。

表 7-8　城市道路机动车车行道最大纵坡度推荐值与限制值

设计速度(km/h)		100	80	60	50	40	30	20
最大纵坡(%)	一般值	3	4	5	7.5	6	7	8
	极限值	4	5	6		7		8

在城市道路中计算行车速度在 30 km/h 以上的道路,其推荐纵坡度值均小于7%。根据此标准,城市次干路 1、2 级,城市支路 1 级以上的道路都可以运行各种现代有轨电车。因此,城市道路规定的最大纵坡能够满足现代有轨电车爬坡能力要求。

(3)纵坡坡度对乘客舒适度的影响

当车辆在大于 4.5% 的坡道上运行时,乘客会有较明显的不舒适感,因此,从乘客舒适度角度考虑,现代有轨电车线路纵坡一般不宜大于 4.5%。

(4)最大坡度的选择

现代有轨电车主要受沿线城市道路的纵坡和乘客舒适度控制,一般条件下,最大坡度不应大于 5%;困难条件下,最大坡度不应超过 6%。联络线、出入线一般条件下最大坡度不宜大于 6%。

2. 坡段与竖曲线

(1)坡段长度

为了改善列车的运行条件,提高乘坐舒适性,通常以列车不宜运行在两种以上坡段、坡度及竖曲线上为原则,相邻竖曲线间的夹直线长度不宜小于 50 m,其中 50 m 夹直线是相当于振动衰减的时间距离。在困难条件下,线路坡段长度不宜小于远期列车长度。

(2)竖曲线

列车通过变坡点时,会产生突变性的冲击加速度,当两相邻坡段的坡度代数差等于或大于 0.2% 时,对舒适度有一定影响,为改善变坡点处的舒适度,需在变坡点处设置圆曲线型的竖曲线。圆曲线型竖曲线产生的竖向加速度 a 与竖曲线半径 R 和行车速度 v 有关,a 的取值范围一般为 $0.08 \sim 0.3$ m/s^2。

当 $a = 0.08$ m/s^2 时,$R = v^2$;当 $a = 0.16$ m/s^2 时,$R = 0.5v^2$;当 $a = 0.3$ m/s^2 时,$R = 0.25v^2$。竖向加速度 a、竖曲线半径 R (m)与行车速度 v 关系见表 7-9。

表 7-9　竖向加速度 a(m/s^2)、竖曲线半径 R(m)与行车速度 v(km/h)关系

a	R	v						
		40	45	50	55	60	65	70
0.08	$R = v^2$	1 600	2 025	2 500	3 025	3 600	4 225	4 900
0.16	$R = 0.5v^2$	800	1 012	1 250	1 512	1 800	2 112	2 450
0.3	$R = 0.25v^2$	400	506	625	756	900	1 056	1 225

目前现代有轨电车的站间距一般在 800 m 左右,坡段划分长度较短,使用过大的竖曲线半径对纵断面设计的灵活性影响较大。按照舒适度要求,并简化工程适应条件,取 $R = (0.5 \sim 1)v^2$ 为宜,当线路最高运行速度为 70 km/h,实际运行最高速度在 60 km/h 左右,现代有轨电车区间线路竖曲线半径宜采用 1 800~3 600 m。

在架轨灌注混凝土整体道床时,当凹形竖曲线半径低于 2 000 m 时,施工中轨道依靠自重下凹有困难,从方便施工的角度考虑,竖曲线半径不宜小于 2 000 m。现代有轨电车线路竖曲线半径不应小于表 7-10 的规定。

表 7-10　竖曲线半径最小值

线别		一般情况(m)	困难情况(m)
正线	区间	2 500	1 000
	车站端部	2 000	1 000
联络线、出入线、车场线		1 000	500

车站站台计算长度内和道岔范围内不得设置竖曲线,竖曲线至道岔端部的距离一般不应小于 5 m,困难情况下不应小于 3 m,并应满足信号机的设置要求。

曲线超高在缓和曲线内完成,即缓和曲线是超高的顺坡段,当竖曲线与缓和曲线重叠,轨道铺设具有难度,有砟轨道形状也难以保持,因此,竖曲线与缓和曲线(或超高顺坡段)在碎石道床地段不应重叠,在整体道床地段不宜重叠;当出现上述曲线重叠时,则每条钢轨的超高最大顺坡率不应大于 0.15%。

3. 车站及其配线坡度

为防止尖轨爬行影响使用安全,道岔宜设在不大于 0.5% 的坡道上;当道岔采用曲线尖轨,固定接头,无砟道床时,可设在不大于 1% 的坡道上。

为保证线路轨面与站台的高差是一条直线关系,车站站台范围内的线路应设在一个坡道上。坡段长度不应小于远期列车长度,地面车站站坪纵坡应与城市道路的坡度相适应,但最大纵坡不宜大于 2%。

具有站外停车功能的配线,其停车范围坡度不宜大于 1%。

车场内的库(棚)线宜设在平坡道上,为防止库外停车线路溜车,库外停放车的线路坡度不应大于 0.15%;道岔区坡度不宜大于 0.3%。

4. 现代有轨电车线路与城市道路标高的衔接

现代有轨电车线路的纵断面设计应充分考虑与城市道路的平顺衔接。从现代有轨电车线路的排水要求出发,其高程一般不宜低于路基边缘处衔接的城市道路路面高程,同时现代有轨电车轨面高程也不宜过多超出周边道路路面高程,否则会造成城市道路衔接不协调,影响城市景观,或由于提高城市道路高程而增加工程量和项目投资。具体在处理城市道路路面标高关系应注意以下几点:

(1) 现代有轨电车线路沿城市道路路中敷设时,其轨面高程按略高于机动车道高程设计,考虑道路路缘石一般高于地面 10 cm,建议该段轨面高程高于机动车道 10~15 cm。

(2) 现代有轨电车线路沿城市道路路侧敷设时,当线路布设于人行道外侧时,其轨面高程按略高于人行道高程设计,建议该段轨面高程高于人行道 10 cm 以内。

(3) 当现代有轨电车线路布设于非机动车道与机动车道之间时,由于城市道路设计时机动车道通常高于非机动车道,建议该段轨面高程按略高于非机动车道高程设计,兼顾行人过街设施的设计,建议该段轨面高程高于非机动车道 10 cm 以内。

(4) 城市道路交叉口段的现代有轨电车线路,由于现代有轨电车与机动车混行,需保证其轨面与道路面齐平。对于新建的道路交叉口,应将现代有轨电车轨面高程数据纳入道路交叉口竖向设计中;对于已建成的道路交叉口,应结合现代有轨电车线路轨面高程对既有的道路交叉口竖向及排水要求做适当改造。

(5) 设计过程中,应对既有道路与现代有轨电车线位衔接处的路面高程进行精确测量和实际放样。

7.2 现代有轨电车车站及车辆段的规划与设计

7.2.1 现代有轨电车车站的规划

1. 车站位置的设置

现代有轨电车车站位置的选择,对有轨电车快速、准点、便捷、安全等优势的发挥至关重要。考虑用地性质、周边土地开发强度及客流集散因素,车站宜设置在乘客集中的地方,如商业区、大型办公区域、中央公园、文体及休闲娱乐中心、大型居住小区等,同时对有轨电车系统而言,站位的选取还应该考虑其对原道路交通的影响及乘客乘车的便捷性等因素。

在考虑上述因素的同时还应合理地选择车站间距,站间距小虽然能方便乘客,但是会降低平均运行速度,增加乘客乘车时间,并增大能耗,无法体现其快速交通的特点,同时,由于站间距小增加车站数量,增加了工程投资和运营成本;站间距大会使乘客感到不便,降低对客流的吸引程度。

现代有轨电车站位选择有两种方式,即路段站位和交叉口站位,站位的选择应利于现代有轨电车的运营、道路交通组织、方便利用既有或规划人行过街设施及与其他公交方式的接驳。

当车站设于道路交叉口时,车站出入口可设在交叉口人行横道或立体过街设施一侧,乘客可通过设在交叉口的人行横道或立体过街设施进出车站。交叉口站位除方便与设在交叉口附近本路段上的其他公交接驳外,与相交道路上的其他公交接驳也较方便。考虑到交叉口处的道路一般都有增加进口道、加宽交叉口等既有措施,因而无须拓宽或者少拓宽交叉口即可满足车站用地,目前国内现代有轨电车大多采用交叉口站位。

当两交叉口间距离较长、有客流集散需求时,结合路段中的人行横道或立体过街设施及其他公交站点的设置情况,现代有轨电车也可选择路段站位,乘客可利用路段中的人行横道或立体过街设施进出站,如路段中无既有或规划的人行横道或立体过街设施,则需增设人行横道或立体过街设施。交叉口设站如图7-3所示。路段设站如图7-4所示。

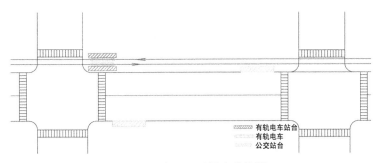

图 7-3　交叉口设置车站位置

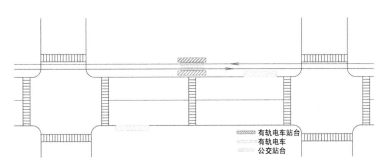

图 7-4　路段设置车站位置

其中,现代有轨电车交叉口设站有两种方式,即交叉口进口道设站和出口道设站,从现代有轨电车的运营、道路交通影响、乘客进出车站组织、与其他公交方式的接驳等方面对两种站位形式进行分析。

车站设置于交叉口进口道时,现代有轨电车停靠在行人过街横道线后方,下车的乘客必然会利用现代有轨电车前方的过街横道穿越道路,从而对现代有轨电车启动行驶产生影响;而车站设置于交叉口出口道时,现代有轨电车停靠在行人过街横道线前方,下车乘客只会利用现代有轨电车后方的过街横道穿越道路,不会对电车启动行驶产生影响。交叉口进口道设站如图7-5所示。

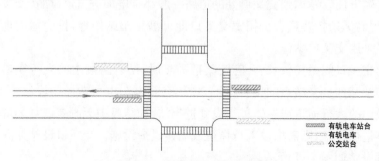

有轨电车站台
有轨电车
公交站台

图7-5 交叉口进口设站位置

交叉口进口道一般为停车等待区,大部分交叉口会渠化,设置较多等待车道,若车站设置于进口道,将占用停车等待区车道数,对道路交通影响大;出口道设站不存在此问题,且一般公交车站设置于交叉口出口道,车站设置于出口道与公交车换乘方便。

两种设站形式对于道路交通的影响主要表现为由于实施现代有轨电车信号优先导致的横向道路交通延误。由于车站设置于交叉口进口道时实施信号优先需要人工控制,存在一定的误差,其对横向道路交通的影响更大。根据对现状道路实际情况的仿真研究,交叉口进口道设站将比交叉口出口道设站导致横向道路交通延误增加10%~20%。交叉口出口道设站如图7-6所示。

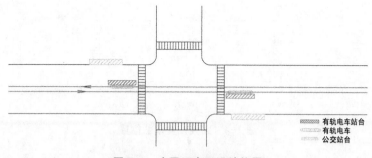

有轨电车站台
有轨电车
公交站台

图7-6 交叉口出口设站位置

两种设站形式中,交叉口进口道设站需要人工控制,存在一定的误差,最终影响到现代有轨电车信号优先的效果;而交叉口出口道设站时信号优先完全是自动化控制,信号优先效果更佳。交叉口进口道设站与出口道设站比较见表7-11。

表 7-11　交叉口进口道设站与出口道设站比较

比较项目	交叉口进口道站	交叉口出口道站
对有轨电车的运营	影响大	无影响
道路交通组织	对横向道路交通影响大	对横向道路交通影响小
乘客进出车站组织	利用交叉口信号灯组织乘客进出车站	利用交叉口信号灯组织乘客进出车站
与其他公交方式的接驳	与其他公交换乘距离远,服务水平较低	与其他公交换乘距离近,服务水平较高

车站设在交叉口出口道处更有利于提高有轨电车服务水平,减小对横向道路的影响。除在部分条件不允许的车站可设置在交叉口进口道以外,原则上推荐有轨电车车站设置在交叉口出口道。

2. 车站间距

车站间距应根据线路的功能定位及对平均运行速度的要求合理确定。同时还应统筹考虑线路的现状条件、周边规划、乘客的方便性和工程投资等诸多因素。

现代有轨电车的平均运行速度介于地铁和公共汽车之间。根据《地铁设计规范》(GB50157—2013)规定:在城市中心区和居民稠密地区地铁车站间距宜为1 km 左右,在城市外围区一般为 2 km;而根据《城市道路公共交通站、场、厂工程设计规范》(CJJ/T 15—2011)规定:城市公共交通中途站平均站间距宜在 500～800 m。参考上述标准,现代有轨电车站间距在城市中心区宜为 700～900 m,在城市外围区一般宜为 1 000～1 500 m。

7.2.2　现代有轨电车站台设计

现代有轨电车站台设计主要包括侧式车站和岛式车站两种布置方式。站台有效长度一般为 30～50 m,具体须根据选用的现代有轨电车的列车型号确定,站台有效长度不应小于远期列车的长度。如采用站台售检票方式,站台则需根据售检票系统布置适当加长。

1. 侧式站台的设计

侧式站台布置在线路的两侧,每侧各有一个站台,站台宽度为 2.5～3.5 m,站台有效长度一般不小于远期列车长度。上、下行列车分不同站台上、下客,列车右侧开门,当采用人行立体过街设施时,需设置 2 个梯道联系两侧站台。侧式站台对称布置方式见图 7-7。

若该站台两侧位于同一断面,占地面积大,断面需满足站台限界要求。考虑与同一断面车道宽度相适应,侧式站台可以错开布置,通常结合交叉口布置于出口道,能够均衡交叉口两侧的渠化和展宽,同时乘客平面交通组织分散在两侧的人行横道上,有利于乘客交通组织,适用于在道路上断面宽度相对紧张、采用人行横道进行乘客组织的情况。侧式站台错位布置方式如图7-8。

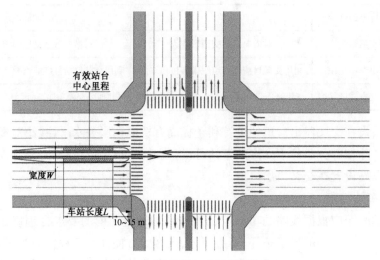

图 7-7　侧式站台对称布置方式

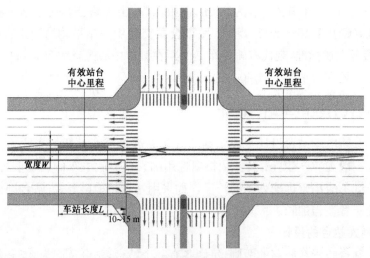

图 7-8　侧式站台错位布置方式

2. 岛式站台的设计

岛式站台布置在上、下行两条线之间,站台宽度4~5 m,站台有效长度一般不小于远期列车长度。上、下行列车均利用该站台进行上、下客,列车左侧开门。

岛式站台管理上比较集中方便,管理人员少,站台利用率高,可以分散人流。

在上、下行列车不同时到达时,可互相调节,若设置站台售检票,只需设置一套售
检票即可满足要求。当采用人行立体过街设施时,只需设置一个梯道。岛式站台
布置方式如 7-9 所示。

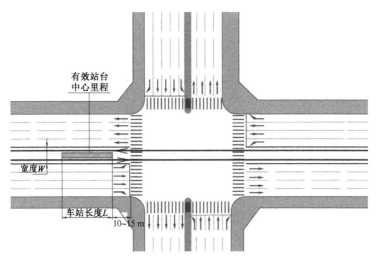

图 7-9　岛式站台对称布置方式

当横断面宽度受到限制时,也可采用分离岛式站台,该布置形式上、下行站台
分开布置,站台宽度较单个岛式站台窄,站台宽度 2.5～3.5 m,如图 7-10 所示。

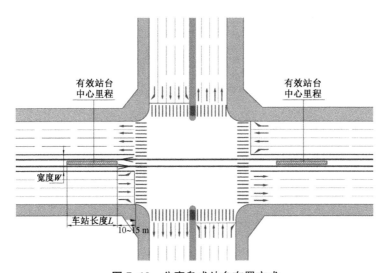

图 7-10　分离岛式站台布置方式

岛式车站分普通车站、鱼腹式及单鱼腹式车站等 3 种车站,普通车站线间距

不变,占地较宽,土建处理费用高,适合于道路条件好,横断面较宽或线路布置于道路一侧,绿化带较宽的地段;鱼腹式车站两侧线间距和区间一致,线间距小,车站处线间距较大,变线间距增大轮轨磨耗,对运营不利,车站占地大,土建处理费用较普通岛式站低;半鱼腹式车站相对于鱼腹式车站只是在一侧变线间距,另一侧为直线,其他同鱼腹式车站。鱼腹及半鱼腹岛式车站如图 7-11 所示。

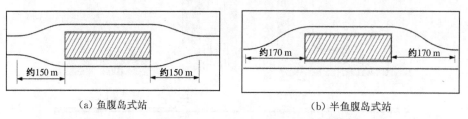

(a) 鱼腹岛式站   (b) 半鱼腹岛式站

图 7-11 岛式站台布置方式

3. 岛式车站与侧式车站比较

岛式站台管理上比较集中、方便,站台利用率高,可以分散人流,在客流量较大时可以调剂客流,车站处线间距较大,若区间线间距变小,需要在车站两端设曲线变线间距,运营时轮轨磨耗大,对车辆不利。侧式车站一般不用变换线间距,曲线少,运营时轮轨磨耗少,能减少后期的养护维修。

考虑售检票因素,若设置车站售检票,岛式车站设置一套设备,侧式车站需设置两套设备。侧式车站分开设置,若设车站管理员,每站需比岛式车站增加一倍,不利于管理。

若道路未建成或已建成道路中间绿化带较宽,不改造或较少改造即可满足现代有轨电车敷设,且线路客流量大,且采用站台售检票方式,可考虑岛式车站;若道路已建成,且建成道路绿化带较窄,道路空间有限,路外侧空间大,线路客流量一般,且采用车上售检票方式,可考虑侧式站台,部分可采用错开侧式站。如表 7-12。

表 7-12 岛式车站与侧式车站比较

比较项目	侧式车站	普通岛式车站	鱼腹或半鱼腹岛式车站
车站管理	分散,一个车站需要 2 个人	集中,一个车站只需一人	
售检票设备	2 套	1 套	
对有轨电车的运营	线间距不变,运营有利	线间距不变,运营有利	线间距变化,不利运营
土建投资	区间土建投资小	区间土建投资大	区间土建投资一般

7.2.3 现代有轨电车车辆基地规划与设计

车辆基地是现代有轨电车车辆进行维修保养的场所,也是车辆停放、运用、检查、整备和修理等各项作业的管理单位,车辆基地设计的优劣直接关系到现代有轨电车系统的工作质量和运营效率。车辆基地建设主要包括车辆段(停车场)、综合维修中心、物资总库、培训中心和其他生产、生活、办公等配套设施。

1. 车辆基地系统组成

车辆基地以有轨电车车辆检修和日常维修为主体,主要包括检修车辆段、运用停车场、维修中心、维修工区和必要的办公、生活设施;根据需要,设置物资总库和培训中心;其系统组成如图 7-12 所示。

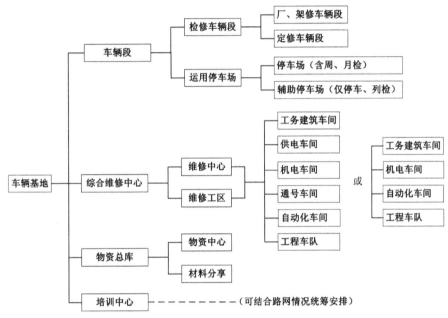

图 7-12　现代有轨电车车辆基地系统组成

2. 车辆基地的功能

车辆基地的功能根据其线路在整个线网中的功能定位以及建设时序的不同略有差别,作为运营车辆运用、检修及后勤保障的基地,车辆基地应具备以下基本功能:

(1) 车辆的日常保养及停放功能

负责现代有轨电车所有配属车辆的停放和管理,司乘人员每日出、退勤前的技术交接,对车辆的日常维修保养及一般性临时故障的处理,车辆内部的清扫、洗刷及定期消毒等。

(2) 车辆的检修功能

参考《现代有轨电车交通工程技术标准》,参照地铁车辆的部分修程参数,车辆基地一般应具备完成全线所有配属车辆的定临修及周月检任务。车辆的大、架修应结合城市整个线网规划以及各线建设时序等情况进行统筹布局；当车辆基地与车辆制造厂的距离在经济合理的范围内时，可以把车辆大、架修任务委托附近的车辆厂承担，车辆基地只考虑定临修及以下修程的任务。

（3）车辆的救援功能

现代有轨电车在运营过程中出现故障导致不能正常运行，除列车出轨、车辆破损等严重影响车辆行驶的情况外，一般情况下，可以使用邻近的现代有轨电车或者公铁两用牵引车救援，拖回车辆段后进行处理。

当车辆运营中发生出轨事故或供电中断，应迅速出动救援人员和设备进行复轨救援，将故障车辆迅速牵引至临近停车线或车辆基地，并排除线路故障，恢复行车秩序，或迅速恢复供电，保证现代有轨电车线路的正常运行。

（4）综合维修功能

综合维修是指全线线路、路基、轨道、桥梁、涵洞、房屋建筑和道路等设施的维修、保养，以及供电、通信、信号、机电设备和自动化设备的维修和检修工作。车辆基地综合维修功能具体包括以下几个方面：①承担全线房屋建筑、车站建筑、装修设施、轨道和道岔等设施的日常维修和养护；②承担全线的自动检票机等各种机电设备的维修、保养和小修作业；③承担全线通信、信号、防灾报警和信息等设备及其通信线路的维修、保养和小修作业；④承担全线供电系统包括变电所设备以及高中压电气线路的维修、养护和小修作业。

（5）材料供应功能

承担全线车辆段、综合维修中心及其他各部门运营和检修所需各种材料、机电设备、通信信号设备和自动化器材、备品备件、配件、劳保用品，以及其他非生产性固定资产的采购、储备、保管和供应工作。在建设期间，还可用于临时存放各类设备及建设物资。

（6）培训功能

根据需要负责组织和管理职工的技术教育和培训工作。

3. 车辆基地总图

车辆基地的总平面图主要依据车辆基地的功能和维修作业要求，通过合理确定现代有轨电车车辆基地规模，同时布局符合用地和功能要求的总体布置图。

（1）车辆基地的规模

车辆基地的规模主要取决于停车列检库和检修库两大部分的能力需求，再辅以其他生产、办公、生活配套设施。停车列检库和检修库的能力需求由线路初、近、远期不同年度的配属车数量（包括运用车、在修车和备用车）所决定。在满足功能需求的基础上，要合理控制车辆基地规模，优化布局，减小用地规模，尽量集约化利用土地,并实现网络资源共享,减少工程投资。

与车辆基地确定规模有关的基本参数如下:

① 运用车数量。运用车数量的计算公式:

$$N_y = 2 \times (L/V + T) \times N \tag{7-6}$$

式中:N_y——运用车总列数;

　　L——起点站至终点站站中心距离(km);

　　V——列车平均运行速度(km/h);

　　T——列车交路两端折返时间(h);

　　N——列车交路高峰小时开行对数(对/h)。

按系统能力计算所得运用车列数;N 值一般最大不超过 12(根据发车间隔对交叉口运行状态影响的案例分析,发车间隔不宜低于 5 min);

按客流计算所得运用车列数;N 值=高峰小时客流量/列车载客能力;

按系统能力计算得到的运用车列数,可以作为远景车辆基地用地最大规模控制的基本依据;而按客流需求和按最低服务水平计算得到的运用车列数取其大者,作为确定远期车辆基地实施规模的基本依据。

② 在修车数量。在修车数量的确定取决于检修周期和行车组织确定的全年车辆走行里程。

③ 备用车数量。备用车数量一般按运用车数量的 10% 考虑;线网中能资源共享时,每一条线(长度 15~35 km)按 1 列备用车购置。

④ 配属车数量=运用车数量+在修车数量+备用车数量。

⑤ 停车、列检列位数 = 配属车数—在修车数;停车、列检股道数=列位数/N(N 为每股道的列位数);列检列位数一般按停车、列检列位数的 50% 设置。

(2) 车辆基地总平面布置

现代有轨电车车辆基地的总平面布局需根据车辆基地的规模,线网中各设施的资源共享情况并结合用地条件综合考虑布置。

车辆基地总平面图是为了表达车场线及各建筑物(构筑物)之间的位置关系以及各种工艺管道、道路等配套设施、生活辅助设施的合理配置。总平面图的类型主要有贯通式、尽端式两种。

① 贯通式车辆基地。贯通式车辆基地车场线两端均设有咽喉区并与正线连接,使得车辆进出段作业,特别是双向收发车作业十分方便。

贯通式车辆基地总平面布置工艺流程顺畅,段内折返作业较少。通常,贯通式车辆基地列车出、入段与进行其他作业列车或调机交叉干扰较少,在采用 1 线2 列位或 3 列位时,车辆使用更灵活。但贯通式检修基地占地面积相对较大,段形较长。

②尽端式车辆基地。尽端式相对于贯通式而言,车辆基地车场线只有一端通过出入段线与正线连接。尽端式车辆基地总平面布置工艺流程也较顺畅。列车出、入段与进行其他作业的列车或调机交叉干扰较贯通式多。但尽端式车辆基地占地面积相对贯通式要小。由于地形等条件所限,目前已经建成和正在建设的车辆基地以尽端式布置居多。如南京河西现代有轨电车车辆基地、淮安现代有轨电车板闸车辆基地、苏州高新现代有轨电车1号线大阳山车辆基地均采用了尽端式布置型式。

贯通式车辆基地、尽端式车辆基地均能满足运营及生产作业的要求,贯通式与尽端式相比由于多设一端咽喉区使得车辆进出段更方便,但是占地面积相对较大。贯通式车辆基地与尽端式车辆基地的主要特点和适用范围如表7-13所示。

表7-13　贯通式车辆基地和尽端式车辆基地的特点比较

车辆基地的布置形式	优点	缺点
贯通式车辆基地	1. 可向两个方向同时收发车; 2. 两端列车出入段灵活、方便、迅速; 3. 段内作业顺畅,咽喉区交叉作业少	车辆段两端都布置咽喉区,占地较大、线路较长,铺轨工程量较大
尽端式车辆基地	车辆段只有一个咽喉区,在相同的停车条件下,占地面积小,线路短,铺轨工程量较小	1. 只能一个方向收发车; 2. 列车出入段灵活性较贯通式差; 3. 咽喉区交叉作业多

贯通式车辆基地一般适用于地块面积较大,有双向收发车需求的车辆基地;尽端式车辆基地一般用于地块使用受限的车辆基地。以上两种车辆基地总平面布置形式均能够满足使用要求,在规划设计时应依据情况灵活选用。

7.3　车辆选型与供电方式选择

7.3.1　车辆选型

现代有轨电车车辆是采用电力驱动并在轨道上行驶的轻型轨道交通工具,是城市公共交通系统中的中低运量车型,车辆走行方式主要以钢轮钢轨制式为主,具有载客运能较大、车辆外形美观、乘坐宽敞舒适、运营系统完善、使用寿命较长等特点,具有如下特征:

①车辆外形可实现定制化设计。车头、车身外观造型可根据城市特质、文化禀赋进行定制设计,能更好地与城市相融合。

②模块化编组。车辆采用多模块连接的编组形式,能够灵活适应不同需求的城市客流特征。

③ 采用低地板车型。车厢内地板为 100％ 或 70％ 低地板形式,空间宽敞,方便手推车或残障人上下车,融入了人性化设计理念。

④ 小曲线半径技术。车辆走行采用新型转向架技术,可适应 25 m 小曲线转弯半径,提高了对线路的适用性和灵活性。

⑤ 供电方式多样化。车辆可适应多种供电方式,接触网供电与无接触网供电可以灵活选择,对城市环境景观的适应性较好。

⑥ 弹性车轮的应用。车体与转向架之间安装了弹性车轮,降低了小直径车轮引起的高轮轨作用力,减小车体及部件的振动,有效提高了乘客舒适性、降低了运行噪音。

1. 车辆选型原则

车辆是现代有轨电车系统最重要的载体,车型的选择是有轨电车系统整体方案确定的关键因素之一,它不仅影响系统的运能,而且对工程造价、运营费用也有一定的影响。车辆选型一般应遵循以下原则:①满足运营需要,运输能力满足远期客流量要求;②技术成熟、先进、安全可靠;车辆乘坐舒适、便于使用、外型美观大方;③满足运行线路的技术条件,符合整个城市现代有轨电车线网的功能需求;④对周围环境无污染,噪声和振动影响小,符合"人文、绿色、科技"理念;⑤节约能源和轻量化设计;⑥维护方便、维修成本低。

2. 车型选择

低地板车辆类型可分为两种:70％ 低地板有轨电车、100％ 低地板有轨电车。

(1) 70％ 低地板现代有轨电车

70％ 低地板车辆列车端部采用传统的刚性转向架,并作为动力转向架,列车的中部通常使用不带动力的小轮径转向架。车辆的中部全部设置低地板面,各模块的低地板面相互贯通,而列车的端部为高地板面,低地板面占整个车辆地板面的比例为 70％。

(2) 100％ 低地板现代有轨电车

100％ 低地板车辆是指整个乘客区域内无台阶的低地板有轨电车。在 70％ 低地板有轨电车技术基础上,随着车辆结构形式及转向架技术的发展,通过对独立轮对转向架车轮横向、纵向耦合技术以及传统转向架牵引电机、制动盘、一二系悬挂布置安装技术的研究改进,从而实现了 100％ 低地板车辆的生产制造(地板面允许存在较小的斜坡,一般不大于 8％,局部不大于 12％)。

目前,70％ 低地板与 100％ 低地板现代有轨电车在国内外均在应用,100％ 低地板的国产化率略低于 70％ 低地板。随着转向架技术的发展,100％ 低地板车辆技术已经相对成熟。由于地板面均为同一平面,在运营中能更好地服务于老人、小孩、残障人士等特殊群体,相比较 70％ 低地板车型,更能适应大部分城市"宜居、宜游、宜业"的城市总体发展要求。同时,这两类车型外观流线型、科技感等,均能够很好地与现代城市形象相融合,因而是目前国内现代有轨电车发展的两类主流车型。

现代有轨电车地板降低的过程,实际上是低地板车辆转向架技术发展与更新的过程。从目前开通运营的现代有轨电车线路来看,有轴转向架、独立轮对转向架都已实现了100%低地板车辆技术需求。两者的特点为:

① 有轴转向架。传统有轴转向架技术成熟,曲线运动时具有自导向功能,直线运动时能够实现自动对中,有利于降低脱轨的危险。且有轴转向架避免采用复杂的耦合装置,结构简单,性能良好,车轮磨耗较小;缺点是转向架上部区域的地板面要比其他区域略高,连接处有一个很小的斜坡,而且为实现地板高度小于350 mm,还采用轮径小于600 mm的小型车轮。

② 独立轮对转向架。独立轮对转向架利用低位横轴将左右车轮横向耦合技术或取消横轴通过牵引电机将同侧车轮纵向耦合技术,实现全车低地板的贯通。车轮纵向耦合方式由于取消了轮对之间的横轴,在直线或曲线段运行时主要依靠轮缘导向,因此轮缘偏磨比较严重;其次,由于缺乏自动对中的能力,在车辆运行过程中会因轨道不平顺等原因而偏离轨道中心,进而增加了脱轨的危险。目前比较成熟的是西门子采用的轴桥式纵向耦合动力轮转向架,该转向架将牵引电机-齿轮装置纵向布置,使同一侧的前、后两个独立车轮纵向耦合在一起,同时采用低横轴连接左右车轮,利用这种结构实现了自对中和减少了横向摆动。

3. 车体铰接结构形式

为了便于曲线通过,车辆各模块通常采用铰接车体结构,铰接型式包括浮车铰接型、单车铰接型、转向架铰接型三种基本类型。

(1)浮车铰接型

浮车铰接型结构是100%低地板现代有轨电车的主流结构形式。由于悬浮车底部没有转向架,减少了转向架数量,因此可以降低制造成本;其次,悬浮车内部消除了由车轮引起的凸出部位,使得车内拥有更有效的内部空间,可横向布置座椅,为乘客提供了更多的座位。

(2)单车铰接型

100%低地板现代有轨电车单车铰接结构形式,即每个模块车辆下都有一个转向架。

(3)转向架铰接型

转向架铰接型结构是通过铰接型转向架将两相邻车体连接在一起,转向架位于两相邻车体之间,从而也减少了转向架数量,降低了车辆制造成本。

7.3.2　供电方式选择

供电方式作为车辆动力的来源,需要根据现代有轨电车系统的车辆、限界、技术经济性及景观等多方面因素进行综合比较后确定。为适应现代城市发展的需要,无接触网制式也正在成为现代有轨电车供电制式发展的新方向,目前国内外现代有轨电车车辆的供电制式主要为无接触网和有接触网两类。

图 7-13　国内外现代有轨电车车辆供电制式分类

1. 接触网制式

车辆通过车顶设置的受电弓从架空接触网取得电能,通常采用的供电电压为直流 750 V。其特点为:车辆通过全区间受电弓可以有持续、稳定的电能保障,且能更好地适应各种线路坡度条件的行驶要求。该方式需要全线布设接触网,对沿线景观会有一定影响。

2. 无接触网制式

目前,应用于现代有轨电车系统的无接触网供电技术主要可分为两类:一是采用分段地面供电;二是采用车载储能装置供电。下面对这两类技术进行详细介绍:

(1)分段地面供电

分段地面供电技术需要铺设特殊的轨道和车载受流装置,实现供电系统可持续供电,通常也称为第三轨供电系统。

① APS 系统。APS 系统是无接触网供电技术在商业化运营中首次得到应用的技术。

APS 系统由深埋于地下的多个电源箱、车载集电靴、天线及开关柜等组成。

其工作原理为将普通地铁第三轨分成若干相互绝缘的导电轨,采用地面电源供电,整条接触轨分为若干绝缘段和导体段,当导体段天线检测环线感应到车载天线信号时,嵌入式电源箱对相应的导体段供电;嵌入式电源箱仅对集电靴所在的导体段供电,当集电靴驶离该导体段,电源箱立刻切断该导体段的电源。现代有轨电车属于路面交通,且部分地段与行人共享路权,APS 系统供电保证了车体以外空间的导电轨不带电,从而确保了供电的安全性。

③ 电磁吸附式 Tramwave 技术。意大利安萨尔多公司的 Tramwave 技术是从其运用于公交车的 Stream 系统转化而来。意大利人从 1994 年开始研发 Stream 系统,1998 年在意大利的里雅斯特得到了商业运营。

该系统由车载受流器与埋于轨道中的供电装置构成,二者通过磁力相互作用,使得车辆通过某段轨道时,该轨道与电源正极导通,车驶离该处轨道时,轨道与安全负极导通,保证无车时的供电安全。

③ 无线感应供电 Primove 技术。Primove 技术采用无线感应供电方式,在轨道中分段铺设逆变器,将轨道供电电缆 750 V 的直流电逆变为 400 V/20 Hz 的交流电,轨道中铺设的初级感应线圈通过不超过 70 mm 的气隙在次级线圈感应出约 400 V 的交流,再将交流电转换为 600 V 的直流电,供给牵引系统。尽管无线传输的效率能做到 90% 以上,但由于能量经过了 DC/AC、交流感应、AC/DC 等多个环节,因此其系统效率较一般牵引系统略低,整个系统的效率约为 50%～60% 左右。

(2) 车载储能装置供电系统

目前,在现代有轨电车中使用最广泛的车载储能供电方式包括超级电容和蓄电池供电。

① 超级电容供电。超级电容供电的原理是在车站设置超级电容充电设备,区间采用车载超级电容供电,单次充电最大运行距离 3～5 km 左右,其特点是利用停站时间进行充电,电容充放电时间快、功率密度大、使用寿命长。

② 蓄电池供电。蓄电池供电的原理是在部分车站设置电池充电设备,按照浅充浅放的方式利用列车进站停站时间进行快速补电。目前电池储存电量约 80～120 kW/h,单次充电最大运行距离约 10 km,其特点是利用停站时间充电,运行途中无接触网,电池重量轻,体积小。

超级电容、蓄电池供电方式对比见表 7-14。

表 7-14 超级电容与蓄电池技术性能比较

性能指标	超级电容	动力电池
能量转换	电能	化学能(钛酸锂)——电能

内部反应	极化电解质的物理反应	氧化还原化学反应
过程可逆性	充放电过程可逆	充放电过程可逆，能量转换有损耗
使用损耗	使用不当造成电解液泄漏	化学介质活性的降低 负极材料钝化使得容量衰减
内部阻抗	低阻抗，根据耐压要求可调	充电时内阻下降，放电时内阻上升
受温度影响	很小的活性极化；工作范围：$-40℃～+70℃$	明显的活性极化温度关系； 工作范围：$-25℃～+45℃$
充放电速度	快，10 s快速补充电、30 s内单次满充电	慢，利用站停时间补充电
储能密度(Wh/kg)	低，为蓄电池的十分之一，3～15 W·h/kg	高，20～200 W·h/kg
总重量、体积	大，占用空间大	小，占用空间小
最高速度	70 km/h	70 km/h
寿命(深度充放电)	100 万次	2 000 次左右
能量回收	90%	60%
维护	维护少	需要日常维护及检测
工程应用	淮安、广州海珠环岛现代有轨电车	南京河西新城现代有轨电车

综上所述，超级电容与动力蓄电池两类供电方式各具优势与不足，均能很好地适应无接触网条件下现代有轨电车的动力需求，且目前在国内已运营的有轨电车项目中应用良好。超级电容的主要优点为充电快、维护少；缺点为储能密度低、总重量及体积较大、单次充电运行距离较短。动力蓄电池主要优点为储能密度高、总重量及体积较小、单次充电运行距离较长；缺点为充电慢、维护相对较多。

7.4　控制系统设计

现代有轨电车控制系统主要由通信系统、信号系统等构成。其中，通信系统是现代有轨电车运营指挥、服务乘客的网络平台，是现代有轨电车正常运转的"神经系统"，可为列车运行的快捷、安全、准点提供基本保障；信号系统是指挥现代有轨电车行车、保证列车运行安全、提高运输效率、传递交通信息的重要设施。

7.4.1 通信系统设计

现代有轨电车通信系统一般由传输系统、无线通信系统、公务专用电话系统、闭路电视监控系统、广播系统、时钟系统、乘客信息显示系统和电源及接地系统等主要子系统组成(包括但不限于),子系统构成如图 7-14 所示。

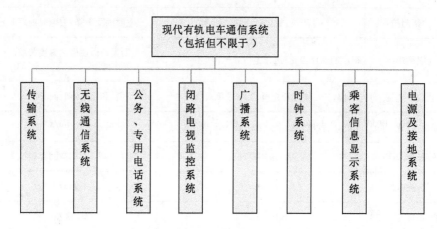

图 7-14 通信子系统构成

1. 传输系统设计

传输系统是现代有轨电车工程通信系统中的主要子系统,为通信系统的各子系统以及变电所电力监控(SCADA)、售检票等专业提供可靠的、冗余的、灵活的及可重构的数据通道。该系统必须迅速、准确、可靠地传送现代有轨电车运营、管理所需的各种信息,这些信息包括语音、数据及图像信息等。

传输系统的主要功能包括:

① 满足各子系统传输容量的要求,提供所需的业务接口。

② 光传输系统从逻辑上提供保护通道,并利用区间中的两条光缆,从物理上构成自愈环,以确保传输系统的可靠性。

③ 可为通信网中的各节点提供点对点直通式、一点对多点共用式及总线式等信道形式。

现代有轨电车的通信传输网是一种可以传输语音、视频、文本等各种类型信息的综合业务通信网,其中主要包括以下信息:专用电话,无线通信,广播系统,视频监控系统,电力监控,自动售检票,机电设备监控以及其他运营管理数据。因此,一般在设计过程中着重对传输网络进行方案比选,以确保整个通信系统安全可靠、成熟且经济合理。当前,国内外现代有轨电车的传输网络主要有 MSTP(多业务传输平台)、工业以太网和 OTN(开放式传输网)3 种技术,下面对其进行分析比较。

(1) MSTP 组网方式

MSTP 组网基于 SDH 技术(如图 7-15 所示),同时可以实现 TDM、ATM、以太网等业务的接入、处理和传送功能。针对 SDH 传输技术的不足,MSTP 增加了以太帧和 ATM 信源的承载能力和交换能力,实现同一平台网络节点和技术的融合。在 MSTP 传送技术中,POS 技术可为 IP 互连提供更可靠、更高效的通道连接;ATM 技术可实现基于 ATM 的 DSLAM 共享汇聚;PDH、SDH 接入功能可高效处理大量的 TDM 业务;高速以太网互联技术可实现各种数据设备之间的可靠连接。随着数据业务的开展,MSTP 技术在发挥传送功能方面继承了 SDH 稳定、可靠的特性,并融合了数据网灵活、多样的业务处理能力,已大量应用于专线、以太网接入、DDN 专线等业务的接入,在多业务传输方面发挥着越来越重要的作用。但由于 MSTP 本质上还是 TDM 技术,在数据传送能力方面不如纯 IP 网络。

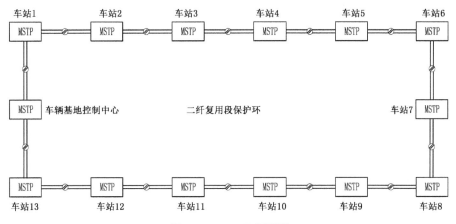

图 7-15　MSTP 组网图

(2) OTN 组网方式

OTN 是德国西门子公司专门为中小型、封闭式局域网而研发设计的专用通信网,OTN 技术基于 TDM 传输制式(如图 7-16 所示),采用时分复用的方式,属于同步传输体系,但是帧结构、速率与 SDH 不同,设备简单,网络可靠,可组成星形、环形等多种网络拓扑结构,在国内的一些地铁通信传输网中都有可靠的应用。但是 OTN 没有相关的国际标准支持,因此在互联操作性上无法得到保证,用户对产品的选择存在一定的局限性。

(3) 工业以太网组网方式

以太网根据应用场合可分为商业以太网和工业以太网,一般应用于工业控制

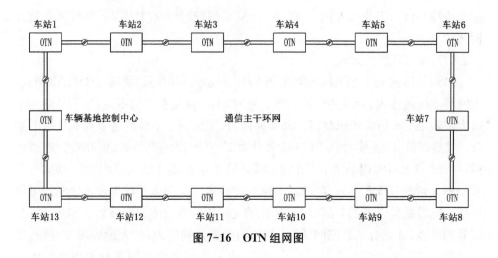

图 7-16　OTN 组网图

系统中的以太网技术称为工业以太网(如图 7-17 所示),其对介质的访问控制采用了载波监听多路访问/冲突检测协议即 CSMA/CD,CSMA/CD 的优势在于站点无须依靠中心控制就能进行数据发送,但是存在着响应时间不确定的弊端,这与现代有轨电车传输实时性的要求相背离。随着以太网带宽的增加和网络交换技术的发展和应用,可以大大缓解以太网介质访问机制固有的不确定性,从而为其应用于工业现场控制清除了主要障碍。

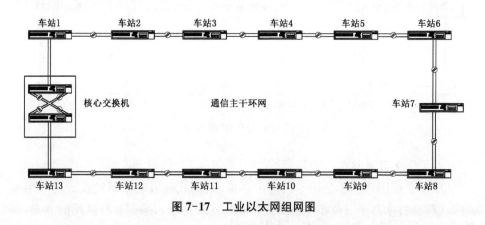

图 7-17　工业以太网组网图

　　MSTP 具有承载传统 TDM 业务和数据业务的综合能力,但承载数据业务的能力一般。OTN 在功能实现方面很适合现代有轨电车通信系统组网,但由于其技术的垄断性,系统扩展困难且价格较高,难以满足现代有轨电车通信网对国产化的要求。特别是在建设现代有轨电车首期工程时,通常要给后期其他线路留有接口,对传输网络的扩展性就有了更高的要求,因而 OTN 在现代有轨电车的传输网络中竞争力不足。工业以太网组网技术成熟,标准化、国产化程度高,成本低,易扩展,协议简单,网络结构简单,但是对网络流量控制及管理能力较差,传输实时性较弱。

2. 无线通信系统设计

无线通信系统为保证行车安全、提高运营效率和管理水平、改善服务质量、应对突发事件提供了重要保障。无线通信系统为现代有轨电车的固定用户(控制中心、车辆段调度员等)与移动用户(列车司机、防灾和维修等移动人员)之间的语音和数据信息交换提供了可靠的通信手段。

现代有轨电车无线通信系统功能需求应满足:

(1) 中心行车调度员与在线列车司机之间的通话。

(2) 中心/场/车站值班员与列车司机之间的通话。

(3) 中心维修值班员与移动维修作业人员之间,以及与移动维修作业人员之间的通话。

(4) 公务电话用户与无线用户之间的通话。

(5) 单呼、组呼、通播组呼叫和紧急呼叫等通话功能。

现代有轨电车主要数字集群技术主要有 TETRA,WLAN,TD-LTE,McWill 等方式,常用无线通信系统可分为租用和自建两种,表 7-15 及表 7-16 分别从无线通信技术层面与方案选择方面进行了比较。

表 7-15　现代有轨电车主要数字集群技术比较

技术对比	TETRA	WLAN	TD-LTE	McWill
频段	800 M	2.4 G/7.8 G	1.4 G/1.8 G	1.8 G
频谱利用率	3 bits/s/Hz	3 bits/s/Hz	5 bits/s/Hz	3 bits/s/Hz
系统使用带宽	25 kHz	22 M	5 M/10 M/20 M	5 M
上行峰值	28.8 kb/s	10~30 Mb/s	50 Mb/s	5 Mb/s
移动性	<300 km/h	<80 km/h	<350 km/h	120 km/h
QoS	/	一般	9 级	3 级
产业链成熟度	较高	高	高	低
集群通信	支持	不支持	支持	支持

注:所列无线通信技术在国内外在建及已建成现代有轨电车中均有应用。

已建成的南京河西新城现代有轨电车采用的是租用运营商 3G 无线网络的方式,已建成的淮安现代有轨电车采用的是租用政务网的无线网络构架方式。自建网中 TETRA 的使用频率也较高,随着无线技术发展,近年来越来越多的现代有轨电车也开始选择采用自建 LTE 的无线网络构架方式。现代有轨电车无线系统方案比选如表 7-16 所示。

表 7-16　现代有轨电车无线系统方案比选

方案	租用		自建		
	租用运营商	租用政务网	自建 LTE	McWill	TETRA＋WLAN
业务传输能力	较高	较高	高	高	较高
可靠性	较低	较低	较高	较高	较高
频率申请	不需要	不需要	需要	需要	需要
运营成本	较高	高	低	低	较低
维护	较复杂	复杂	较易	较易	复杂
建设成本	低	较低	较高	较高	高

3. 其他系统

除传输系统和无线通信系统外,现代有轨电车通信系统还包括公务专用电话系统、闭路电视监视系统、广播系统、时钟系统、乘客信息系统和电源及接地系统。

（1）公务专用电话系统

公务专用电话系统是现代有轨电车工作人员与内部及外部进行公务联络的工具,同时又是为控制中心各调度员、值班员以及运营管理等的工作人员等组织指挥行车和运营、管理、维护以及确保行车安全而设置的专用调度设备。公务专用电话系统构成如图 7-18 所示。

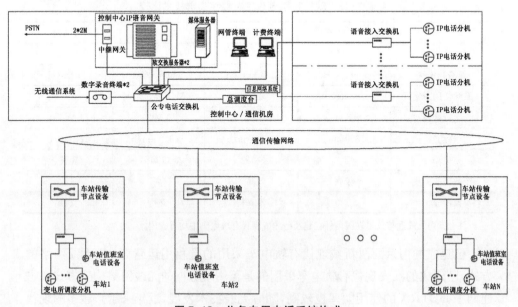

图 7-18　公务专用电话系统构成

根据公务专用电话系统的功能需求,目前常用的电话交换技术主要有两种:电路交换技术和软交换技术。其中,软交换技术是网络演进以及下一代分组网络的核心设备之一,系统独立于传输网络,主要完成呼叫控制、资源分配、协议处理、路由、认证、计费等功能,可以向用户提供现有电路交换机所能提供的所有业务,并向第三方提供可编程能力,是下一代网络(NGN)的核心技术。基本思路是将业务/控制与传送/接入分离,其核心是硬件软件化,通过软件的方式来实现电路交换机的控制、接续和业务处理等功能,各实体之间通过标准的协议进行连接和通信。两种交换系统比较如表 7-17 所示。

表 7-17　软交换系统与程控交换系统对比

对比项目	软交换系统	程控交换系统(电路交换)
技术特点	基于分组网络的交换技术,呼叫控制功能与媒体处理功能相分离,并能通过纯软件实现	利用电子计算机技术,用预先编好的程序来控制电话的接续工作
可靠性	产品较为成熟,可靠性高	产品成熟,可靠性高
适用范围	适合集中或分散模式,组网方式灵活	适合集中型的模式
组网特点	组网灵活,可按需配置功能模块,工程实施方便,设备体积小,耗电量小	组网模式相对固定
与支撑网络的接口	利用传输系统以太网接口	利用传输系统 E1 接口
性价比	较高	中等

(2)闭路电视监视系统

闭路电视监视系统是现代有轨电车维护和保证运营安全的重要子系统,它能够将车站的客流情况、安全信息以图像的形式提供给调度员,为调度员、列车司机等提供有关列车运行、防灾救灾、乘客疏导以及社会治安等方面的视觉信息,是提高现代有轨电车运营能力、保障客运安全的强有力工具。

目前,适用于现代有轨电车的视频监控技术有模拟摄像机全数字编码和全数字高清两种方案。视频监视技术比较如表 7-18 所示。

表 7-18　视频监视技术比较

比较项目	模拟摄像机全数字编码	全数字高清方案
建设投资	较高	高
技术先进性	较先进,易实现视频的相关应用功能	先进
系统组成	简单	简单
图像编解码	需要	需要
灵活性、扩展性	好	好
图像质量	清晰	最清晰
在轨道交通中的应用	多	少,已进入新线建设
是否符合未来发展方向	逐步淘汰	主流方案

（3）广播系统

广播系统是通信系统中的一个专用子系统，在现代有轨电车行车组织、客运服务、防灾救险、设备维护等方面具有十分重要的作用。

广播系统由中心广播设备和分区广播设备组成。行车和防灾广播可合并设置，但必须符合国家防灾相关规范要求。控制中心广播控制台建议可对全线选站、选路广播。

广播系统常用技术主要有三种：传统模拟广播系统、数模结合的广播系统以及全数字广播系统，表7-19针对三种常用技术进行了比较。

表7-19　常用广播系统技术比较

比较项目	传统的模拟广播系统	数模结合的广播系统	全数字广播系统
语音处理方式	全模拟	输入、输出放大均为模拟信号	全数字（除扬声器）
数据传输方式	语音和数据分路传输，广播语音信道一般为总线式15 kHZ，控制信道一般为RS422/485等低速数据信道	语音和控制信号采用IP传输	语音和控制信号采用IP传输
功率配置方式	集中设置于机房内	集中设置于机房内	功率分散到现场
机房到扬声器电缆	广播电缆	广播电缆	广播电缆
广播功能	支持组播、分区广播、平行广播	支持组播、分区广播、平行广播	支持组播、分区广播、平行广播
技术先进性	传统	先进	先进
可扩展性	一般	好	好
在轨道交通中的运用	较多	多	较少
投资	低	低	高

（4）时钟系统

时钟系统的主要作用是为控制中心调度员、车辆段、停车场及车站等各部门工作人员及乘客提供统一的标准时间信息，同时还为本工程其他系统的中心设备提供统一的时间信号，使各系统的设备与本系统同步，从而实现全线统一的时间标准。时钟系统的设置，对保证现代有轨电车运行计时准确、提高运营效率起到了非常重要的作用。

时钟系统一般构成包括：一级母钟、二级母钟、子钟及网络管理设备。时钟系统构成如图7-19所示。

（5）乘客信息系统（PIS系统）

乘客信息系统（PIS系统）是一个计算机网络和多媒体技术的综合信息服务

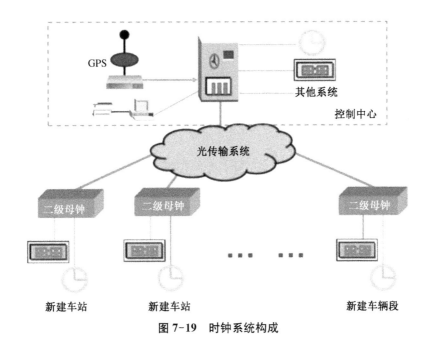

图 7-19 时钟系统构成

系统。乘客信息服务设备为在站台上候车的乘客提供上、下行的候车服务信息，包括静态的现代有轨电车线路信息、动态的车辆运行状态信息、其他一些标志标识信息和换乘信息等，发布的信息包括运营信息、公共信息、公益信息等。其中，运营信息包括首末班车时间、动态显示最近到达车辆距离和所在位置、预计到达当前站的时间，以及动态显示道路阻塞等异常信息、车辆停车信息、交通换乘信息等；公共信息包括日期与时间、票价、气象预报、文字新闻等。

（6）电源及接地系统

通信电源系统是保障整个通信网络正常运行的关键，一旦某节点通信电源发生故障，必将造成该点通信系统的中断，从而影响行车。因此，通信电源系统不但要求外供交流电源的可靠性，而且要求通信电源供给系统也必须非常稳定可靠。当外供交流电源停电时，能够自动启动通信电源蓄电池，为通信系统提供不间断电源(UPS)。

7.4.2 信号系统设计

为便于车辆专线运行、提高运行效率、减轻司机劳动强度，正线道岔区段应设置由司机通过车载设备遥控道岔转换的道岔自动控制系统。为保证运行效率，现代有轨电车应采用适合的交叉口信号优先控制系统，保证车辆在非繁忙道路交叉口顺利通行。在车辆段应设置信号联锁系统，并配备信号微机监测设备，保证段内调车作业及出入段作业的安全。

现代有轨电车信号系统应具有很高的安全性,其设备应严格遵守 EN50126、EN50128、EN50129、EN50159 等规范和标准,对其中涉及行车安全的设备必须满足故障-安全原则,且安全完整性等级 SIL 应达到 4 级或由相关国家权威部门出具等级相当的认证报告,以证明其符合或兼容安全完整性等级 SIL4 级的要求,整个信号系统安全失效率指标应满足 $10-8/h \sim 10-9/h$(h 为行车小时)。各子系统应符合表 7-20 中的要求。

表 7-20　信号系统各子系统的安全性

子系统	安全完整性等级
正线道岔控制子系统	SIL3 级
平交路口信号控制子系统	SIL2 级
车辆段计算机联锁子系统	SIL4 级
列车检测装置(计轴)	SIL4 级

信号系统主要包含:运营调度管理子系统、正线道岔控制子系统、平面交叉口信号优先控制子系统及车辆段联锁子系统等。现代有轨电车信号系统构成如图 7-20 所示。

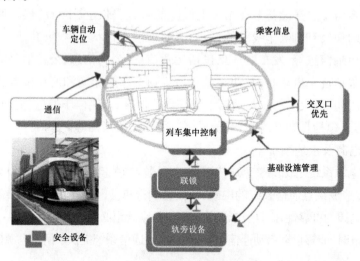

图 7-20　现代有轨电车信号系统

1. 运营调度管理系统

现代有轨电车运营调度管理系统是对现代有轨电车运行进行管理、指挥、控制和监控的综合型管理与控制一体化系统,对现代有轨电车进行智能化、综合化和集成化管理,保证行车的管理水平和运行安全。

运营调度管理系统设备主要由中央控制室设备、中心机房设备和车载设备等组成。

（1）中央控制室（调度大厅）设备主要包括综合显示屏（通信系统提供）、交换机、调度员工作站、时刻表编辑工作站、运营调度终端、维修工作站和打印机等。

（2）机房设备包含应用服务器、数据库服务器、通信前置机、以太网交换机等，为保证系统的可靠性和稳定性，上述主要硬件设备均为主/副双套热备方式，可自动切换或人工切换。

（3）车载设备由调度主机、显示单元、GPS/BD天线、正线无线通信接收设备等组成。运营调度管理系统构成如图7-21所示。

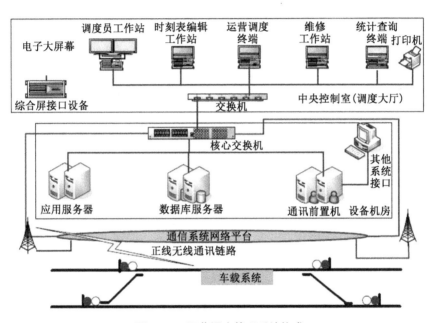

图 7-21　运营调度管理系统构成

2. 正线道岔控制系统

正线道岔控制系统由动作系统、通信系统、道岔冗余检测系统及运行控制系统组成。其中运行控制系统是其他系统之间联系的纽带，实现对道岔动作运行指挥控制及安全防护功能。

传统地铁和轻轨正线信号系统具备联锁、闭塞方式防护及超速防护等几项核心功能。现代有轨电车与传统地铁或轻轨相比，具有与地面其他交通方式交叉、运输能力较小、正线站间距短、运行速度较低、运行间隔较大、制动距离短等特点，一般采用类似于公交的人工驾驶列车的模式和灵活的运营组织方式。有轨电车正线运营需求如下：

(1) 无安全间隔控制需求

不适合 ATP/ATO(列车自动防护系统/列车自动运行系统)。现代有轨电车线路不完全封闭,在道路交叉口需要与社会车辆共享路权,易受地面交通状况的影响,因此传统的 ATP 不适合现代有轨电车需求。

(2) 无超速防护需求

现代有轨电车的运行由于受地面交通状况的影响,运行速度低、制动距离短、运营组织灵活。因此,可采用与公交类似的驾驶方式,由司机在目视范围内人工驾驶车辆,根据列车速度,判断并保持与前车的距离,并能将列车在人可反应和控制的时间内制动。

(3) 需保证列车通过道岔时的安全

现代有轨电车在其专用线路独立运营,但在岔路线分叉处设有道岔,当现代有轨电车接近时需对道岔进行可靠控制,给出相应的信号指示,确保列车在通过道岔后,道岔才准许解锁。正线道岔控制系统如图 7-22 所示。

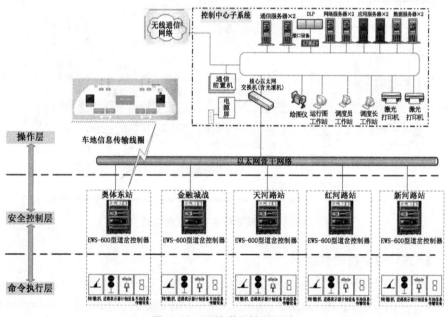

图 7-22 正线道岔控制系统

3. 交叉口信号控制系统

现代有轨电车是一种新型的快速常规公交系统,在运行时通常享有专用的路权,但与社会车辆会产生平面交叉,因此现代有轨电车在通过平面交叉口时也会受到平面交叉口信号灯的控制。

现代有轨电车在城市道路交叉口与社会车辆共享路权,为保证列车安全、有

序通过交叉口,需建立交叉口信号控制子系统,其主要功能如下:

(1) 控制调度中心实时监控各有轨电车车辆的运行状况;

(2) 对现代有轨电车车辆进行倾斜性的信号分配,提高车辆在交叉口的通行效率,确保其优先通行权;

(3) 保证现代有轨电车与社会车辆有序运行,保障线路运营的安全和通畅。

交叉口信号系统与正线调度系统共用车载设备。信号优先轨旁设备由路口检测设备(通信环路 LOOP 等)、现代有轨电车专用信号机、平交路口控制单元等组成。

交叉口信号控制系统提供平面交叉口信号控制单元、信号灯、检测设备,社会交通信号灯控制系统由当地交警部门提供。平面交叉口信号灯的典型布置如图 7-23 所示。图中仅列出了现代有轨电车轨道位于路侧直线运行的情况,其他情况下的设备布置类似,主要区别是各种类型信号灯要根据实际道路状态调整不同相位。

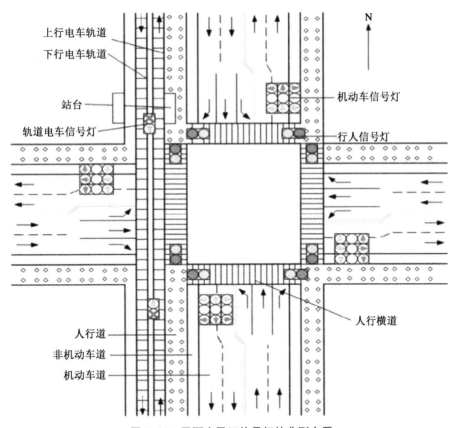

图 7-23　平面交叉口信号灯的典型布置

目前交叉口信号灯控制有定时信号控制和感应信号控制两种方式。

定时信号控制方式是在交叉口信号固定配时的基础上,在每个信号周期内增加有轨电车专用相位,且在相位时间分布上,对其进行适当倾斜,从而达到优先控制的目的。

感应信号控制方式是在交叉口附近探测到有轨电车到来时,在现代有轨电车方向上延长绿灯时间或激发绿灯,以保证其优先通过。感应信号控制方式作为交叉口信号优先方式,可更好地适应交叉口复杂多变的情况,更好地提供信号优先控制。

(1) 现代有轨电车信号优先控制策略

目前交叉口信号优先方式有"区域控制"和"集中控制"两种方式。区域控制方式由于信号优先的交互仅处于区域范围内,信号优先判定过程中基本不存在信息传输延时问题。车辆位置信息无须频繁上传,信息传输成本相对较低。在车载定位设备基础之上,如加之通讯和管理功能,则可形成完善的车载系统。集中控制方式相对区域控制,GPS 传输信息量过大。定位信息的传输存在延时,定位精度不高,特别是在车辆高速运行的情况下,影响信号优先信号的实时性和连续性等。优先方式选择时,可根据当地道路交通情况,结合城市交通组织方案,合理选择平面交叉口信号优先方式。

(2) 现代有轨电车信号分配方式

信号优先控制是通过对交叉口交通信号控制策略的优化设计,对现代有轨电车车辆进行倾斜性的信号分配,提高车辆在交叉口的通行效率,确保车辆的优先通行权。

现代有轨电车通过平面交叉口前,信号优先系统先采集有轨电车位置。主要采集方式有 GPS/BD(全球定位系统/北斗卫星导航系统)和检测器(环形线圈)。

车辆通过与安装在线路中的车辆检测设备相连的交叉口信号控制箱和道口设备交通信号控制箱进行通信。在接近道口区域,车辆发送优先请求,道口社会交通信号控制箱依据实际交通情况确定是否给予现代有轨电车信号优先。针对优先请求,具有"绿灯延长""红灯缩短""插入相位"等 3 种优先方式。

4. 车辆段联锁系统

现代有轨电车车辆段联锁系统是保证车辆段内接发列车作业安全,提高接发车能力的一种信号设备。可以实现进路建立、锁闭、解锁,道岔单操、单锁、单封,进路监督,故障诊断,与正线接口等功能。

车辆段联锁设备能对车辆段内的调车作业进行集中控制,是保证车辆段内调车作业及车辆出入段作业的安全,实现车辆段内进路上的道岔、信号机和轨道区段之间的正确联锁的安全设备。

现代有轨电车车辆段联锁系统室内设备主要包括车辆段/停车场联锁设备、列车占用检测设备、微机监测车站设备、维修设备、操作终端、工作站和电源设备等。

室外设备主要包括信号机、列车占用检测设备、道岔转辙设备等。

7.5　案例分析

湘江新区是全国第十二个、中部地区首个国家级新区,地处长沙市湘江西岸,属长株潭城市群北核功能区。中运量公共交通系统规划提出将有轨电车作为主要制式,覆盖湘江新区组团之间以及组团内部中等运量层级城市客流走廊,填补大运量城市轨道交通和低运能常规公交之间空白。线网共由 8 条线路组成,线路总长约为 129 km。其中 T2 线是连接梅溪湖片区、高新区和长沙西站的南北向骨干线。

1. 线路概况

湖南湘江新区现代有轨电车 T2 线起于地铁 2 号线文化艺术中心站,终于长沙西站。线路全长约 13 km,设 16 座车站,衔接了地铁 2 号线、6 号线和 10 号线。作为地铁的延伸与补充,承担片区主要客流走廊功能,串联了梅溪湖片区、高新区和长沙西站枢纽。

建设现代有轨电车 T2 线,是落实新区"三区一高地"战略定位,加快战略性新兴产业发展、促进产城融合、实现南北快速联系的有力支撑的需要;是新区响应公交都市建设、优化公交结构体系、实现公交系统转型的需要;是新区构建"两型"社会、打造新区名片、实现生态文明建设的需要。

线路沿 A6 路路中向北走行,穿梅溪湖路后跨越龙王港河,沿临水路、麓谷大道的路中向北走行,穿岳麓西大道后沿望青路路中向北走行,至青山路折向西沿路中向西走行,至雷高路折向北沿路中往北走行。根据沿线开发情况,由于青山路沿线及黄金西路沿线尚未开发,T2 线拟采用分期实施方案,一期工程为文化艺术中心站至东方红路站,线路长度约 6.9 km,设站 11 座,为了匹配工程分期实施方案需在首期工程沿线另设一处停车场,承担 T2 线首期工程列车停放、检修及临时办公;二期工程为东方红路站至长沙西站,线路长度约 6.1 km,设站 5 座。

2. 线路设计

（1）主要技术标准

① 正线采用双线右侧行车制,轨距 1 435 mm,最高行车速度为 70 km/h。

② 采用有轨电车,站台有效长度为 36 m。

③ 线路平面设计技术标准:

A. 最小曲线半径:正线一般情况 150 m,困难情况 50 m;辅助线一般情况 100 m,困难情况 30 m。

B. 线路正线曲线半径 $R < 2\,000$ m 时,圆曲线与直线间应根据圆曲线半径及行车速度参考《地铁设计规范》(GB 50157—2003)规定设置缓和曲线。当正线曲线半径 $R \geqslant 2\,000$ m 时,可不设缓和曲线,但其超高顺坡应在直线段完成。

C. 道岔附带曲线可不设缓和曲线,但其半径不得小于道岔导曲线半径。

D. 正线及辅助线的圆曲线最小长度不宜小于 15 m。正线及辅助线上相邻曲线间的夹直线长度不应小于 15 m。

E. 车站站台段线路一般应设在直线上,困难情况下必须设在曲线上时,其半径不得小于 300 m。

F. 正线及辅助线上采用 6 号曲尖轨道岔。道岔应设在直线上,并尽量靠近车站,但道岔基本轨端部距曲线端部的距离不应小于 5 m,至车站站台端部的距离亦不小于 5 m。

③ 线路最小线间距

A. 地面线、高架线:采用无接触网供电方式,线间距最小为 3.6 m,预留接触网供电的条件。

B. 单渡线:6 号道岔最小线间距为 3.6 m。

C. 交叉渡线:6 号道岔的交叉渡线最小线间距为 4.5 m。

④ 线路纵断面设计技术标准

A. 线路区间正线最大坡度不大于 50‰,困难条件下为 60‰;以上均不考虑平面曲线对坡度折减值。

B. 区间线路最小坡度的设置应因地制宜,确保排水的需要,隧道坡度不宜小于 3‰。

C. 车站站台段线路应设计为单一坡度,地面线宜与周边道路坡度相一致,宜设在不大于 20‰的坡道上。

D. 道岔宜设在不大于 5‰的坡道上,困难地段可设在不大于 10‰的坡道上。

E. 折返线或存车线应布置在面向车挡的下坡道上,地下线其坡度值宜为 2‰,地面线与高架线其坡度值不宜大于 1.5‰。

F. 两相邻坡段的坡度代数差等于或大于 2‰时,应设竖曲线连接,竖曲线的半径应符合表 7-21 的规定。

表 7-21　竖曲线半径　　　　　　　　　　　　　　　　　　　单位:m

线别		一般情况	困难情况
正线	区间	3 000	2 000
	车站端部	2 000	1 000

G. 线路纵向坡段长度不宜小于远期列车计算长度,并应满足相邻竖曲线间的夹直线长度的要求,其夹直线长度不宜小于 50 m。

H. 车站站台和道岔范围不得设置竖曲线,竖曲线离开道岔端部的距离不应小于 5 m。

I. 高架桥桥下净空要求为:跨越城市主干道:5.5 m;跨越一般道路:4.5~5 m。

(2) 局部线路方案比选

结合沿线用地情况及路网布局,线路对由文化艺术中心至青山路段进行了南北向局部线路走向比选,对由麓谷大道至望雷大道段进行了东西向局部线路走向比选。

结合沿线路网,文化艺术中心至岳麓大道段选取路了麓谷大道、麓云路、东方红路、麓枫路四个方案进行比选。

图 7-24　南北向局部线路方案比选示意图

表 7-22　南北向局部线路方案比较

项目	方案一 麓谷大道方案	方案二 麓云路方案	方案三 东方红路方案	方案四 麓枫路方案
线路长度 (km)	13.7	14.8	15.5	14.5
敷设 条件	双向六车道加非机动车道,人行道,局部中分带宽8 m	双向六车道加非机动车道,人行道,局部中分带宽5 m	双向八车道加非机动车道	双向六车道加侧分带
优点	1. 线路建设长度短; 2. 引导高新区的发展。	1. 与地铁2号线、6号线距离适中,覆盖客流不重叠。	1. 沿线用地以商业、居住用地为主,潜在客流量大。	1. 沿线居住区密集,并分布医院、学校,客流量大。

项目	方案一 麓谷大道方案	方案二 麓云路方案	方案三 东方红路方案	方案四 麓枫路方案
缺点	1. 麓谷大道沿线用地以工业用地为主,客流较小。	1. 沿线近期客流较小; 2. 对高新区北部带动作用较弱。	1. 对高新区北部带动作用较弱; 2. 与地铁 6 号服务范围重叠。	1. 麓枫路道路红线26 m,建设条件较差; 2. 岳麓西大道无既有通道,需新建下穿或高架通道。
推荐	推荐			

综上所述,方案一建设规模较小,且可带动湘江新区高新区的发展,线路顺直,线路敷设后不降低道路通行能力,且沿线居住密集,客流量大,建议线路沿麓谷大道走行。

3. 车站及车辆段的规划与设计

结合站台形式类型及沿线道路情况,现代有轨电车 T2 线沿线共设置站点 16 处,平均站间距约 866 m。经过现场勘查,结合沿线用地现状与地形、地貌情况,确定车辆段选址于青山路以北、雷高路以西地块内,紧邻地铁 11 号线车辆段。

车站表如表 7-23 所示。

表 7-23　湘江新区现代有轨电车 T2 线车站

序号	车站名称	位置	中心里程	站间距	车站形式
1	文化艺术中心站	梅溪湖路与 A6 路交叉口	AK0+155		岛式
2	映日路站	映日路与临水路	AK0+745	590	对称侧式
3	枫林三路站	麓谷大道与枫林三路交叉口	AK1+245	500	对称侧式
4	文轩路站	文轩路与麓谷大道交叉口	AK2+130	885	错开侧式
5	桐梓坡路站	桐梓坡路与麓谷大道交叉口	AK2+970	840	对称侧式(地下)
6	岳麓西大道站	岳麓西大道与麓谷大道交叉口	AK3+760	790	对称侧式(地下)
7	永安路站	永安路与青山路交叉口	AK4+650	890	对称侧式
8	望安路站	望安路与青山路交叉口	AK5+450	800	错开侧式
9	旺龙路站	旺龙路与青山路交叉口	AK5+820	370	对称侧式
10	延农路站	延农路与青山路交叉口	AK6+320	500	错开侧式
11	东方红路站	东方红路与青山路交叉口	AK6+840	520	对称侧式
12	湖高路站	湖高路与青山路交叉口	AK7+750	910	对称侧式
13	桐林坳路站	桐林坳路与青山路交叉口	AK8+820	1 070	对称侧式
14	雷高路站	雷高路与青山路交叉口	AK9+920	1 100	错开侧式
15	黄金镇站	望雷大道与规划路交叉口	AK12+205	2 285	对称侧式
16	长沙西站	望雷大道与黄金大道交叉口	AK13+015	810	对称侧式

4. 运行组织

(1) 车辆定员

考虑到 T2 线主要服务于沿线大型居住区、商业区，串联金桥枢纽，乘客对舒适度的要求较高，根据车站有效长 36 m 计算，AW2(定额)状态下，车辆定员可达到 305 人。推荐采用 100% 低地板的钢轨钢轮现代有轨电车，车站有效长 36 m 的车辆定员为 305 人。

(2) 最小发车间隔

结合实际情况(按绿信比 0.3，被交道路 6 车道考虑)，定时信号控制下最小发车间隔 3.3 min，相对优先控制下最小发车间隔 2.3 min，绝对优先控制下最小发车间隔不受影响。

由于车辆停站、区间运行和车辆折返也对最小发车间隔有一定影响，在定时信号策略下，建议最小发车间隔不小于 4 min；在信号优先策略下，建议最小发车间隔不小于 3 min。为保证旅客服务质量，建议最小发车间隔不大于 8 min。

(3) 高峰小时运输能力

经测算，远期高峰小时单向客流量为 5 201 人次/h，按列车定员 305 人计算，为满足运输能力，需对交叉口信号进行优先化处理，远期高峰小时发车对数为 19 对/h，发车间隔为 3.16 min，输送能力 5 795 人次/h。初、近、远期列车高峰小时运输能力如表 7-24 所示。

表 7-24 高峰小时运输能力计算

序号	项别	初期	近期	远期
1	里程(km)	8.5	14.3	14.3
2	高峰客流(人次/h)	1 796	3 086	5 201
4	列车定员(人)	305	305	305
5	高峰小时最大列车对数(对/h)	8	12	19
6	高峰小时行车间隔(min)	7.50	5.00	3.16
7	输送能力(人次/h)	2 440	3 660	5 795
8	储备能力(%)	26	16	10
9	运能富余(%)	36	19	11

由于初期客流相对较少，考虑到客流培育与服务质量等因素，发车间隔不宜大于 8 min，建议初期高峰小时发车对数为 8 对/h，最小发车间隔为 7.50 min；近期高峰小时发车对数为 12 对/h，最小发车间隔为 5.00 min；远期高峰小时发车对数为 19 对/h，最小发车间隔为 3.16 min。

(4) 运行组织方式

基于客流预测成果,根据不同设计年限客流规模及规划和工程实施条件,本着提高运输效率和效益,在保障客流需求前提下尽量减少运用车数,并考虑城市规划和区域发展情况,按照工程实施年限、运营年限分别分析。

现代有轨电车 T2 线一期工程运营里程全长 6.9 km,列车运行采用大交路运营方式;二期工程将于近期建设,建成后全线运营里程达到 13 km,列车运行采用大交路运营方式。为保证服务水平,T2 线初、近、远期均采用站站停运营模式。

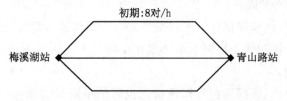

图 7-25   现代有轨电车 T2 线初期列车运行交路图

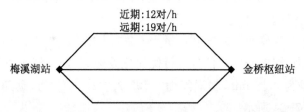

图 7-26   现代有轨电车 T2 线近、远期列车运行交路图

7.6   本章小结

本章提出了契合城市新区发展要求的现代有轨电车线路设计平纵断面技术指标,并对主要线路平面技术条件(如最小曲线半径、车站间距、曲线车站最小曲线半径等)以及主要线路纵断面技术条件(如最大坡度、竖曲线、最短坡段长度等)进行了分析,比较了不同站位、站台型式的选取对道路交通及乘客乘车的便捷性影响,研究了车辆基地的系统构成、功能及总图布置方式。从系统构成、应用原理、实践情况等对目前现代有轨电车的主要车型、供电方式、通信和信号系统进行介绍,为合理的系统选择提供参考。并以湖南省湘江新区现代有轨电车 T2 线为例,论证该线路规划设计的合理性。

第8章　现代有轨电车与常规公交线路协调方法

8.1　现代有轨电车与常规公交协调策略

现代有轨电车在城市中的建设运营,会与既有的城市公共交通网络存在一定的融合问题,如公交线网布局的合理性、不同公共交通方式间的客流竞争等,尤其在新线路投入运营初期问题更为突出。因此本章的研究聚焦于在现代有轨电车建设运营初期,其作为中小城市或者城市新区的公共交通骨架,与常规公交共同构成城市公共交通系统主体,且在研究范围内不存在 BRT、轻轨、地铁等其他公共交通方式。

8.1.1　协调关系

1. 线路竞合关系

在公共交通系统内部,现代有轨电车和常规公交的不同线路存在着一定的竞争与合作关系。当现代有轨电车承担城市公交系统的骨干作用时,其一般布设在城市主要客流走廊,而在现代有轨电车建设之前,城市的主要客流走廊由大量的常规公交提供运输服务,这将直接导致走廊内的现代有轨电车和常规公交存在着竞争关系。在居民的出行过程中,往往需要多种交通方式组合来完成一次出行,会存在现代有轨电车与常规公交的换乘行为,因此两者之间的合作也必不可少。现代有轨电车与常规公交的竞争与合作关系是进行两者协调发展的根本推力。

（1）竞争性分析

当现代有轨电车与常规公交线路共同服务于同一走廊或者部分站点重合时,在两者共同服务的区间,出行者既可以选择现代有轨电车,也可以选择常规公交,此时两者间存在竞争关系。现代有轨电车与常规公交的过度竞争不利于两者的协调发展,会造成公交资源的浪费,阻碍公交系统发挥整体运输能力。如图 8-1所示,如现代有轨电车站点与常规公交线路的站点重合,那么两者在这部分重合区间内是相互竞争的。

当现代有轨电车与常规公交间存在竞争时,现代有轨电车会吸引部分常规公交客流,导致常规公交客流发生下降情况。苏州现代有轨电车 1 号线于 2014 年

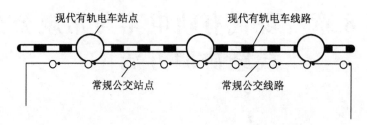

图 8-1 现代有轨电车与常规公交线路示意图

通车运营后,其沿线的常规公交总日均客流呈逐年下降趋势,2015 年总日均客流 9 958 人次,较 2014 年下降了 3.6%,2016 年较 2015 年下降了 1.9%,如表 8-1 所示。

表 8-1 苏州有轨电车 1 号线沿线公交总日均客流

年份	2013	2014	2015	2016
总日均客流(人次)	8 523	10 333	9 958	9 765

注:表中数据来源于《苏州现代有轨电车二号线、一号线延伸线交通一体化换乘规划》项目

（2）合作性分析

随着城市空间规模的扩张,居民的出行距离和时耗也随之增长,完成一次出行常需要多种交通方式组合,以满足居民多样化的出行需求。相对于常规公交而言,现代有轨电车的线网密度较小,站点的客流吸引范围有限,城市的很多区域不在其服务覆盖范围内,此时则需要常规公交填补服务空缺区域,发挥其线路灵活、可提供门到门服务等优势,既可以在一定程度上满足居民短途出行需求,也可以为现代有轨电车集散客流,扩大其服务影响范围,实现两者的优势互补。

现代有轨电车与常规公交的合作关系可分为直接合作和间接合作。当现代有轨电车与常规公交存在换乘站点时,乘客通过换乘站点实现交通方式的转换以完成一次出行,则两者为直接合作关系;当现代有轨电车与常规公交不存在直接的换乘站点,且共同为乘客的某次出行提供服务时,则两者为间接合作关系。例如乘客的某次出行需要从常规公交 1 路线换乘到常规公交 2 路线,再从常规公交 2 路线换乘到现代有轨电车以完成一次出行,则常规公交 1 路线与现代有轨电车为间接合作关系,常规公交 2 路线与现代有轨电车为直接合作关系。

当现代有轨电车发生运营中断、突发大客流等突发情况时,常规公交可为其提供应急接驳服务,以缓解客流压力,此为非常态下两者的合作关系。

2. 网络衔接关系

现代有轨电车与常规公交的网络衔接主要有三种关系:现代有轨电车与常

规公交竞争发展、常规公交支持现代有轨电车发展和现代有轨电车与常规公交分区发展。

(1)现代有轨电车与常规公交竞争发展

现代有轨电车的客流走廊内布设有多条常规公交线路,且线路重复情况较多,两者间的客流竞争较为明显,无法发挥各自优势实现功能互补,造成公交系统的资源浪费。多为现代有轨电车建设运营初期,常规公交还未进行调整时,该情况下乘客的出行选择较多,换乘次数低,如图8-2所示。

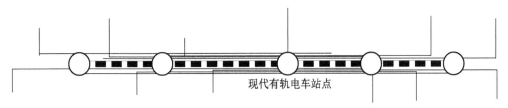

图 8-2　现代有轨电车与常规公交竞争发展

(2)常规公交支持现代有轨电车发展

现代有轨电车的客流走廊内常规公交线路较少,且线路重复较少,常规公交主要为现代有轨电车提供客流集散服务以及填补现代有轨电车服务盲区,两者实现优势互补,公交系统资源利用效率较高。多为现代有轨电车运营后,常规公交及时进行线路调整以辅助其发展,该情况下乘客出行换乘比例较高,如图8-3所示。

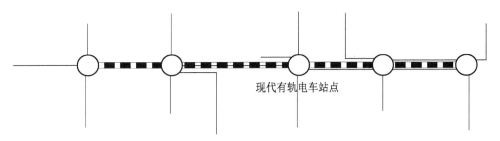

图 8-3　常规公交支持现代有轨电车发展

(3)现代有轨电车与常规公交分区发展

当现代有轨电车网络发展到成熟阶段,城市中心区及主要客流走廊由现代有轨电车覆盖,城市外围地区由常规公交提供运输服务,两者通过换乘枢纽进行衔接转换,公交系统运行效率高,乘客出行换乘比例高,如图8-4所示。

现代有轨电车建设运营初期一般只有1～2条线路,主要承担城市主要客流走廊上的居民出行需求,而常规公交系统仍是城市公交系统的主体与基础,承担城市大部分的客运需求;由于常规公交线路的调整变动对乘客出行影响较大,线

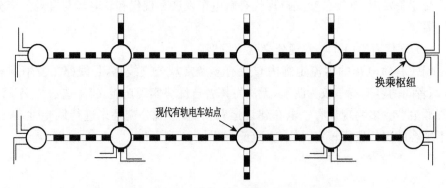

图 8-4　现代有轨电车与常规公交分区发展

路调整实施需以人为本、循序渐进,不宜在短期调整太多,因此在现代有轨电车运营初期,常规公交线路调整的重点是通过局部线路的调整,使两者的网络衔接形式由现代有轨电车与常规公交竞争发展形式逐步转变为常规公交支持现代有轨电车发展形式。沿现代有轨电车的客流走廊方向,结合走廊客流需求调整或整合部分长距离共线线路,布设合理数量的公交次干线,服务于走廊周边短距离的公交出行,并在高峰时段或者现代有轨电车运营中断等情况下提供运能补充,缓解现代有轨电车客流压力;沿现代有轨电车站点切线方向布设穿越型的公交主干线,与现代有轨电车共同构成城市公交系统的主骨架,服务现代有轨电车未覆盖的其他城市区域;依托现代有轨电车站点布设公交支线或者社区巴士,为现代有轨电车集散客流,扩大其服务吸引范围;在现代有轨电车运营初期,常规公交需支持现代有轨电车发展,并依托现代有轨电车形成"鱼骨形"公交网络,提升公交系统的整体效益,如图 8-5 所示。

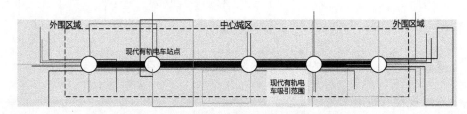

图 8-5　运营初期现代有轨电车与常规公交发展

8.1.2　协调目标与策略

1. 协调目标

在城市空间规模扩张、居民出行需求增长和机动化水平提升的背景下,城市公共交通系统需要提供更大的运输能力,更多元的出行选择以及更高的服务质量。当城市的公共交通系统只有单一的常规公交方式时,通过在原有公交网络的基础上根据需求添加新公交线路,以此实现城市公交网络的发展,这种方式形成的城市公交系统在一定程度上存在网络合理性问题;当引入现代有轨电车这一交通方式后,会使公交系统网络合理性问题更加严重,尤其是当现代有轨电车建设在主要客流走廊,与走廊原有的常规公交线路共线较多时,两者间的不合理竞争问题愈加突出。因此,以现代有轨电车开通运营为契机,调整优化现代有轨电车与常规公交网络,实现现代有轨电车与常规公交的两网融合、协调发展,提升公交系统整体效益。协调现代有轨电车与常规公交,主要有以下目标:

(1) 扩大公交系统服务范围,提高公交服务覆盖率,填补公交盲区,尤其是增加对潜在或者新增客流需求点的服务,提升居民公交出行的便捷性。

(2) 发挥现代有轨电车与常规公交各自的优势,对两者进行合理的功能定位,减少不必要的无序竞争,加强协调合作,合理利用公交系统的运力资源,提升公交系统的运输能力和服务水平。

(3) 在明确现代有轨电车与常规公交功能定位的基础上,协调优化现代有轨电车与常规公交网络,以构建分区域、多层次的城市公共交通系统。

2. 协调策略

从线路和运行两个层面协调现代有轨电车与常规公交。线路层面是根据现代有轨电车线路来调整常规公交线路,包括既有常规公交线路的调整、新增接运公交线路的生成两方面;运行层面是协调现代有轨电车与接运公交运行时刻表。

(1) 既有常规公交线路调整

明确现代有轨电车与常规公交的功能定位,确定两者在服务范围内的功能分担,从宏微观两个层面进行线路调整。宏观层面,结合两者的空间关系和线路功能层次,对既有常规公交线路进行宏观调整;微观层面,依据现代有轨电车与常规公交线路关系以及用地等条件,进行换乘站点的协调设置。

(2) 新增接运公交线路生成

在既有常规公交调整优化的基础上,现代有轨电车站点的集散客流需求无法得到满足时,考虑新增接运公交线路。现代有轨电车接运公交线路的布设要以服务现代有轨电车为主,在道路网络条件和客流需求约束下,选择可为大部分乘客提供快捷便利服务的线路。

(3) 现代有轨电车与接运公交运行协调

协调现代有轨电车与接运公交时刻表,减少乘客的换乘等待时间,兼顾乘客出行成本和企业运营成本,实现系统效益最优。

8.2 现代有轨电车走廊内常规公交线路调整方法

8.2.1 线路调整原则

现代有轨电车建成后,主要与其影响范围内的常规公交产生竞争与合作,因此本书将既有常规公交线路的调整范围设定在现代有轨电车直接吸引范围内(0.5 km),即对现代有轨电车走廊内既有的常规公交线路进行调整;新增接运公交的生成范围设定在现代有轨电车的间接吸引范围内(3.0~4.0 km)。由于现代有轨电车线路一经建成难以调整,而常规公交线路设置较为灵活,因此,在现代有轨电车运营初期,通常依据现代有轨电车线路来调整常规公交线路,以减少两者间不合理的竞争,加强两者的协调合作,为居民提供高效、快捷的公交服务。

1. 总量控制,分批实施

现代有轨电车一般建设在城市的主要客流走廊上,与其共线的常规公交通常客流量大且线路开行时间较长,大部分出行者对其依赖性较高,已形成一定的出行习惯,调整既有常规公交线路会对居民的生活及出行造成一定的不便影响。因此,在制定调整计划时,需要充分考虑居民的接受能力和出行习惯,循序渐进、分批次调整常规公交线路,对调整方案进行总量控制,一般每批次调整线路数量占城市公交线路总数量的 5% 左右[79],以促进城市公共交通系统的稳定和谐发展。

2. 以人为本,保障公平

调整常规公交线路,是为了使其与现代有轨电车形成合理的网络衔接形式,加强两者的协调合作,避免公交系统资源的浪费,以更好地服务于城市居民的出行。但在进行两网融合发展的同时,也需要关注老人、儿童等弱势群体的需求,不能一味地追求系统效益最优而忽略社会公平性。对于部分满足特殊出行需求的线路,应适当保留原常规公交线路,通过运力调整以避免其与现代有轨电车的竞争。

3. 线网协调,统筹发展

常规公交线路的调整方案要从网络层面进行考虑,以逐步向现代有轨电车与常规公交合理的网络衔接形式靠近为目标,使其符合各自的功能定位,而不是从单条线路的角度进行优化,应时刻遵循系统最优、统筹发展的原则。

4. 宏微观结合

现代有轨电车运营后,需要从宏观线路和微观站点两个层面进行两者的协调;通过宏观的线路调整,可实现两者在网络衔接形式上的协调;而影响乘客换乘便捷性的最直接影响因素是换乘站点的设置,因此也需要从微观站点层面进行两者的协调,以保证乘客换乘过程的安全、快捷和高效。

8.2.2　线路调整技术

1. 线路空间关系

现代有轨电车与常规公交线路的空间关系对两者间竞争合作有着重要影响，分析两者空间关系是进行现代有轨电车与常规公交两网融合的基础。依据现代有轨电车与常规公交线路走向，大致可以将两者的空间关系分为以下四类：平行、交叉、接驳及无关系，如表 8-2 所示。

表 8-2　轨道交通与常规公交线路空间关系分类

空间关系	关系描述	关系示意图		客流特性
平行线路	线路首末站都在现代有轨电车的直接影响范围之内，或者线路 80% 的长度在现代有轨电车直接影响范围之内。	1		大部分乘客出行起讫点在现代有轨电车的直接影响范围内；出行起讫点都在现代有轨电车直接影响范围内的乘客向现代有轨电车转移的可能性较大
交叉线路	线路首末站都不在现代有轨电车直接影响范围内。	2		线路与现代有轨电车成交叉关系，可为现代有轨电车提供接运客流的作用；现代有轨电车的运营可能会导致线路客流量增大
接驳线路	线路首末站之一在现代有轨电车直接影响范围之内，另一个不在服务范围内。	3		少量乘客的出行起讫点都在现代有轨电车直接影响范围内；出行起讫点都在现代有轨电车直接影响范围内的乘客有一定的可能性向现代有轨电车转移；
		4		乘客出行起讫点有一个在现代有轨电车直接影响范围内，有较大可能性变为"现代有轨电车＋常规公交"的出行模式
其他线路	线路首末站都不在现代有轨电车直接影响范围内，且与现代有轨电车站点交点。	5		线路在现代有轨电车开通后基本不受直接影响

注：▬▬表示现代有轨电车线路　▬▬表示常规公交线路

（1）平行关系

当常规公交线路首末站都在现代有轨电车直接影响范围内,或者常规公交线路的80％长度在现代有轨电车直接影响范围内,且现代有轨电车与常规公交线路在空间位置上无交汇点或者有唯一交汇点时,两者是平行关系。此时大部分常规公交乘客的出行起讫点都在现代有轨电车直接影响范围内,向现代有轨电车转移的可能性较大。该类常规公交线路在调整时需要首先考虑。

（2）交叉关系

当常规公交线路的首末站均不在现代有轨电车直接影响范围内,且两者在空间位置上存在交汇（交汇于一点或者一段区间）,两者是交叉关系。当交汇点既是现代有轨电车站点,也是常规公交站点时,两者间具有较强的合作关系;当两者交汇于某一区间,两者间的竞争合作关系与两者交汇区间长短有关:当交汇区间较短时,常规公交线路可为现代有轨电车提供接驳服务,常规公交线路的客流有可能增加,此时两者以合作关系为主;当交汇区间较长时,常规公交线路部分客流的出行起讫点均在现代有轨电车直接影响范围内,这部分客流向现代有轨电车转移的可能性较大,此时两者以竞争关系为主。

（3）接驳关系

当常规公交线路的首末站之一在现代有轨电车直接影响范围内,另一个不在直接影响范围内,且两者在空间位置上存在交汇（交汇于一点或者一段区间）,两者是接驳关系。此时两者的竞争合作关系与交叉关系类似。当两者交汇于站点或交汇区间较短时,常规公交可作为现代有轨电车接运公交,为其集散客流,形成"现代有轨电车＋常规公交"合作模式;当交汇区间较长时,常规公交部分客流的出行起讫点均在现代有轨电车直接影响范围内,该部分客流可能转向现代有轨电车。

（4）无关系

常规公交线路首末站都不在现代有轨电车的直接影响范围内,且两者在空间位置上无交汇点或者区间,两者是无关系。现代有轨电车开通运营对该类常规公交线路基本无影响,在线路调整时可暂时不予考虑。

2. 线路功能层次

在现代有轨电车与常规公交组成的城市公交系统中,不同层次的公交线路应承担不同的客运功能,以实现公交系统资源的合理利用。协调现代有轨电车与常规公交线路,首先需要厘清不同公交线路的功能层次及其相互关系,以便从公交系统整体出发进行常规公交线路调整。

（1）公交快线—现代有轨电车

现代有轨电车具有载客容量大、运行快速可靠、乘坐舒适等优点，可作为城市公交快线，承担城市或片区的公交系统骨架功能，以满足居民长距离的出行需求；线路一般覆盖城市的主要客流走廊，以便快速、高效地联系城市内的重要组团、功能区以及重要的交通结点等。

（2）常规公交主干线

现代有轨电车运营初期一般只有 1~2 条线路，无法覆盖城市所有的主要客流走廊，因此常规公交主干线应在现代有轨电车未能覆盖的客流走廊上提供中长距离的公共客运服务，与现代有轨电车共同构成城市公交骨干网络。常规公交主干线需联系城市主要的交通枢纽以及客流集散中心等，且应避免与现代有轨电车产生不合理竞争，加强两者的分工合作，以满足中长距离的区内以及区间交通出行需求。

（3）常规公交次干线

常规公交次干线的功能介于常规公交主干线和支线之间，可承担中短途的区间出行和区内出行，同时可作为现代有轨电车和常规公交主干线的接运公交线路，以扩大公交服务覆盖面。

（4）常规公交支线

① 普通支线。普通支线线路一般布设在现代有轨电车、常规公交主干线以及次干线未覆盖到的公交空白区域，以填补公交服务盲区，提高公交服务覆盖率，并为现代有轨电车和常规公交主干线提供集散客流服务。

② 微循环线。常规公交微循环线路设置较为灵活，主要承担小片区内的短途出行，可作为现代有轨电车的接运公交线路，或者某一片区的支线公交。

（5）常规公交特殊线路

常规公交特殊线路主要服务于一些特殊目的或者特殊时段的居民出行需求，其在运营模式上较其他常规公交线路略有不同，主要有旅游线、区间线、假日线等。

在城市公共交通系统中，现代有轨电车和常规公交主干线共同构成城市公交的骨干网络；常规公交次干线则作为公交系统的基础，补充城市骨干公交网络，与骨干公交网络共同构成城市公交系统的主体；常规公交支线与微循环线则是城市公交系统的毛细血管，承担居民短距离出行，同时为城市骨干公交网络集散客流，填补公交盲区，提高公交线网密度；特殊公交线路则作为城市公交系统的补充，满足居民的一些特殊出行需求。如表 8-3。

表 8-3　各类公交线路特征

线路层次		功能定位	线路长度	平均站间距	非直线系数
公交快线—现代有轨电车		承担城市或片区的公交系统骨架功能,以满足居民长距离的出行需求;线路一般覆盖城市的主要客流走廊	18~30 km	1~2 km	≤1.4
常规公交主干线		联系城市主要的交通枢纽以及客流集散中心,满足中长距离的区内以及区间交通出行需求,与现代有轨电车共同构成城市公交骨干网络	15~25 km	0.5~1 km	≤1.6
常规公交次干线		承担中短途的区间出行和区内出行,同时可作为现代有轨电车和常规公交主干线的接运公交线路	12~20 km	0.3~0.8 km	≤2
常规公交支线	普通支线	填补公交服务盲区,提高公交服务覆盖率,并为现代有轨电车和常规公交主干线提供集散客流服务	8~15 km	0.3~0.5 km	无要求
	微循环线	主要承担小片区内的短途出行,可作为现代有轨电车的接运公交线路,或者某一片区的支线公交	4~8 km	无要求	无要求
常规公交特殊线路		运营方式较为灵活,服务于一些特殊目的或者特殊时段的居民出行	无要求	无要求	无要求

注:相关资料来源于《苏州公交线网优化技术导则》

3. 线路调整措施

常规公交线路的调整措施主要有取消、局部调整、延伸、截短线路走向以及站点调整、运力配置调整等。由于常规公交特殊线路服务于一些特殊出行需求,在现代有轨电车运营初期常规公交线路调整需总量控制,遵循以人为本、循序渐进原则,因此该类型线路在初期不予考虑;在筛选待调整线路时,应结合线路客流特征分析,甄别出特殊线路,并将常规公交线路予以保留。而常规公交主干线、次干线以及支线的调整应结合线路调整原则,综合考虑其与现代有轨电车的空间位置关系以及线路功能层次,以靠近现代有轨电车运营初期城市公交系统合理的网络衔接形式为目标,分别讨论各类型线路的具体调整方法。

(1) 交叉线路

常规公交线路与现代有轨电车呈交叉关系时,需根据两者交汇区间的长短分别讨论。当两者交汇区间较长、共线明显时,常规公交主干线、次干线以及支线均应进行局部调整,减少两者的共线部分长度,使两者线路交汇于某一站点(或某一短区间),形成以现代有轨电车走廊为基线的放射型网络,减少两者间不必要的竞争,避免公交资源浪费。

当两者交汇区间较短、共线不明显时,该类情况接近于理想的网络衔接形式,只需加强站点衔接或局部调整线路走向,以加强两者的衔接换乘,具体调整措施应根据常规公交线路功能层次分别讨论。

对于常规公交主干线,其与现代有轨电车共同构成城市公交系统骨干网络,该情况为两者网络衔接的理想模式,无须调整。

对于常规公交次干线和支线,可作为现代有轨电车接驳线路,为现代有轨电车集散客流,扩大服务影响范围;若其与现代有轨电车无共站时,可适当延长常规公交线路至现代有轨电车站点,或调整常规公交线路部分走向,使两者在站点处形成衔接,如图 8-6 和图 8-7 所示;选择衔接站点时需综合考虑道路、场站以及站点客流集散能力等条件;常规公交支线一般不采用延长措施,以保证支线长度在合理范围内;当支线长度过长导致运营效益降低时(一般要求支线长度不超过15 km[132]),可结合线路断面客流分析,在断面客流量骤变处进行线路截短或线路拆分。

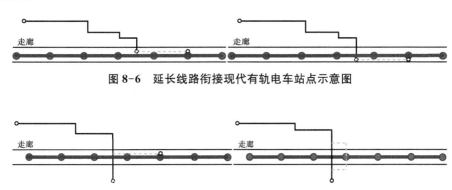

图 8-6　延长线路衔接现代有轨电车站点示意图

图 8-7　调整部分线路走向衔接现代有轨电车站点示意图

（2）平行线路

该类型线路一般与现代有轨电车共线明显,是既有线路调整的重点对象。在制定调整措施时,应结合常规公交线路的功能层次以及客流量情况作具体分析。

对于常规公交主干线,若原线路客流量较大,应将共线区段尽量调整移出现代有轨电车直接影响范围,使其服务于其他次级客运走廊;若原线路为满足特定群体或特定区域的出行需求,则需谨慎调整,可将其功能降为公交次干线,适当缩减运力,发挥其小站距优势,作为现代有轨电车补充。若原线路客流量较小,则可以取消线路,原线路功能由现代有轨电车承担,且取消线路导致的公交服务盲区由其他常规公交线路覆盖。

对于常规公交次干线,若原线路客流量大,可结合现代有轨电车运营后客流需求预测,适当调整次干线的运力配备,以适应现代有轨电车运营后造成的客流减小情况;同时调整站点,缩小常规公交线路平均站间距,以更好地发挥其小站距优势,满足走廊内部分中短距离出行需求,为现代有轨电车提供运力补充。若原线路客流量小,则调整共线区段将其移出现代有轨电车直接影响范围,使其服务于其他次级客运走廊,或调整站点以缩小站间距,为现代有轨电车提供运力补充,如图 8-8 所示。

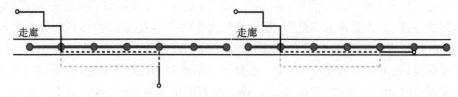

图 8-8　调整部分线路共线区段示意图

对于常规公交支线,若原线路客流量大,应调整共线区段将其移出现代有轨电车直接影响范围,原线路的客流需求由走廊内现代有轨电车或者其他常规公交线路承担;若原线路存在部分客流 OD 点均在现代有轨电车直接影响范围之外的情形,调整线路走向会对沿线居民出行造成较大不便,应适当考虑该部分客流需求,保留原线路走向,且适当减小原线路的运力配备。若原线路客流小,应调整局部线路走向,服务于其他常规公交线路调整所导致的公交服务盲区,如图 8-9 所示;尽量使其变成现代有轨电车的接驳公交,为现代有轨电车集散客流。

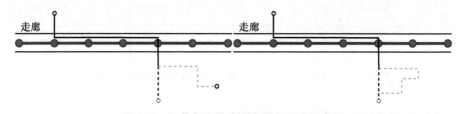

图 8-9　调整部分线路覆盖更多区域示意图

（3）接驳线路

接驳线路的首末站之一在现代有轨电车直接影响范围内,另一个不在直接影响范围内,该类型线路也是在运营初期现代有轨电车与常规公交线路的理想模式,无须太大调整。可在常规公交线路与常规公交接驳换乘范围内优化常规公交站点以及换乘设施配置,为乘客提供便捷安全的换乘通道;同时结合客流需求预测,适当增加常规公交的运力配置。

4. 线路调整时序

现代有轨电车与常规公交线路的协调优化是一项系统且复杂的工程,需要系统规划、分步实施,秉持以人为本的原则,逐步引导城市居民的绿色公交出行。常规公交线路的调整应遵循"先增加后调整,先适应后调整,调整后评估"的原则进行。

（1）先增加后调整

在现代有轨电车开通运营之处应优先开通接运公交线路,再逐步调整既有常规公交线路,以保证公交系统能够满足居民的日常出行需求;在公交运力有限的情况下,可考虑适当降低部分待调整线路的运力配置,以补充新增接运公交线路的运力需求。

（2）先适应后调整

充分考虑乘客对新线路的接受过程以及相应的客流变化情况,确定待调整线路的实施时机时要给乘客预留一定的适应期,以实现现代有轨电车与常规公交两网融合的平稳过渡。且在常规公交线路调整之初,应预先征询公众意见,并利用网络、报纸等多种宣传途径,做好相关的宣传解释工作。

（3）调整后评估

要定期调研调整线路的运营情况,以评估调整方案的科学性以及实施效果,为后期线路作进一步的改善或者调整提供依据。

8.2.3　换乘站点设置

对既有常规公交线路进行宏观调整,可在线路布局上协调两者关系,而影响乘客在两者间换乘便捷性的最直接因素是换乘站点的协调,因此有必要从微观站点层面研究现代有轨电车与常规公交的换乘协调。由于现代有轨电车站点的设置需服从线路整体布局,且一经确定则较难调整,因此本书主要通过设置常规公交换乘站点来实现两者在微观层面的协调。换乘站点的类型主要有地面换乘和立体换乘(包括人行天桥和地下通道);人行天桥和地下通道的设置方式较为简单,乘客的安全性较高,但工程代价较大,本书主要讨论现代有轨电车与常规公交线路均布设在地面道路,且采用地面换乘的情况。常规公交换乘站点的设置原则有:

① 常规公交的换乘站点设置应尽量靠近现代有轨电车站点,以减少换乘乘客的步行距离;

② 换乘站点应尽量设置成港湾式,并预留一定的超车空间;

③ 为减少对交叉口和道路交通的影响,在交叉口影响范围内的换乘站点应尽可能设置在交叉口出口道;

④ 由于采用地面换乘,应确保乘客换乘路径的安全性,需设置清晰的换乘指引标志;

⑤ 减少现代有轨电车与常规公交线路的相互干扰,确保交通流线安全顺畅。

现代有轨电车的车站主要有三种形式:岛式、侧式和混合式站台。站台形式的选择需要结合线路设置、道路条件、客流情况以及周边环境等因素综合确定。岛式站台位于现代有轨电车上下行车线中间,有整体式和分离式两种,分别适用于中央分隔带或者路侧等用地空间充足和紧张的情况。当有常规公交需要与其实现换乘衔接,乘客需要跨越机动车道和轨行区,应尽可能布设行人立体过街设施,如人行天桥或者地下通道,以保障乘客换乘的安全性和便捷性。

侧式站台布设在现代有轨电车上下行车线的两侧,有对称式和错位式两种,上下行车线分站台进行上下客。对称式侧式站台对断面宽度要求较高,而错位式站台则适用于断面宽度较为紧张的情况。侧式站台有利于行车道两侧的乘客进行平面交通组织,当其与常规公交进行换乘衔接时,可利用人行横道等进行乘客的换乘组织。

混合式站台可以是整体岛式和侧式站台的混合,也可以是分离岛式和侧式站台的混合,主要适用于用地空间受限或者客流来源于一侧的情况,实际运用中较少采用。

本书主要讨论现代有轨电车采用侧式站台时,车站与常规公交换乘站点的设置方式。

现代有轨电车与常规公交线路间存在的换乘关系,主要包括接驳和交叉两种,因此换乘站点主要分为两类:(1)换乘首末站:换乘站点是常规公交线路的首末站,即现代有轨电车与常规公交线路是接驳关系;(2)换乘中途站:换乘站点是常规公交线路的中途站,即现代有轨电车与常规公交线路是交叉关系。本书主要根据以上两类关系对换乘站点进行分类讨论。

在讨论换乘站点设置形式中,换乘示意图中主要用到以下图例:

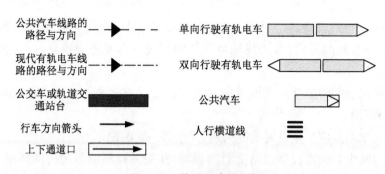

图 8-10　换乘示意图图例

1. 换乘首末站

(1) 现代有轨电车与常规公交线路始发方向相反

常规公交线路接驳现代有轨电车的首末站,即换乘站点均是两者的首末站,如图 8-11 所示。此时现代有轨电车的敷设方式(路中式和路侧式)对换乘站点的设置影响不大,两种情况下换乘站点的设置方式相似,而路中式现代有轨电车的情况稍微复杂,因此此处主要研究路中式现代有轨电车与常规公交换乘站点的设置方式。由于现代有轨电车有单向行驶和双向行驶两种车辆型式,所以在换乘站点设置中针对单双向行驶的有轨电车进行分类讨论。

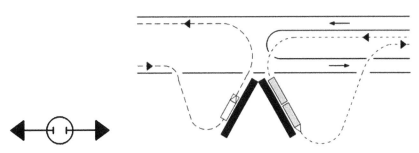

图 8-11　线路始发方向相反示意图　　　图 8-12　转弯区对面换乘形式

① 单向行驶的现代有轨电车。对于单向行驶的现代有轨电车,常规公交可在现代有轨电车转弯区的对面设置首末站,以方便乘客在两者间进行换乘,如图 8-12 所示。该设置方式中现代有轨电车与常规公交线路无直接交叉点,保证了两者的行车安全,但换乘站点的占地面积较大,适合场站空间充足的情况。同时换乘乘客不能进行同站台换乘,在设置中应尽量缩短换乘步行距离。

当场站空间有限时,可考虑在现代有轨电车转弯区内侧或者外侧实现两者换乘,如图 8-13 和图 8-14 所示。这两种设置方式可以有效节省空间,且车辆的始发站和终点站是分开的,常规公交和现代有轨电车可以实现同台换乘,但两者的行驶轨迹有交叉,应设置信号指示灯指示现代有轨电车的驶入和驶出,以保证行车安全。

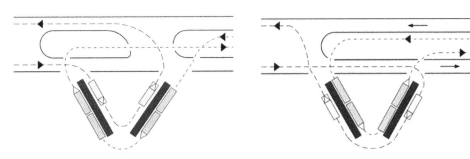

图 8-13　转弯区内侧换乘形式　　　　图 8-14　转弯区外侧换乘形式

② 双向行驶的现代有轨电车。对于双向行驶的现代有轨电车,常规公交可以设置独立的调头站点或者与现代有轨电车共用站点,如图 8-15 和图 8-16 所

示。图 8-15 中,乘客的换乘路径较短,且换乘安全性高,但该设置形式要求道路中间宽度足够。图 8-16 中,常规公交与现代有轨电车共用站点,乘客可以同台换乘,但该形式要求站点区域足够大,需要同时满足常规公交和现代有轨电车上下客需求;且常规公交驶入现代有轨电车运行区域具有一定的安全风险,需要设置信号指示灯。

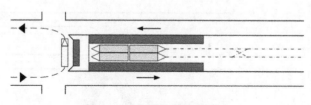

图 8-15　分区停靠换乘形式

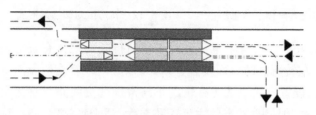

图 8-16　共用站点换乘形式

各换乘站点设置方式的特点总结如表 8-4 所示。

表 8-4　现代有轨电车与常规公交始发方向相反情况下各换乘方式的特点

换乘方式	换乘便捷程度	流线布局
1. 单向行驶的现代有轨电车和对面转弯的常规公交间的换乘	站点外换乘,乘客须短距离步行至换乘站点,换乘较为便利	线路无交叉,无绕行
2. 单向行驶的现代有轨电车和电车转弯区内侧的常规公交间的换乘	同站点换乘,换乘"零"距离,换乘非常便利	1. 公交现代有轨电车线路与常规线路存在交叉; 2. 现代有轨电车与常规公交存在一定的绕行线路
3. 单向行驶的现代有轨电车和电车转弯区外侧转弯的常规公交间的换乘	同站点换乘,换乘"零"距离,换乘非常便利	1. 现代有轨电车线路与常规公交线路存在交叉; 2. 现代有轨电车与常规公交存在一定的绕行线路
4. 双向行驶的现代有轨电车和常规公交调头站点之间的换乘	同站点换乘,但是站点较大,乘客须短距离步行至换乘站点,换乘较为便利	现代有轨电车调度会有线路交叉
5. 双向行驶的现代有轨电车和常规公交共用站点间的换乘	同站点换乘,换乘非常便利	常规公交调头时与现代有轨电车路线有一定的交叉,并存在一定的绕行

（2）现代有轨电车与常规公交线路始发方向垂直

常规公交线路接驳现代有轨电车的中途站,即常规公交线路与现代有轨电车线路呈垂直关系,如图 8-17 所示。现代有轨电车的线路敷设方式有路侧式和路中式两种情况,所以以换乘站点设置分两类讨论。

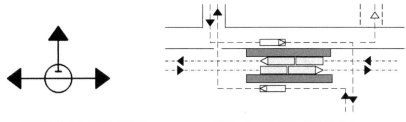

图8-17　线路始发方向垂直示意图　　　　图 8-18　共用站点换乘形式

① 路侧式现代有轨电车。当现代有轨电车线路位于路侧,常规公交可以和现代有轨电车共用站点或者分区停靠,如图 8-18、图 8-19、图 8-20 所示。如图 8-18 所示,当两者共用站点时,常规公交与现代有轨电车会存在行驶轨迹的交叉,应在交叉点前方适当位置设置信号指示灯;若常规公交有其他平行线路可以行驶,则可以避免和现代有轨电车线路产生交叉,且可以减少绕行,此时常规公交的首末站为同一站点。

如图 8-19 和图 8-20 所示,当常规公交与现代有轨电车分区停靠时,可根据现代有轨电车站点的设置形式分别考虑。当现代有轨电车站点在道路交叉口同一侧时,常规公交的首末站是同一站点;若现代有轨电车站点在道路交叉口两侧时,常规公交的首末站可以分开设置。常规公交可通过绕行来实现调头。

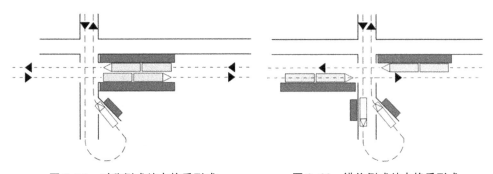

图 8-19　对称侧式站点换乘形式　　　　图 8-20　错位侧式站点换乘形式

② 路中式现代有轨电车。当现代有轨电车线路位于路中,常规公交也可以和现代有轨电车共用站点或者分区停靠,如图 8-21 和图 8-22 所示。如图 8-21 所示,当两者共用站点时,换乘方便,但常规公交会在现代有轨电车停车区内行驶

部分路段,为了安全起见必须设置信号指示灯,此情况只适用于现代有轨电车发车间隔较大的情况。

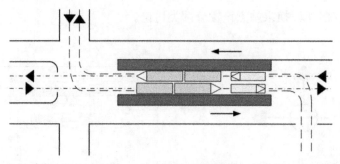

图 8-21　共用站点换乘形式

如图 8-22 所示,当现代有轨电车与常规公交分区停靠时,换乘乘客需要通过人行横道进行换乘,且常规公交需要绕行一定距离,但在一定程度上减少了与现代有轨电车的冲突。

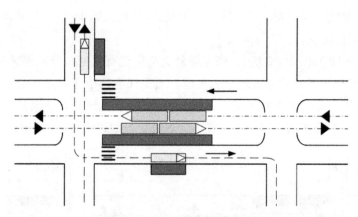

图 8-22　分区停靠换乘形式

各换乘站点设置方式的特点总结如表 8-5 所示。

表 8-5　线路始发方向垂直情况下各换乘方式的特点

换乘方式	换乘便捷程度	流线布局
1. 路侧式现代有轨电车与常规公交共用停靠站	1. 主要换乘方向上同站点换乘,换乘"零"距离,换乘非常便利; 2. 次要方向上站外换乘,乘客须步行一定距离至对面站点换乘,换乘较为便利	1. 常规公交本身、常规公交与现代有轨电车间存在线路交叉的情况; 2. 常规公交存在一定的绕行线路

续表

换乘方式	换乘便捷程度	流线布局
2. 路侧式现代有轨电车与常规公交分区停靠	1. 主要换乘方向上乘客须步行一定距离至同向换乘站点,换乘较为便利 2. 次要换乘方向上乘客须步行一定距离至对面站点换乘,换乘较为便利	现代有轨电车与常规公交线路存在交叉
3. 路中式现代有轨电车与常规公交共用站点	1. 主要换乘方向上同站点换乘,换乘"零"距离,换乘非常便利; 2. 次要换乘方向上站外换乘,乘客须步行一定距离至对面站点,换乘较为便利	1. 常规公交线路与现代有轨电车线路存在交叉; 2. 常规公交线路存在一定的绕行
4. 路中式现代有轨电车与常规公交分区停靠	乘客须通过人行横道步行至换乘站点,换乘不方便	1. 常规公交线路与现代有轨电车线路存在交叉; 2. 常规公交线路存在一定的绕行

2. 换乘中途站

（1）现代有轨电车与常规公交线路横纵交叉

现代有轨电车与常规公交线路呈横纵向交叉,即两者有实质的交汇点,如图8-23所示。换乘站点的设置需要结合现代有轨电车的线路敷设形式进行分类讨论。

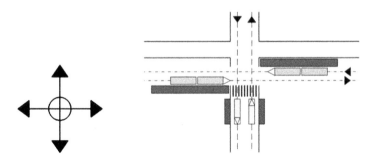

图 8-23　线路横纵交叉示意图　　图 8-24　错位侧式站点换乘形式

① 路侧式现代有轨电车。当现代有轨电车线路位于路侧,其站点有错位侧式与对称侧式两种站台形式,常规公交的换乘站点设置形式取决于两者的换乘关系,如图 8-24 和图 8-25 所示,乘客换乘较为便捷。

② 路中式现代有轨电车。当现代有轨电车线路位于路中,若现代有轨电车站点设置在交叉口两侧,常规公交的换乘站点可设置成如图 8-26 所示。此类情况适用于主要换乘方向上换乘乘客较多的情况,即大部分换乘乘客只需横过一次人行横道;若其他方向的换乘关系占主导地位,则需要调整现代有轨电车的站点设置。

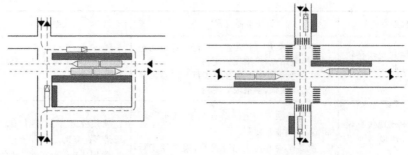

图 8-25　对称侧式站点换乘形式　　　图 8-26　错位侧式站点换乘形式

若现代有轨电车的站点位于交叉口的同侧,则常规公交的换乘站点可以与其共用站点,或者独立设置站点,此时需对常规公交线路稍微调整,如图 8-27 和图 8-28 所示。对于这两种设置形式,乘客的换乘非常便捷,当站点的上下客流量及换乘需求不大,且站台长度较长时,可考虑设置成图 8-27 所示的形式,此时常规公交会在现代有轨电车的行车区域行驶一段距离,需要设置信号指示灯;若站点的上下客流量较大,且道路宽度允许,则可设置成如图 8-28 所示的形式,此时常规公交有独立的行车道和停靠站点。

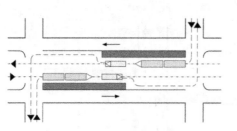
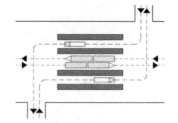

图 8-27　共用站点换乘形式　　　图 8-28　分区停靠换乘形式

各换乘站点设置方式的特点总结如表 8-6 所示。

表 8-6　现代有轨电车与常规公交线路横纵交叉情况下各换乘方式的特点

换乘方式	换乘便捷程度	流线布局
1. 现代有轨电车在街道侧面的情况 1	站外换乘,乘客须步行一段距离至换乘点,甚至还有可能穿越马路,换乘不方便	线路流线间存在交叉
2. 现代有轨电车在街道侧面的情况 2	换乘情况比较多,存在"零距离"的同站点换乘,也存在步行一段距离至换乘点的站外换乘,总的说来换乘比较便利	1. 线路流线间存在交叉; 2. 常规公交线路需绕行较大的距离
3. 现代有轨电车位于街道中间的情况 1	站外换乘,乘客每次换乘必须穿越马路,非常不方便	线路流线间没有交叉,没有绕行

续表

换乘方式	换乘便捷程度	流线布局
4. 现代有轨电车位于街道中间的情况 2	1. 主要换乘方向上同站点换乘,换乘"零"距离,换乘非常便利; 2. 次要方向上站外换乘,乘客须步行一定的距离至对面站点换乘,换乘较为便利	线路流线间存在交叉
5. 现代有轨电车位于街道中间及常规公交路线的调整	1. 主要换乘方向上同站点换乘,换乘"零"距离,换乘非常便利; 2. 次要方向上站外换乘,乘客须步行一定的距离至对面站点换乘,换乘较为便利	1. 线路流线间存在交叉; 2. 常规公交线路有一定的绕行

（2）现代有轨电车与常规公交线路顶角交叉

现代有轨电车与常规公交呈顶角交叉,即两者共同经过某一交叉口且不存在实质交叉点,如图 8-29 所示。换乘站点的设置同样需要结合现代有轨电车的线路敷设形式分别讨论。

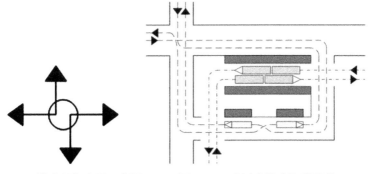

图 8-29　线路顶角交叉示意图　　图 8-30　路侧式线路换乘形式

① 路侧式现代有轨电车。当现代有轨电车位于路侧,若两者间存在一定的换乘需求,则需要常规公交绕行来设置换乘站点,如图 8-30 所示。常规公交站点可设置在横向或者纵向线路的一侧,可结合道路实际情况进行选择,此时乘客换乘较为便捷。

② 路中式现代有轨电车。当现代有轨电车位于路中,常规公交站点的设置需根据现代有轨电车站点的位置以及主要的换乘关系进行考虑,如图 8-31 所示,同时可结合道路交叉口的信号控制来减少乘客通过人行横道的换乘等待时间。

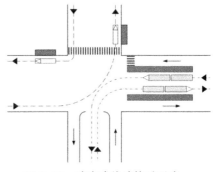

图 8-31　路中式线路换乘形式

各换乘站点设置方式的特点总结如表 8-7 所示。

表 8-7　现代有轨电车与常规公交线路顶角交叉情况下各换乘方式的特点

换乘方式	换乘便捷程度	流线布局
1. 电车位于街道侧面的情况	站内换乘，但站点比较大，乘客须步行一定距离去换乘点，换乘比较方便	1. 两种交通方式的线路交叉情况比较严重； 2. 常规公交须绕行较远的距离
2. 电车位于街道中间的情况	站外换乘，乘客须穿过马路换乘，换乘不方便	没有绕行没有交叉

8.3　现代有轨电车接运公交线路生成技术

8.3.1　现代有轨电车接运站点选取

在布设现代有轨电车接运公交线路时，应首先确定现代有轨电车与新增接运公交线路进行衔接的站点，即接运站点。对于地铁等大运量城市轨道交通方式，其相对于常规公交占有绝对的主导优势，因此在布设接运公交线路时，应尽量把周边影响地区的客流引导到轨道交通上，此时接运站点的选择主要取决于轨道站点的剩余载客量。而现代有轨电车属于中低运量轨道交通，与调整后的常规公交线路共同构成城市公交系统骨干网络，不宜将周边客流过分集中到现代有轨电车上，因此新增接运公交主要是为了满足现有的换乘客流需求，而不是过分引导乘客转移到现代有轨电车上，建议结合现代有轨电车站点早晚高峰期的换乘客流情况来选择接运站点。

既有常规公交线路经过调整后，早晚高峰期现代有轨电车站点的换乘客流与相衔接的常规公交线路存在两种情况：

第一，既有的常规公交线路运输能力能满足现代有轨电车站点的换乘需求。该情况不需要新增接运公交线路。

第二，既有的常规公交线路运输能力不能满足现代有轨电车站点的换乘需求。该情况需要在现代有轨电车站点处新增接运公交线路，并结合相应的换乘客流需求特性进行线路布设与时刻表优化。

接运公交线路的布设应符合现代有轨电车服务于中长距离客流的特性，因此接运站点的选取也应结合站点早晚高峰期的换乘客运周转量（换乘客流量与换乘客流在现代有轨电车线路上的乘车距离之积）综合考虑。新增接运公交线路时，优先选取剩余换乘客运周转量较大的现代有轨电车站点作为接运站点。可结合大数据等手段对现代有轨电车站点的换乘客流量与换乘客流 OD 进行分析，并结合既有的接运公交运能,研究现代有轨电车站点早晚高峰期的剩余换乘客运周转量。

8.3.2 接运公交候选线路集合

现代有轨电车接运公交候选线路的生成受接运公交运营所依附的道路网络、候选站点等因素影响。因此,接运公交候选线路生成可以分为以下三个步骤:①筛选接运公交线路运营所依附的道路网络;②确定接运公交候选站点集合;③生成接运公交候选线路集合。

1. 可依附道路网络筛选

道路网络是接运公交线路运营的物理基础,需要从道路等级、网络、路况等方面综合考虑,筛选出符合接运公交运营条件的道路,在接运公交的服务范围内,该部分符合条件的道路则为接运公交线路运营可依附的道路网络。

接运公交可服务于城市,也可能延伸到郊区或者乡镇,因此接运公交服务范围内的道路网络包含城市道路网络和区域公路网络。城市快速路、区域的高速公路以及等外公路等不宜布设线路,除此之外的其他等级道路可作为接运公交候选道路;若路网中出现断头路等不利于公交开行的道路,也不宜布设接运公交线路;同时要考虑接运公交车型对道路宽度、转弯半径、道路坡度、路面损坏程度等方面的要求,综合筛选出符合接运公交运营条件的可依附道路网络。

图 8-32(a)为某区域的道路网络,其中虚线表示经过筛选不符合接运公交运营条件的路段,因此接运公交候选道路网络如图 8-32(b)所示。

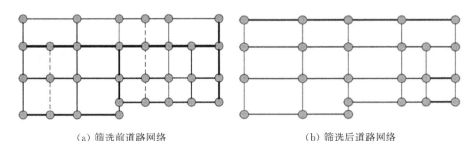

(a) 筛选前道路网络   (b) 筛选后道路网络

图 8-32 依据网络条件筛选道路网示意图

2. 候选站点集合生成

候选站点是接运公交候选线路生成的基础。接运公交的服务范围设定为现代有轨电车的间接吸引范围 3.0~4.0 km;在其服务范围内,可结合大数据等手段分析乘客的主要来源以及出行 OD,确定服务范围内的主要客流需求点,若需求点附近存在既有公交站点,则利用既有公交站点集散客流;若不存在合适的公交站点,则需新增公交站点。新增站点通常靠近居住小区、商业中心、交通枢纽等主要的客流集散点布设,同时要结合周围用地、道路条件以及站间距等要求综合考虑。根据公交站点的存在情况(既有站点和新增站点)以及其与现代有轨电车站点间是否有公交线路连通,可以分为三类站点,如表8-8所示。

表8-8　接运公交候选站点分类

类型	存在情况	连通关系	接运公交服务情况
1	既有站点	有常规公交线路直接连通	选择服务站点
2		无常规公交线路直接连通	优先服务站点
3	新增站点	无常规公交线路直接连通	优先服务站点

在接运公交服务范围内,第1类站点有常规公交线路直接连接其与现代有轨电车站点,在接运公交线路布设时可选择性串联;第2、3类站点无既有常规公交线路直接连接其与现代有轨电车站点,因此在接运公交线路布设时优先连接该类型候选站点,并综合考虑站间距要求、站点周围用地性质及容积率、道路及交叉口情况、换乘通道等因素,生成接运公交候选站点集合。

接运公交的首站一般为现代有轨电车站点,末站的设置要考虑线路长度以及线路形态;若为环形线路,则首末站为同一站点,否则末站的位置直接取决于接运公交线路长度以及公交场站等因素。接运公交在功能层次上是常规公交支线,其线路长度不宜过长,否则会影响线路的运营成本及效率;同时线路也不宜过短,否则无法有效提升公交服务覆盖率;合理的线路长度应介于一定的长度范围内,需结合常规公交支线设置要求和现代有轨电车间接吸引范围来确定。

若接运公交线路的首站位于现代有轨电车站点,其末站的选取可以利用最短路法计算得到候选站点集。最短路法常见的有 Dijkstra 算法和 Floyd 算法;运用 Dijkstra 算法可以生成给定站点间的最短路径,运用 Floyd 算法则可以生成网络中所有站点间的最短路。本书运用 Dijkstra 算法得到各候选站点到首站的最短距离;筛选出该最短距离符合接运公交线路长度要求(即两者间最短距离介于接运公交最小和最大线路长度之间)的站点,并将这些站点作为候选末站站点,生成候选末站集;根据线路所需末站站点数,从候选末站集中选取相应站点作为接运公交末站,一般优先选取距离首站较远的站点。

3. 候选线路生成

确定现代有轨电车接运公交候选站点集合以及首末站后,可采用多种方法来生成接运公交候选线路,主要有启发式算法和基于图论的方法。

启发式算法是通过设定一系列的规则,给出求解步骤,一般应用于规模较大的问题需要在有限时间内求解可行解的情况。相较于最短路法和 k 短路法,启发式算法可以避免求解空间过大的问题,能够在较短的时间和空间内给出问题的可行解或者较优解,但也更为复杂。

基于图论的方法主要有最短路法和 k 最短路法,最短路法可以生成起讫点间的一条最短路径,k 最短路法可以生成起讫点间前 k 短的路径。从乘客角度出发,利用最短路法生成接运公交候选路线,可以减少乘客的行程时间;而从公交运营角度出发,最短路法生成的公交线路所能覆盖的人口岗位往往不够充足,服务范围较小,这将大大增加公交企业的运营成本。在实际规划中,接运公交应具有一定的迂回性,以服务更多的出行需求,同时兼顾乘客出行时间和企业运营成本。因此选择 k 最短路法生成前 k 短的路径,得到的线路走向更加符合实际需求。在基于图论的方法中,道路网络是计算的核心,它可以是原始的几何道路网络,也可以是原始道路网络经过加权处理后所构建的加权道路网络;加权方式可根据站点乘客量、路段拥挤程度等因素进行衡量。综合各方法的特点,本书选择 k 短路法来生成接运公交候选线路集合。结合图 8-33 说明现代有轨电车接运公交候选线路生成的具体步骤:

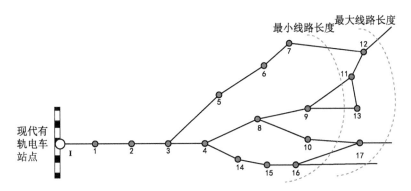

图 8-33 接运公交线路末站选取示意图

(1) 确定接运公交线路的首站,位于现代有轨电车站点 I 处;

(2) 在接运公交服务范围内选取候选站点,并生成接运公交候选站点集,将各候选站点标号,如图 8-33 中站点 1,2,3,…,17;

(3) 利用 Dijkstra 算法,计算各候选公交站点与公交首站间的最短距离;

(4) 确定接运公交线路的长度约束范围,找出与首站的最短距离符合接运公交线路长度要求的站点,这些站点即为接运公交末站候选点,如图 8-33 中的站点 11、12、13、17;

(5) 根据所需的末站站点数 n,依次选取距离首站的最短距离较远的前 n 个站点,作为接运公交末站。如图 8-33 所示,比较各站点到首站的最短距离,按距离远近排序依次是 12、17、13、11,若选取 2 个首末站,则站点 12、17 为接运公交末站;

(6)确定接运公交的首末站,利用 k 短路法计算首末站间的前 k 短线路,生成接运公交初步候选线路集合;根据接运公交的线路长度和非直线系数的要求,对运用 k 短路生成的候选线路进行筛选,生成最终的接运公交候选线路集合。

8.3.3 接运公交线路生成

1. 线路生成模型

(1)模型假设

现代有轨电车与接运公交的模式主要有三种：出行起点—接运公交—现代有轨电车—出行终点;出行起点—现代有轨电车—接运公交—出行终点;出行起点—接运公交—现代有轨电车—接运公交—出行终点。第三种模式乘客需要换乘两次,相较于前两种只需换乘一次的情况,第三种模式的乘客相对较少,本书中暂不予讨论。对于前两种现代有轨电车—接运公交模式,可能存在现代有轨电车线路间的换乘,本书也不讨论此类情况。在研究接运公交线路生成时,前两种模式情况相似,假设构建模型过程以第一种情况为例进行讨论。模型假设如下：

① 现代有轨电车站点的间接吸引范围、候选公交站点集合及候选接运公交线路集合已知;

② 一个现代有轨电车站点可有多条接运公交线路;

③ 现代有轨电车间接吸引的客流分布已知,即待接运客流 OD 已知,且不受接运公交线路布设的影响;

④ 接运公交的所有乘客均能顺利乘坐其到站后的首班现代有轨电车;

⑤ 各候选公交站点及现代有轨电车站点间距离已知。

(2)模型构建

① 目标函数

在现代有轨电车间接吸引范围内布设接运公交线路,目标在于高效、有序地为现代有轨电车集散客流。由于现代有轨电车属于中低运量的地面轨道交通方式,所以不宜将大范围的客流完全聚集到现代有轨电车线路上,因此在接运公交线路生成时应重点考虑两点：接运公交服务范围的有限性,只限于现代有轨电车间接服务范围,若接运公交线路布设过长,既无法有效吸引客流,也会降低线路本身的运营效益;接运公交服务客流的选择性,优先服务于在现代有轨电车线路上中长距离出行的客流,现代有轨电车的功能定位是服务中长距离出行,所以接运公交的最主要目标是为现代有轨电车集散中长距离出行的客流,短距离出行则由周边的常规公交承担,这样有利于提升公共交通系统的整体效率。因此,本书构建模型的目标主要有乘客平均行程时间最小和客运周转量最大。

A. 乘客平均行程时间最小。在现代有轨电车的间接服务范围内,乘客希望能够快速集散,因此选择乘客平均行程时间最小作为目标函数之一。

$$\min Z_1 = \frac{\sum_{m=1}^{M}\sum_{l=1}^{L}\sum_{n=2}^{N}\left[q(B_{nl}^{R_{m'}}, R_m) \cdot l(B_{nl}^{R_{m'}}, R_{m'})/V\right]}{\sum_{m=1}^{M}\sum_{l=1}^{L}\sum_{n=2}^{N}q(B_{nl}^{R_{m'}}, R_m)} \qquad (8-1)$$

式中:Z_1——乘客平均行程时间。

$\quad\quad l$——第 l 条候选接运公交线路,$l = (1, 2, \cdots, L)$。

$\quad\quad R_m$——第 m 个现代有轨电车站点,$m = (1, 2, \cdots, M)$,其中 $R_{m'}$ 表示现代有轨电车候选接运站点。

$\quad\quad B_{nl}^{R_{m'}}$——表示衔接现代有轨电车站点 $R_{m'}$ 的候选接运公交线路 l 上的第 n 个候选接运公交站点,$n = (1, 2, \cdots, N)$;假定线路 l 上的第 1 个候选接运公交站点为现代有轨电车接运站点,即 $B_{1l}^{R_{m'}}$ 与 $R_{m'}$ 重合。

$\quad\quad q(B_{nl}^{R_{m'}}, R_m)$——表示公交站点 $B_{nl}^{R_{m'}}$ 到现代有轨电车站点 R_m 的客流需求,假定已知,可通过大数据等手段预测得出,$R_{m'} \neq R_m$。

$\quad\quad l(B_{nl}^{R_{m'}}, R_{m'})$——表示公交站点 $B_{nl}^{R_{m'}}$ 到其衔接的现代有轨电车接运站点的距离,假定已知。

$\quad\quad V$——接运公交的平均运行速度,假定已知,可根据历史数据估算求得,本书中取值 25 km/h。

B. 现代有轨电车接运客流周转量最大。由于现代有轨电车服务于中长距离的特性,接运公交优先为现代有轨电车集散中长距离出行的乘客,因此选择现代有轨电车接运客流的客运周转量最大作为目标函数之一。

$$\max Z_2 = \sum_{m=1}^{M}\sum_{l=1}^{L}\sum_{n=2}^{N}q(B_{nl}^{R_{m'}}, R_m) \cdot l(R_{m'}, R_m) \qquad (8-2)$$

式中:$l(R_{m'}, R_m)$——表示现代有轨电车站点 $R_{m'}$ 到站点 R_m 的距离,假定已知,$R_{m'} \neq R_m$。

② 约束条件

A. 接运公交线路长度约束。接运公交线路长度过短不利于提高公交覆盖率,过长则不利于乘客出行效率,因此线路长度要在合理范围之内;结合现代有轨电车的吸引范围和接运公交的布设要求,建议取值 4～8 km。

$$l_{\min} \leqslant l(B_{1l}^{R_{m'}}, B_{Nl}^{R_{m'}}) \leqslant l_{\max} \qquad (8-3)$$

式中:$l(B_{1l}^{R_{m'}}, B_{Nl}^{R_{m'}})$——表示接运公交线路 l 的总长度,即从首站到末站之间的运营距离；

$l_{\min}$——表示接运公交线路的最小长度；

$l_{\max}$——表示接运公交线路的最大长度。

B. 新增接运公交线路条数约束。从企业角度而言，有效控制运营成本是其比较关心的，而新增接运公交线路条数是影响运营成本的主要因素，因此本模型需对新增接运公交条数进行约束。

$$L \leqslant L_{\max} \tag{8-4}$$

式中：L——表示新增接运公交条数；

$L_{\max}$——表示最大可新增接运公交条数。

C. 线路非直线系数约束。非直线系数过大会导致线路绕行距离过长，增加乘客和企业成本，因此需对接运公交线路的非直线系数进行约束，当新增接运公交为环形线路时则不需要满足该约束。

$$\frac{l(B_{1l}^{Rm'},\ B_{Nl}^{Rm'})}{D(B_{1l}^{Rm'},\ B_{Nl}^{Rm'})} \leqslant \alpha \tag{8-5}$$

式中：$D(B_{1l}^{Rm'},\ B_{Nl}^{Rm'})$——表示接运公交首站和末站间的空间直线距离；

α——表示线路非直线系数的最大值，结合接运公交线路特性，本书取 $1.4^{[139]}$。

由以上分析可知，现代有轨电车接运公交生成模型是一个多目标优化模型，可通过对两个目标函数进行权重赋值，将其转变成单目标的优化模型，以便于求解，因此将目标函数更新为：

$$\min Z = \beta Z_1 + \gamma Z_2 \tag{8-6}$$

式中：β、γ——分别表示乘客平均行程时间和现代有轨电车客运周转量的权重，可根据规划需求或者偏好进行取值，其中 γ 为负值。

综上分析，现代有轨电车接运公交生成模型为：

目标函数：式(8.6)。

约束函数：式(8.1)～(8.5)。

2. 求解算法

针对上述构建的多目标规划模型，提出采用遗传算法进行求解。遗传算法（Genetic Algorithm）是一种模拟自然界生物进化规律来搜索近似最优解的方法。

（1）编码设计

运用遗传算法的第一步是对线路布局方案进行编码设计。接运公交线路由公交站点和线路走向组成，因此可用一组有顺序的字符集来代表线路布局，如图

8-34 所示。b_{nl} 表示公交站点的编号,其属于接运公交的候选站点集合;l 表示线路编号;n 表示是该线路的第 n 个公交站点,$n=1$ 时表示线路首站,本书假定为与现代有轨电车站点衔接的公交站点。各接运公交线路的站点数不同,因此代表线路布局的染色体长度也各不相同,可结合接运公交线路候选集合对各染色体进行首末站的确定,以作为后续交叉运算中的标记点。

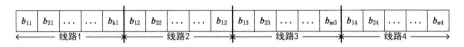

图 8-34　线路布局方案编码设计示意图

（2）交叉运算

交叉运算是遵循遗传学机理来产生子代。本书的交叉运算分为两类,首先是对不同方案内的候选线路进行交叉,再对同一方案内的不同线路进行交叉,来得到较优解。

第一类:对两个布局方案进行交叉运算。该类交叉运算是从不同的父代方案中选择公交线路进行交换,以生成子代方案。父代方案的选择具有随机性,与交叉率 π 有关;进行交叉的两条公交线路需要具有相同的首末站。

第二类:对同一方案中的两条线路走向进行交叉运算。在同一代方案中,随机选择两条线路,若两条线路共同经过同一个站点时,则以共同经过的站点为交叉点,交换部分线路走向,产生子代方案;若共同经过多个站点,那么每个站点都有相同的概率被选为交叉点;若两条线路没有共同站点,则继续搜寻其他线路。

（3）变异运算

作为遗传算法中的关键步骤之一,变异运算可有效降低局部最优解的出现频率。通过变异操作,可微调候选接运公交线路的局部走向,以得到可能被遗漏的较优解。其中变异点的选择也具有一定的随机性,与变异率 ω 有关;且变异后产生的站点一般为变异站点的邻接站点,同时该邻接站点要与线路中的前后站点有道路相连接。

（4）选择运算

选择运算是为了把父代方案中较好的个体遗传到子代方案中。本书选择目标函数值最优前 N 解,遗传到子代方案中。对于约束条件,遗传算法中有拒绝、惩罚等策略,本书中当个体不满足约束条件时,增加一定的惩罚系数后将其加入目标函数的计算中。

具体求解步骤如图 8-35 所示。

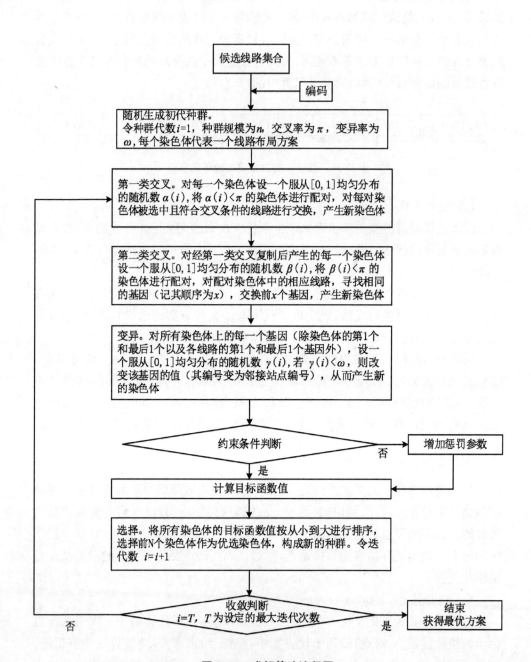

图 8-35　求解算法流程图

8.4　案例分析

以苏州高新区科技城片区为例,研究现代有轨电车 2 号线与常规公交线路的协调方案;由于现代有轨电车 2 号线暂未开通运营,因此本节暂不研究两者的运行协调方案,主要从以下两方面给出协调方案:梳理并调整既有常规公交线路,优化其和现代有轨电车的线路走向关系、换乘站点的设置;新增现代有轨电车接运公交线路。

1. 既有常规公交调整

(1) 线路调整

现代有轨电车 1 号线、2 号线以及 1 号线延伸线均经过科技城片区;常规公交主要有 9 条线路经过科技城,如图 8-36 所示,其中跨区线路有 7 条,分别为441、443、355、356、336、353 和 852;区内线路有 2 条,为 310 和 350。跨区线路可分为三类:一类为 441、443 和 852,沿北部产业边界(通墅路、秦岭路)联系石路、狮山片、望亭等;一类为 355 和 356,沿南部产业区(青山路、科普路、锦峰路)联系金阊新区、狮山片等;一类为 336 和 353,贯穿南北向后(金沙江路)对外联系浒关、狮山片等。区内线路为南北两个环,350 解决北部区域通勤和生活出行,310 解决南部区域通勤出行。现状中,跨区常规公交线路还承担部分区内南北向的出行,且该部分线路长度过长;同时还存在公交盲区,中部生活区公交服务需要改善。

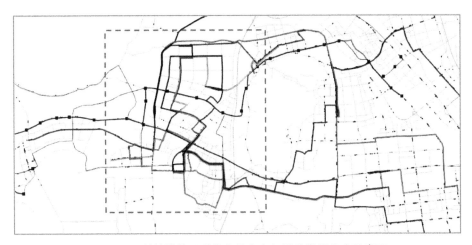

图 8-36　科技城片区现代有轨电车与沿线常规公交示意图

① 线路截短和局部调整。线路 441 为北部跨区线路,起讫点为太湖湿地公园—广济桥西,与现代有轨电车 1 号线、2 号线分别在龙康路站、漓江路站以及虎

嘹路站附近相交。作为常规公交主干线,其在科技城、生态城的走向与有轨电车2号线以及1号线延伸线基本一致,功能应由有轨电车替代。结合线路的客流特征,主要OD分布为镇湖—东渚,金市—华通花园,以及华通片—石路片;太湖湿地公园—金市的乘客相对较少且出行区间较为独立,因此线路441采取截短措施,在金市站截短,保留金市至广济桥西,并衔接至金市首末站,调整方案如图8-37所示。

线路336为贯穿南北的跨区主干线,有轨电车2号线开通后,浒通片区至科技城片区主要以现代有轨电车为主,因此截短线路336线路既能减少其与现代有轨电车的不合理竞争,也能缩短线路运营距离,提高运营效率;同时调整线路的空间走向,使其与金市首末站相衔接,如图8-37所示。

② 取消线路。在科技城片区,线路350与现代有轨电车1号线和2号线重复较多,且与南北向跨区线路重复,因此取消350线路,其功能由现代有轨电车、线路353以及新增接运公交代替,如图8-38所示。

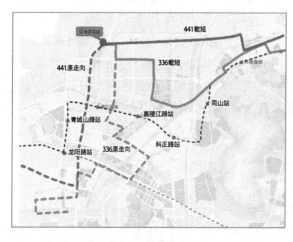

图8-37　线路调整示意图

图8-38　线路取消示意图

（2）换乘站点设置

结合现代有轨电车周边用地、线路敷设形式、站点类型以及与之衔接的常规公交线路情况,参考上文建议的换乘站点设置方式,设置科技城片区的现代有轨电车与常规公交换乘站点。

① 漓江路站。漓江路站点周边主要是工业用地,属于简单型的换乘站点。规划中已沿普陀山路东出口布置一对公交站点;由于南北向有多条公交线路经过,与现代有轨电车存在换乘客流,因此在南北向沿漓江路出口道新增一对站台,采用地面过街形式,如图8-39所示。

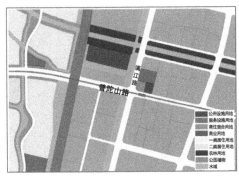

图 8-39　漓江路换乘站点设置示意图

　　② 嘉陵江路站。嘉陵江路站点西侧以工业用地为主,东侧为公共设施混合用地,且站点东南角上为新建学校,是多元型换乘站点。规划中沿普陀山路东、西出口道路布置站台,建议在南北向沿嘉陵江路出口道新增一对站台,采用地面过街形式,如图8-40所示。

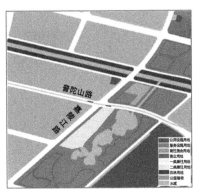

图 8-40　嘉陵江路换乘站点设置示意图

　　③ 科正路站。科正路站点周边以居住用地为主,东南角为新建住宅小区,以北为待开发地区,属于简单型换乘站点,南北向辐射面广。规划中沿科正路北侧绿化带布置常规公交站台,建议南北向沿天佑路出口道新增一对站台,由于北部为待开发地区,因此可在近期预留,远期实施,如图 8-41 所示。

　　2. 新增接运公交线路

　　科技城片区的路网和现代有轨电车线路如图 8-42 所示。结合现代有轨电车站点间接吸引客流预测和站点周边既有常规公交运输能力情况,选择现代有轨电

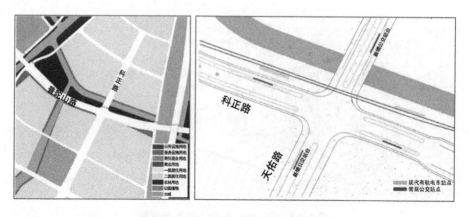

图 8-41 科正路换乘站点设置示意图

车 2 号线的漓江路站和嘉陵江路站作为接运站点。筛选片区范围内的全部路网，形成接运公交线路可依附的道路网络，如图 8-43 所示。

图 8-42 筛选前道路网络

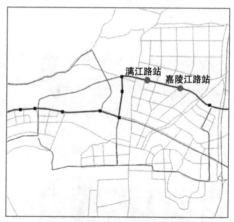
图 8-43 筛选后道路网络

研究范围内有 9 条既有常规公交线路，如图 8-44 所示；经调整后有 4 条常规公交线路与现代有轨电车衔接，如图 8-45 所示；从图 8-45 中可看出，部分常规公交线路调整或取消后，导致部分站点无常规公交线路经过，需要新增接运公交来为其提供服务。

结合用地开发情况、道路设施条件、公交覆盖率等因素新增部分常规公交站点，与既有常规公交站点共同构成待筛选站点集合；根据常规公交刷卡数据分析站点客流量，并结合站点有无常规公交经过、站点所经过常规公交数量以及周边道路条件等因素筛选出候选站点集合，如图 8-46 所示。结合 8.3.2 中的 k 最短路

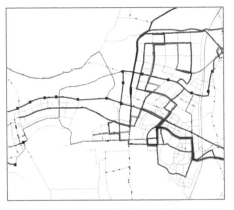

图8-44　调整前公交线网

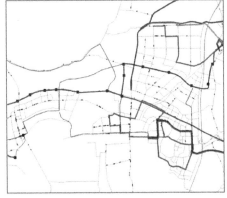

图8-45　调整后公交线网

法,生成6条候选接运公交线路集合,如图8-47所示,各线路沿线站点编号为:

　　候选线路1:1—2—3—4—5—8—9—11—漓江路站;

　　候选线路2:1—2—3—6—7—16—14—13—12—22—漓江路站;

　　候选线路3:72—71—68—66—61—52—30—29—23—漓江路站;

　　候选线路4:72—71—74—75—78—64—63—62—58—30—漓江路站;

　　候选线路5:嘉陵江路站—26—29—31—35—42—45—39—37—嘉陵江路站;

　　候选线路6:嘉陵江路站—26—32—28—31—35—43—46—41—39—37—嘉陵江路站。

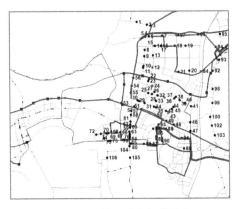

图8-46　接运公交候选站点

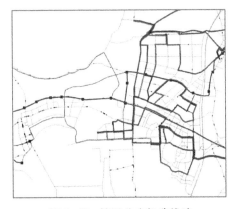

图8-47　接运公交候选线路

　　各候选线路相邻站点间的距离已知,可通过TransCAD路网测量得到。现代有轨电车相邻站点间的距离如表8-9所示。

表 8-9　现代有轨电车 2 号线相邻站间距

站点名称	龙安路站 1	青城山路站 2	普陀山路站 3	漓江路站 4	嘉陵江路站 5	科正路站 6	阳山西路站 7	树山路站 8	金通路站 9	西唐路站 10	中唐路站 11
站间距（m）	0	840	672	1 025	1 299	1 561	1 126	1 362	672	863	710

站点名称	东唐路站 12	建林路站 13	312 国道站 14	香桥路站 15	兴贤路站 16	鸿福路站 17	风桅路站 18	城际站 19	支线大同路站 20	支线文昌路站 21	
站间距（m）	874	949	583	850	857	915	748	489	717	648	

现代有轨电车间接吸引客流的出行分布假定已知，可通过客流需求预测得到。假设早高峰 7:00—9:00 时间段的吸引客流分布如表 8-10 所示。结合接运公交线路生成模型，运用遗传算法对模型进行求解，经多次试算确定交叉率 π 取值为 0.8，变异率 ω 取值 0.03，种群的规模设为 30，种群最大迭代次数设为 100。在最终的输出结果中，结合公交线网的布设情况以及实际道路场站条件，确定最终的布局方案如图

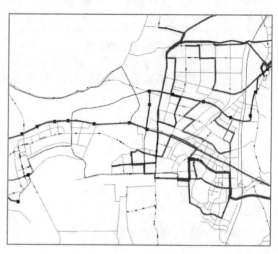

图 8-48　新增接运公交线路

8-48 所示：共生成 3 条接运公交线路，$Z_1 = 21.3\text{min}$，$Z_2 = 735.6$ 人·km。各接运公交线路站点编号为：

线路 1：1—2—3—4—5—8—9—11—漓江路站；

线路 3：72—71—68—66—61—52—30—29—23—漓江路站；

线路 6：嘉陵江路站—26—32—28—31—35—43—46—41—39—37—嘉陵江路站。

表 8-10　早高峰现代有轨电车间接吸引客流分布

		有轨电车站点编号																			
		1	2	3	4	5	6	7	8	9	10	11	12	13	14	15	16	17	18	19	20	21
公交站点编号	1	10	3	0	3	1	3	5	5	10	8	15	13	17	23	20	18	13	10	7	3	0
	2	3	1	1	0	0	5	3	1	9	10	13	20	16	14	13	5	0	1	0		
	3	16	7	3	1	3	4	2	10	16	12	5	6	7	3	0	0	1	0	0	2	

续表

	有轨电车站点编号																				
	1	2	3	4	5	6	7	8	9	10	11	12	13	14	15	16	17	18	19	20	21
4	0	0	1	0	0	1	6	7	11	5	13	12	8	9	11	2	0	0	0	0	0
5	0	0	0	5	4	7	15	10	7	9	3	6	4	0	3	1	0	1	0	0	0
6	1	0	0	2	4	3	5	8	12	7	9	11	12	13	10	8	1	5	0	3	5
7	8	0	1	1	3	2	3	3	0	0	4	1	2	0	3	0	4	2	3	4	4
8	4	4	0	4	1	0	1	2	1	0	1	0	1	4	2	0	0	1	3	3	1
9	7	0	4	2	2	0	2	2	1	4	4	3	4	1	4	3	2	4	2	1	3
11	2	0	12	4	7	11	0	9	13	9	14	3	5	4	5	6	7	13	8	8	12
12	3	5	3	0	0	4	3	13	7	8	13	12	8	8	7	12	6	10	10	9	9
13	5	4	1	2	4	4	2	1	2	7	9	1	0	0	14	13	5	4	4	0	1
14	5	1	7	3	2	2	2	4	2	9	1	8	1	18	15	5	4	2	1	4	3
16	3	0	6	2	1	2	3	2	4	2	12	17	8	0	9	2	1	2	3		
22	9	10	16	3	0	0	0	4	4	3	7	8	13	9	14	13	0	0	2	1	
23	5	6	9	4	0	4	3	1	1	0	7	12	3	11	10	2	0	0	2	2	4
26	8	0	3	1	2	4	2	2	2	2	1	14	8	13	9	7	2	0	4	3	
28	8	2	1	2	3	4	0	1	4	3	9	12	14	19	7	3	5	3	4	1	4
29	13	1	2	2	0	4	0	3	4	4	9	8	5	1	5	9	0	1	1	0	0
30	17	1	0	0	0	2	0	0	2	7	5	5	5	3	13	6	4	1	0	1	4
31	19	11	9	1	3	2	0	4	4	7	9	13	12	19	6	13	1	0	3	3	0
32	7	4	11	2	3	4	0	6	0	3	14	8	13	14	1	2	4	3	3		
35	2	0	3	1	1	1	4	0	3	1	2	7	9	14	10	14	6	1	0	4	3
37	1	8	0	1	1	4	1	6	0	4	10	1	9	0	3	9	7	0	3	2	0
39	9	8	8	1	1	2	4	4	3	0	9	3	8	14	8	4	0	4	0	2	
41	8	5	9	2	2	4	2	1	2	6	10	3	12	18	17	3	9	2	3	0	3
43	6	1	5	3	3	3	4	6	6	9	16	18	4	7	2	2	3	1	3		
46	0	11	4	1	2	4	2	0	4	8	13	4	11	9	8	11	0	3	1	4	1
52	0	14	13	3	1	3	4	6	0	8	1	7	3	10	11	5	0	0	4	3	2
58	6	8	5	0	3	4	4	2	0	13	13	11	7	7	5	8	2	2	1	1	
61	7	5	0	1	1	3	3	3	1	8	10	0	11	15	11	6	0	4	4	4	3
62	0	1	8	1	2	4	1	5	3	0	7	0	16	6	15	4	6	1	0	2	4
63	7	11	13	3	4	1	1	4	1	0	3	10	5	1	16	0	0	2	1	3	0

(第一列纵向标注：公交站点编号)

续表

		有轨电车站点编号																			
		1	2	3	4	5	6	7	8	9	10	11	12	13	14	15	16	17	18	19	20	21
公交站点编号	64	1	8	6	0	1	0	2	2	0	6	0	3	4	3	10	2	2	4	0	2	4
	66	6	8	3	1	2	3	0	0	5	7	7	13	7	19	6	9	2	2	0	0
	68	9	5	13	0	3	3	2	1	3	1	1	3	10	3	11	0	3	0	2	1	2	0
	71	9	14	14	3	0	3	1	6	2	1	13	5	16	1	19	13	3	3	1	2	3
	72	8	6	10	3	3	3	2	5	2	6	14	6	12	3	13	1	3	4	3	4	3
	74	7	2	2	0	0	1	1	4	0	4	6	6	15	4	8	4	3	3	2	0	0
	75	9	12	4	4	3	1	3	3	1	9	14	13	9	16	17	9	3	3	3	4	1
	78	4	0	11	4	2	3	2	2	2	0	9	0	13	0	6	5	6	0	4	0	1

注：行标题表示现代有轨电车站点编号，列标题表示被接运公交候选线路串联的公交站点编号。

8.5　本章小结

本章结合现代有轨电车与常规公交的竞合关系、网络衔接关系分析，提出了两者线路协调的目标与策略，包括既有常规公交线路调整、新增接运公交生成以及协调现代有轨电车与接运公交运行时刻表；在分析现代有轨电车与常规公交空间关系等因素的基础上，从线路和站点两方面提出了既有常规公交线路调整方法；研究现代有轨电车接运站点的选取方式，结合接运公交可依附道路网络筛选和候选站点集合生成，运用 k 短路法生成候选接运公交线路，以乘客平均行程时间最小和接运公交线路效率最大为目标，构建了现代有轨电车接运公交线路生成模型，运用遗传算法进行求解，并以苏州高新区现代有轨电车 2 号线为例进行实证研究。

第9章 现代有轨电车交通运行组织方法分析

9.1 现代有轨电车网络化运行组织方式

从建设及规划线路情况来看,我国有轨电车正逐步从示范线建设转为网络化建设。网络化运营是有轨电车适应地面公交需求的重要特征,对提高有轨电车的运营效益和服务水平有十分重要的作用。

9.1.1 网络化运行组织管理与方式分析

现代有轨电车的运行组织方式有单一交路运行、多交路运行、共线运行、快慢车结合运行以及多编组运行。在实际运营过程中,需要考虑线路运行设施的具体情况以及客流需求,采用合适的运行组织方式。

1. 网络化运行组织管理[140]

(1)组织复杂多样的运行交路

有轨电车线路之间的互联互通为实现多种交路形式提供了先决条件。网络内线路根据各自客流分布特点、车辆配置数量、线路运能大小等情况,采取多交路套跑、支线或共线运营等复杂运营组织方式,使网络运营效率得到提升,同时也满足了乘客对不同交路的需求。

(2)编制多线匹配的运行计划

网络化运营的运行计划需要多线匹配与衔接,根据组织的运行交路及各条线路的首末班车时间,编制严密的列车时刻表,确保共线区段列车的运行安全及线路之间乘客的换乘效率,满足乘客的出行需求。

(3)制订灵活调整的运营方案

为满足运营线路周边各项体育赛事、演唱会、大型展会等活动期间的乘客出行需求,根据活动的时间、地点与规模,编制有针对性的运营方案,并根据活动实际情况进行灵活调整。

(4)实施全面准确的调度指挥

有轨电车线路开放的特点决定了外部环境极易对其运行产生影响,并随着设备设施故障率的提高,整个线网突发事件的发生概率增大,且网络内各条线路之间相互耦合联动,协调难度大;同时,有轨电车网络系统庞大,关联面多,事故容易蔓延,牵一发而动全身。

2. 单一交路运行组织方式

单一交路运行组织方式,是指现代有轨电车在沿线客流波动较小的单条线路上全程来回开行、逐站停车的运行组织方式。

优点是运输组织过程简单,当运营中出现秩序混乱的紧急情况时,调整压力小,乘客更加容易接受。其主要缺点是当全线客流波动较大时,会造成运能的浪费,影响运输能力的有效利用。

单一交路运行组织方式适用于全线贯通运营、客流比较均衡并且没有较大落差的线路。在现代有轨电车开通运营的初期被广泛采用,例如南京河西新城现代有轨电车1号线、广州海珠区现代有轨电车、苏州高新区现代有轨电车1号线等。

3. 多交路运行组织方式

多交路运行组织方式,是指针对较长线路上客流分布的区段差异性,运营商在同一线路上开行两种或两种以上交路形式车辆的运行组织方式。多交路运行根据组合方式不同,可以分为嵌套交路和衔接交路两种。

(1) 嵌套交路运行组织方式

又称长短交路、大小交路。长交路和短交路的车辆在线路部分区段组合运行,长交路车辆到达终点站后折返,短交路车辆在指定的中途站单向折返。根据嵌套的短交路的折返位置,还可以进一步分为两种类型,如图9-1所示。其中,(a)种情况在实际情况中应用较多。

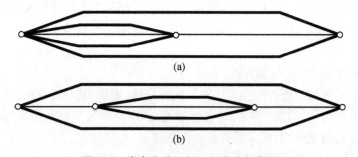

图9-1 嵌套交路运行组织方式示意图

与全线采用单一交路运行组织方式相比,采用嵌套交路运行组织可以在最大程度上适应客流发生规律,缩短乘客的候车时间和在途时间;可以有效提高各个交路的车辆满载率,能加快交路车辆的周转,节约车辆资源,从而降低运营成本,提高运营效率和收益。

其主要缺点是当长短交路车辆开行数量以及运行周期不一致时,会造成共线段运行发车间隔不均衡,运输组织复杂,运营过程中一旦出现秩序混乱的紧急情况时调整压力大;前往郊区的乘客等待时间较长并且容易发生上错车的情况,造成无谓的换乘;当长交路的发车间隔不是短交路的整数倍时,将产生空费时间,浪费线路的运输能力。

嵌套交路运行组织方式适用于全线客流不均匀,断面客流在沿线某站点有明显的落差,且线路中途站点设置有渡线的现代有轨电车线路。当城市的发展以中心城区为主导时,城市中心内部以及郊区和城市中心之间的客流比较大,而郊区段内部以及郊区之间的客流量相对较小,城市中心是主要的出行目的地,城市中心到郊区沿线存在有明显的客流落差。城市中心高强度的客流可以通过开行高密度的短交路满足,郊区之间以及城市到郊区之间低密度的穿越需求可以通过开行低密度的长交路满足。

例如,澳大利亚墨尔本现代有轨电车 6 号线在部分时间段内采用了嵌套交路运行组织方式。表 9-1 展示了该线路部分站点部分时段的到站时刻表,线路在 Glenferrie Rd 站形成一个折返点,在该时段内 6 号线车辆行驶完全程后折返,而 6d 号线车辆到达 Glenferrie Rd 站便折返,调头进行另一个半圈的运行。

表 9-1 墨尔本现代有轨电车 6 号线到站时刻表

站名	6	6d	6	6	6d
Kooyong Rd	9:26	9:35	9:45	9:54	10:02
Glenferrie Rd	9:28	9:37	9:47	9:56	10:04
De La Salle College	9:29	—	9:48	9:57	—
Fraser St	9:30		9:49	9:58	
Tooronga Rd	9:31		9:50	9:59	
GLEN IRIS	9:34		9:53	10:02	

注:因为车辆成对开行,表中仅列出某一运行方向的车辆时刻表。

(2)衔接交路运行组织方式

衔接交路运行组织方式,是指若干长短交路组合衔接(或交错衔接)的运行组织方式。车辆只在线路的某一区段内运行,在指定的中间站折返。

根据衔接的交路是否同站折返,还可以进一步分为同站衔接运行组织方式和交错衔接运行组织方式两种类型,分别如图 9-2 中的(a)和(b)所示。同站衔接运行组织方式是长短交路车辆在同一个车站衔接并分别折返至各自交路,对不同交路车辆开行的数量以及运行周期的匹配性没有要求,两个交路可以各自设定,能够较好地解决相邻区段客流差异较大的问题。交错衔接运行组织方式是长短交路在某一段线路重叠,并在对方的交路内折返,由于其交错区段可长可短,具有更广泛的适用性。

同站衔接运行组织方式对折返站的折返能力要求较高,同时,若同站衔接运行组织方式的中间折返站为断面客流出现明显落差的车站,则可能出现站台负荷过饱和的问题,此时宜采用交错衔接的交路,使不同交路的中间折返站错开设置。

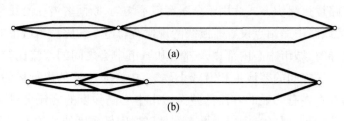

图 9-2　衔接交路运行组织方式示意图

衔接交路运行组织方式可以满足郊区客流出行比例逐渐增大,但仍表现出明显的向城市中心城区集中的客流特征。此时,从线路两端的郊区开往城市中心的交路可以满足不断增长的郊区到城市中心区域的出行需求。

4. 共线运行组织方式

共线运行组织方式,是指在共线(干线)运营区段,不同支线的车辆按一定的组合形式和发车频率在线路上运行,共同分配共线区间的运输能力。为了更好地满足中心区与郊区之间的客流变化以及直通需求,很多城市在现代有轨电车主干线的郊区延伸范围修建支线,不仅扩大了现代有轨电车服务的覆盖面,也充分发挥了干支线的运输能力[141]。

共线运行组织方式适用于沿线客流存在某一区段目的地比较分散的现代有轨电车线路。客流量是确定支线和干线的基本标准,客流需求较小且目的地分散的线路称为支线,客流需求较大的称为共线段(干线)。考虑支线客流量的大小是否满足建设支线的条件,开行支线直通车辆通过共线车站,同样需要考虑共线的客流条件。一般而言,共线站及其前后两个断面的客流特点集中反映出共线运行组织条件下线路整体的客流特征。

根据两条线路的组合形式,共线运行组织方式可以分为单 Y 型共线、双 Y 型共线以及 O 型共线三种运行组织方式。

(1) 单 Y 型共线运行组织方式

线路在共线段尽头分别延伸出去,形成两条 Y 型支线,如图 9-3 所示。由于客流在郊区不够集中,所以将从干线到郊区的延伸段分为几个方向,以减少乘客的换乘次数,提高现代有轨电车线路的便捷性。

例如,英国克罗伊登现代有轨电车 1 号线与 2 号线在 Arena 站前共线运行,在此站之后分开运行,行驶在各自的支路上。表 9-2 列出了两条线路早高峰某个

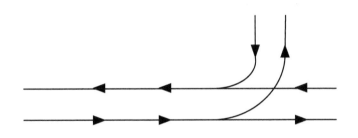

图 9-3　单 Y 型共线运行组织方式示意图

时段在 Arena 站的到站时刻表。在该时段内,1 号线开行 5 个班次,发车间隔 10～15 min,2 号线开行 6 个班次,发车间隔 10 min。

表 9-2　克罗伊登现代有轨电车 1 号线与 2 号线到站时刻表(早高峰)

站名	2	1	2	1	2	1	2	2	1	2	1
Arena	7:05	7:07	7:15	7:17	7:25	7:32	7:35	7:45	7:47	7:55	8:02

(2) 双 Y 型共线运行组织方式

两条运营线路的中间某段共线,其车辆在此段行驶在同一段轨道线上,如图 9-4 所示。这样设置一方面可以方便不同线路间乘客的换乘,另一方面通过多条线路的运行有效降低了客流量较高路段的集疏散压力。

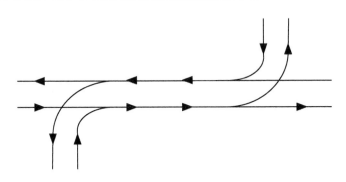

图 9-4　双 Y 型共线运行组织方式示意图

例如,日本广岛现代有轨电车 6 号线和 7 号线在十日市町站与纸屋町西站两个站点之间的线路上共线运行,而在此两站之前和之后都是行驶在各自的支路上。表 9-3 列出了两条线路在纸屋町西站同一开行方向的到站时刻表,现代有轨电车 6 号线在该段时间内开行 7 个班次,发车间隔 3～11 min,7 号线在该段时间内开行 7 个班次,发车间隔 8～12 min。

表 9-3　广岛现代有轨电车 6 号线与 7 号线到站时刻表(早高峰)

站名	6	7	6	7	7	6	7	6	7	6	7	6	7	6
纸屋町西站	7:02	7:05	7:13	7:15	7:18	7:20	7:26	7:32	7:35	7:42	7:45	7:51	7:56	7:59

（3）O 型共线运行组织方式

该组织方式中支线在共线段中岔出且形成环路,如图 9-5 所示,可连接网络中更多的车站,从而达到减少乘客换乘次数的目的;同时形成了环路,由一个站点到另一个站点增加了一个交路,从而增大了线路的覆盖面。

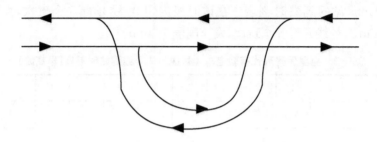

图 9-5　O 型共线运行组织方式示意图

例如,澳大利亚墨尔本现代有轨电车 57 号线与 59 号在 Abbotsford St Interchange 站分开行驶上各自的支路,然后在 Queen Victoria Market 站又汇合,形成一个"O 型"。表 9-4 列出了两条线路在两个重要的节点站点的早高峰到站时刻表。在该段时间内,现代有轨电车 59 号线开行 5 个班次,发车间隔为 7～10 min,现代有轨电车 57 号线开行 5 个班次,发车间隔为 7～10 min。

表 9-4　墨尔本现代有轨电车 57 号线与 59 号线到站时刻表(早高峰)

站名	59	57	59	57	59	57	59	57	59	57
Abbotsford St Interchange	7:01	7:03	7:12	7:13	7:20	7:20	7:28	7:28	7:35	7:36
Queen Victoria Market	7:09	7:14	7:20	7:24	7:28	7:32	7:37	7:40	7:44	7:49

5. 快慢车结合运行组织方式

快慢车结合运行组织方式,指根据线路的长、短途客流特点和运输能力利用状况,在开行站站停慢车的基础上,同时开行越站或直达快车的运行组织方式。

一方面,为了充分发挥现代有轨电车系统的作用,要求设置足够数量的车站;另一方面,车辆频繁的停站降低了旅行速度,也延长了乘客出行时间,同时其运行效率以及对线路的客流吸引力降低。因此,增设车站与缩短旅行时间是一对矛盾,这种矛盾随着线路增长而加剧。开行快慢车可以有效减小线路不同区间客流特征及车辆频繁停站对线路运输的影响。与此同时,在开行快线后,能提高车辆的旅行速度,缩短旅行时间,为长距离的乘客提供更高水平的服务;同时可提高车辆的运营效率,减少运营车辆数。

快慢车运行组织方式下,快车有两种组织方式,一是越站不越车,从而提高车辆的运行速度,满足部分长区间出行乘客的需求;二是越站又越车,同样可以提高运行速度,并且组织方式将更加灵活,但是需要增加一条或两条轨道以便于组织后方车辆超越前方车辆。对地铁交通方式而言,由于其线路布置在高架或者地下,具有较高的路权,因此有较多的空间布置三轨或者四轨线路。而现代有轨电车线路多布设在地面,路权等级较低,会与机动车、非机动车混行,若是敷设三轨或者四轨线路,地面空间占用过大,极大地影响了地面其他交通方式的运行。因此,现代有轨电车线路一般情况下都采用单线双轨的形式,快车虽然可以越行车站,但不能"超车",必须跟在慢车的后面,如图 9-6 所示。

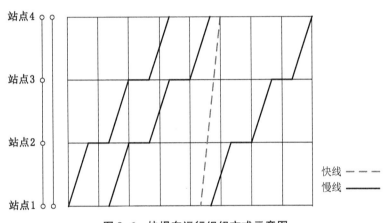

图 9-6　快慢车运行组织方式示意图

符合乘客出行 OD 分布特征是快慢车开行方案适应性的基本依据。越站、直通快车只有在线路较长、存在一定比例的长距离出行需求(如远郊通勤、跨城出行等)时,才有必要设置。对于跨越市郊边缘的长线路,全线各站乘降量分布不均衡,可设置快慢车结合开行;从乘客乘降量上看,日均乘降量较高的车站一般设置为快车经停站,日均乘降量较低的车站设置为快车越行、慢车经停站。

6. 多编组运行组织方式

多编组运行组织方式是指针对现代有轨电车线路客流在不同时段的差异,由运营方事先设计并发出具有不同模块数车辆的运行组织方式。

车辆的编组是以客流为基础和依据的,而客流量的变化在一天的不同时段和不同时期都会呈现不同的特征,编组方案要在满足客流需求的前提下进一步规划。若某条线路的车辆编组能够满足客流需求则不必采用多编组形式,若某线客流量变化比较大,则考虑增加短编组车辆或者长编组车辆满足过低或者过高的客流变化。

影响车辆编组方案的主要因素有两类,客流因素和车辆本身的技术特性。根据目前的实际问题,有以下两种多编组运行组织方式。

(1)适应全天不同时段客流变化的多编组运行组织方式

对于很多城市的现代有轨电车客流,每天的客流量在不同时段会有很大的不同,低峰、高峰、平峰的客流量具有较大的差异,对于客运量的需求也不相同,为了满足客流变化的需要,同时提高车辆使用的效率,可以在不同时段运行不同编组的车辆,高峰时段采用较长的编组以及较短的发车间隔,低峰、平峰时段采取较短的编组以及较长的发车间隔。

(2)适应不同时期客流量变化的多编组运行组织方式

不同时期客流量是指节假日或者客流有大幅波动的时期所对应的客流量,区别于一天内的客流高峰与低峰。

受到城市经济发展、城市人口增长等诸多因素的影响,客流量在节假日期间会有很大的波动,探亲访友、旅游等高峰时期客流大幅增长。所以在基于不同时期客流量变化的多编组运行组织方式中,可以采用扩编、解体插编等方法灵活改变车编组的大小。

7. 跨线运行组织方式

跨线运行组织方式是指在相互衔接的2条或多条有轨电车线路上,车辆可从一条线路跨越到另一条线路行驶,从而与该线路上原有车辆共用某一区段的运营组织方式。

有轨电车线网运输效率各不相同。部分线路客运量大,运输能力无法满足客运需求,部分线路客流较小,线路和车辆的使用效率较低。为提高线网整体运输效率,跨线运营的实施可使列车灵活开行于不同线路,在客运高峰时段调用运输压力小的线路列车支援运输压力大的线路,同时当某条线路出现车辆积压、线路堵塞的情况时,也可以组织该线路车辆借用其他线路进行绕行。跨线运营实现了线路、列车、车辆段等设备设施的共享,提高了城市轨道交通各线路间的联动性,且丰富了线网行车组织方式。此外,跨线运营减少了大客运量线路压力,增加小客运量线路使用率;同时,可实现乘客不下车换乘,方便乘客出行,并减小换乘车站压力。

就过轨形式而言,有站前过轨、站后过轨以及联络线过轨这三类形式来实现跨线。从线网形态上划分,如图9-7所示,第一类:线路终点对接,即一字型跨线形式;第二类:线路的终点与另一条线路的中间站衔接,即 Y/T 型;第三类,两条线路通过中间站对接,即 X 以及双 Y 型跨线形式。

X 型和双 Y 型跨线运营组织复杂,可能影响两条线路多个区域的运力,通常两条线路的发车密度都不大。双 Y 型有利于充分利用线路通道,节约通道资源,不增加轨道的情况下共线段的通过能力将产生折减。在实际应用中,以一字型跨线居多,这种形式的跨线运营简单、工程实施难度和运营管理难度都相对较低,本质上可看成一条线路的运营组织问题。而其他形式的跨线运营组织则复杂许多,对两条线路多个区域的通过能力都有影响,且客运组织、行车组织难度大幅提高。

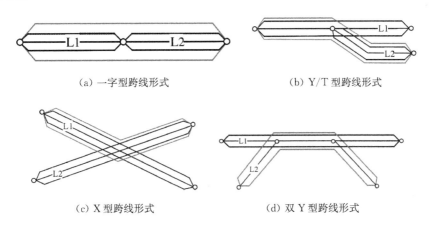

(a) 一字型跨线形式　　　　　　　　(b) Y/T 型跨线形式

(c) X 型跨线形式　　　　　　　　(d) 双 Y 型跨线形式

图 9-7　跨线形式示意图

9.1.2　网络化运行组织方式的确定流程

根据运行组织方式的定义以及对不同运行组织方式特征的分析,可将运行组织方式的确定流程分为以下几个步骤:

获取相关线路客流需求的数据,对于现有线路,可以通过实地调查获取;对于规划线路,可以通过客流预测的方式获取;

对客流需求的特征进行分析,包括时间分布特征、空间分布特征以及乘客出行 OD 分布特征等,确定初步的运行组织方式;

结合系统运行设施的配置,进一步研究和确定所选运行组织方式的可行性;

结合客流需求和系统运行设施的配置,计算相应运行组织方式的运行区间和发车间隔等与车辆开行计划相关的信息。

1. 客流需求特征分析

客流需求在时间和空间上的分布特征是现代有轨电车运行组织方式确定的基本依据和前提条件。同时,乘客是现代有轨电车的直接使用者,在确定运行组织方式时,应时刻关注乘客在安全性、舒适性、快捷性和通达性方面的感受。

(1) 时间分布特性

客流的时间分布特性是在运营时间段内,各个时间点整条线路客流量大小的分布。客流需求的时间分布特性由乘降客流的时间分布不均衡系数描述,

$$P_t = \frac{T \cdot \max(Q_1, Q_2, \cdots, Q_t, \cdots, Q_T)}{\sum_{t=1}^{T} Q_t} \tag{9-1}$$

式中:P_t——乘降客流的时间分布不均衡系数;

T——全天运营的小时数,h;

Q_t——时间点 t 的分时乘降客流量,prs/h。

显然,$P_t \geqslant 1$ 恒成立。当 P_t 越接近于 1 时,线路客流需求的时间分布越均衡;相反地,P_t 越大其客流需求的时间分布越不均衡。

(2) 空间分布特性

客流需求的空间分布特性是在线路沿线各个站点或者断面上的客流量大小的分布。客流需求的空间分布可以用乘降客流或断面客流的空间不均衡系数描述,

$$P_s = \frac{N \cdot \mathrm{Max}(Q_1, Q_2, \cdots, Q_n, \cdots, Q_N)}{\sum_{n=1}^{N} Q_n} \tag{9-2}$$

式中:P_s——乘降客流的空间分布不均衡系数;

N——全线的站点数;

Q_n——站点 n 的乘降客流量,prs/h。

显然,$P_s \geqslant 1$ 恒成立。当 P_s 越接近于 1 时,线路客流需求的空间分布越均衡,可以考虑采用单一交路运行组织方式;相反地,P_s 越大其客流需求的时间分布越不均衡。

(3) 乘客出行 OD 分布特征

乘客出行 OD 分布是指乘客在不同站点之间出行客流量的分布(如图 9-7)。通过乘客出行 OD 分布特征可以确定线路是否采用快慢车运行组织方式以及相关的信息,如快车的停站规则以及快慢车开行的比例。

2. 运行设施适应条件分析

在确定了合适的运行组织方式之后,还需要根据现代有轨电车线路运行设施的配置,进一步确定所选运行组织方式的适用性。根据对不同运行组织方式特征的分析,得出其对线路运行设施的基本需求,如表 9-5 所示。

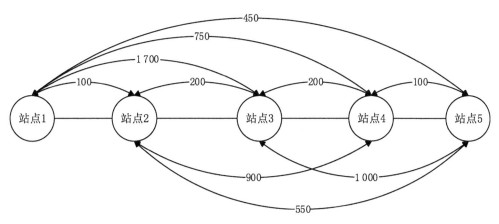

图 9-8　乘客出行 OD 分布示意图

表 9-5　不同运行组织方式对运行设施的基本需求

运行组织方式	运行设施		
	线路	站点（中途站和折返站）	车辆
单一交路运行	—	—	—
多交路运行	短交路折返中途站需设置相应的渡线		车辆头尾各有一个驾驶室，满足折返运行需求
共线运行	多条运营线路存在共线段；共线段线路轨道可以满足不同运营线路车辆的运行需求	1. 站台长度满足不同车型的停站需求； 2. 站台乘客登车口设置符合不同车型的车门位置设计	
快慢车结合运行	—		满足速度要求的车型
多编组运行	线路轨道可以满足不同编组数量车型的运行需求		编组数量满足客流需求的车型

3. 车辆开行计划的确定

在选定一种运行组织方式后，综合考虑客流需求的特征以及线路设施的条件确定车辆的开行计划，包括运行区间以及发车间隔。下面根据不同的运行组织方式分别研究确定相应车辆开行计划的方法。

（1）单一交路运行组织方式下车辆开行计划的确定

车辆的运行区间即为整条线路，根据沿线断面（站点）最大的客流乘降量确定车辆的发车间隔，

$$n_{sl}^{d} = \left\lceil \frac{Q_{\max}}{c \cdot \rho} \right\rceil \tag{9-3}$$

$$h_{sl}^{d} = \frac{3\,600}{n_{sl}^{d}} \tag{9-4}$$

式中：$Q_{\max}$——沿线断面（站点）最大的客流乘降量，prs/h；

n_{sl}^{d}——单一交路运行组织条件下满足客流需求的单向发车数量，veh/h；

c——现代有轨电车额定载客量，prs/veh；

ρ——规定满载率；

h_{sl}^{d}——单一交路运行组织条件下满足客流需求的发车间隔，s；

$\lceil\ \rceil$——向上取整运算符号。

（2）多交路运行组织方式下车辆开行计划的确定

应选取客流量落差较大的断面（站点）附近设置有渡线的中途站点作为折返站，短交路运行至此站即折返，而长交路运行至末站折返。根据下式确定短交路与长交路的发车比例，

$$m = \frac{Q_{\max}^{s}}{Q_{\max}^{l}} - 1 \tag{9-5}$$

式中：$Q_{\max}^{s}$——短交路沿线最大的断面乘降客流量，prs/h；

$Q_{\max}^{l}$——长交路与短交路不重合部分线路最大的断面乘降客流量，prs/h。

然后确定长交路和短交路的发车间隔，具体表达式如下，

$$n_{s}^{d} = \left\lceil \frac{Q_{\max}^{s}}{c \cdot \rho} \right\rceil \cdot \frac{m}{m+1} \tag{9-6}$$

$$n_{l}^{d} = \frac{n_{s}^{d}}{m} \tag{9-7}$$

$$h_{l}^{d} = \frac{3\,600}{n_{l}^{d}} \tag{9-8}$$

$$h_{s}^{d} = \frac{3\,600}{n_{s}^{d}} \tag{9-9}$$

式中：n_{l}^{d}、n_{s}^{d}——多交路运行组织方式下满足客流需求的长交路、短交路单向发车数量，veh/h；

h_{l}^{d}、h_{s}^{d}——多交路运行组织方式下满足客流需求的长交路、短交路发车间隔，s。

（3）共线运行组织方式下车辆开行计划的确定

车辆的运行区间由线路的形态决定，不同运营线路的车辆分别运行在共线段和各自的支线段上。各支线的发车间隔由支线段最大断面乘降客流量确定，即，

$$n_{jz}^{d} = \left\lceil \frac{Q_{max}^{z}}{c \cdot \rho} \right\rceil \tag{9-10}$$

$$h_{jz}^{d} = \frac{3\,600}{n_{jz}^{d}} \tag{9-11}$$

式中：n_{jz}^{d}——共线运行组织方式下支线 z 满足客流需求的单向发车数量，veh/h；

$\quad\quad Q_{max}^{z}$——支线 z 沿线最大的断面乘降客流量，prs/h；

$\quad\quad h_{jz}^{d}$——共线运行组织方式下支线 z 满足客流需求的发车间隔，s。

确定支线的发车间隔后，各个支线所发车辆的运输能力之和若不满足共线段的客流需求，此时需要在共线段上增加一条运营线路，该条运营线路的车辆仅在共线段上运行，

$$n_{jart}^{d} = \left\lceil \frac{Q_{max}^{art}}{c \cdot \rho} \right\rceil - \sum_{z=1}^{Z} n_{jz}^{d} \tag{9-12}$$

$$h_{jart}^{d} = \frac{3\,600}{n_{jart}^{d}} \tag{9-13}$$

式中：Z——支线数量，$Z \in \mathbf{N}$；

$\quad\quad n_{jart}^{d}$——共线运行组织方式下，仅在共线段运行的线路满足客流需求的单向发车数量，veh/h；

$\quad\quad Q_{max}^{art}$——共线段沿线最大的断面乘降客流量，prs/h；

$\quad\quad h_{jart}^{d}$——共线运行组织方式下，仅在共线段运行的线路满足客流需求的发车间隔，s。

（4）快慢车运行组织方式下车辆开行计划的确定

根据乘客出行 OD 分布特征确定慢车与快车开行比例 X 及快车越车的站点数 P。根据沿线最大断面客流确定快车慢车的发车间隔，

$$n_{fv}^{d} = \left\lceil \frac{Q_{max}}{c \cdot \rho} \right\rceil \cdot \frac{1}{X+1} \tag{9-14}$$

$$n_{sv}^{d} = X \cdot n_{fv}^{d} \tag{9-15}$$

$$h_{fv}^{d} = \frac{3\,600}{n_{fv}^{d}} \tag{9-16}$$

$$h_{sv}^{d} = \frac{3\,600}{n_{sv}^{d}} \qquad\qquad (9-17)$$

式中：n_{fs}^{d}、n_{sv}^{d}——快慢车运行组织方式下满足客流需求的快车、慢车的单向发车数量，veh/h；

h_{fs}^{d}、h_{sv}^{d}——快慢车运行组织方式下满足客流需求的快车、慢车的发车间隔，s。

X——慢车与快车开行数量之比。

（5）多编组运行组织方式下列车运行计划的确定

在确定采用多编组运行组织方式后，首先需要根据以下公式及运营要求确定相应时段内满足客流需求所需要的不同编组的车辆型号和数量，即，

$$\sum_{y=1}^{Y} c_{y}^{d} \cdot \rho \cdot n_{y}^{d} = Q_{\max} \qquad\qquad (9-18)$$

$$h_{y}^{d} = \frac{3\,600}{n_{y}^{d}} \qquad\qquad (9-19)$$

式中：c_{y}^{d}——多编组运行组织方式下满足客流需求车型 y 的额定载客量，prs/veh；

n_{y}^{d}——多编组运行组织方式下满足客流需求车型 y 的单向发车数量，veh/h；

Y——多编组运行组织方式下满足客流需求的车型种类，$Y \in \mathbf{N}$；

h_{y}^{d}——多编组运行组织方式下满足客流需求车型 y 的发车间隔，s。

在实际运行中，现代有轨电车在郊区更具有适应性，适应于非连绵地区，如苏州新区和无锡新区。在运行组织方式选择时，应把现代有轨电车融入地面交通系统中进行考虑，方便有轨电车与地铁、地面常规公交等的衔接和有效利用。

9.2　现代有轨电车与地面交通组织优化

通过交通组织的优化，减少现代有轨电车与机动车、乘客、行人、非机动车以及地面公交的冲突点，保障现代有轨电车运行过程中的安全。本节以从宏观到微观的角度，分层次从区域、路段、交叉口逐步研究分析有轨电车交通组织优化技术；与此同时，考虑客流、车流、空间等因素的不同，将现代有轨电车线路分成城区段和郊区段两类进行分析。

9.2.1　区域交通组织优化

1. 区域交通组织的范围划定

现代有轨电车区域交通组织范围的确定是后续工作的基础，确定是否合理直

接关系到交通组织的效率和完整性。如果影响范围划定太大,区域交通组织的工作量会大幅增加,如果范围划定较小,将影响区域交通组织的最终效果。

参考国内外现有的确定公共交通线路交通影响区域范围的方法,考虑到区域交通组织的特殊性以及现代有轨电车的技术特性,规定包括以下四种情形之一的区域需要划入交通影响范围:

(1) 现代有轨电车线路邻近的主干路、次干路、支路和主要的交叉口。强调把邻近的交叉口划入影响范围,主要是因为交叉口是道路的关键节点,交叉口所受影响是否在可控范围之内是区域交通组织是否合理有效的重要指标。

(2) 现代有轨电车线路邻近的道路所有出入方向的交叉口,对于规划成熟的地区一般不超过项目点的距离阈值范围。该判断条件的确定,参考了美国的经验法,其经验值是影响范围不超过交通线路 1 500 m 的范围。

(3) 现代有轨电车线路建设导致新增交通量超过高峰小时通行能力 5% 以上的全部道路、交叉口。主要是考虑到大城市道路的交通拥堵现状,尤其在早、晚高峰时段,道路交通状况更差,如果开发项目产生的交通量超过高峰小时通行能力的 5%,极有可能造成城市道路的瘫痪。

(4) 现代有轨电车线路建设滞后导致出行剧增的区域。例如站点周边 500 m 范围内的区域。

以上四种情形,考虑了现代有轨电车线路周边的道路、交叉口,也考虑了周边的其他项目。其中情形(1)、(2)、(3)用来直接划定影响范围,(4)作为补充条件,在交通组织方案完成之后,进行验证和反馈。

2. 交通组织技术与措施

(1) 交通诱导

交通诱导技术属于相对柔性的交通组织措施,实质是通过发布路况信息等手段来实现交通组织的过程。诱导交通流,使出行者及时、详细、准确地了解和掌握实时通行状况,以便主动、合理地选择行车路线,避免盲目性和错觉,减少“非起终点交通”对影响区域内部路网的影响,降低交通负荷。

在现代有轨电车线路开通运营初期,可以通过公共交通信息发布服务(包括站牌、标识牌、信息公告栏、广播、宣传册、电子查询机、智能移动终端软件、信息服务网站等)向公众发布相应的交通诱导信息,实现区域内交通流的提前诱导。

(2) 交通分流

交通分流技术属于相对刚性的交通组织措施,是采用交通渠化、标志诱导等手段引导交通流进入指定的分流路径的过程。在影响区域内部的周边交叉口设置二级交通控制点,尽可能使影响区域内部路网交通流分布均匀,提高交通运行效率。

在道路建立有轨电车线路时,尽量利用道路红线内剩余的道路空间弥补施工带来的道路损失;当红线的空间无法弥补占道损失时,根据"先平行、后上游"的方法进行改造,在其红线内适当增加车道数弥补占道损失,或是通过交通诱导的方式,将部分车流引导至与之平行的道路上。

(3)交通管制

交通管制属于强制性的交通组织措施,是交通管理者强制出行者行驶在规定路径的行政行为。交通管制除了具有上述功能外,主要依靠分流标志、标线的引导和交管部门的现场组织调度,控制交通流的分离和有序行驶,避免不必要的混乱和延误,同时保障施工路段的顺利通行。

在现代有轨电车线路周边的交叉口设置必要的标志、标线,同时通过交管部门人员的现场引导和管理,优化现代有轨电车线路周边的交通组织。

9.2.2 路段交通组织优化

路段交通组织优化技术主要面向机动车、乘客、行人、非机动车以及常规公交,由于现代有轨电车不同的线路敷设形式对这些研究对象的影响是不同的,因此将根据不同的线路敷设形式逐一研究。

应结合客流量、车速等运行环境情况将现代有轨电车运行线路分成城区段和郊区段,如表9-6所示,下文主要讨论城区段,必要时对郊区段作特别说明。

表9-6 城区段与郊区段运行环境对比

	城区段	郊区段
机动车流量	大	小
机动车速度	中等	快
行人与非机动车流量	大	小
乘客流量	大	小

1. 路中式现代有轨电车

(1)机动车交通组织

两侧建筑出入口接入机动车道,路段出入的右转车辆对于现代有轨电车没有影响,而左转车辆对有轨电车有影响。可以采取各个出入口只准右进右出,左转车辆可在邻近交叉口掉头等措施解决交叉口交通组织优化,如图9-9所示。在郊区段,由于部分与主路接入的支路车流量较少,根据情况可以采用封闭支路的直行进口,利用临近交叉口掉头的措施解决交通组织的问题。

(2)乘客交通组织

为了确保乘客乘降安全,要在站台四周(上、下车门处除外)设置安全护栏;而

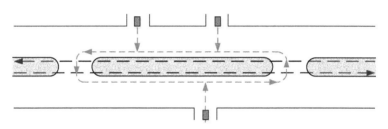

图 9-9　路中布置路段出入口机动车交通组织示意图

乘客在出站台时会与外侧道路的车辆发生冲突,需要设置天桥、地道或人行步道供乘客使用。在城区段,通常会选择开通地下通道来疏散站台的客流;而在郊区段,采用天桥或者人行步道疏散客流。在临近交叉口的站台,可以和交叉口的人行步道结合起来集散客流,如图 9-10 和图 9-11 所示。

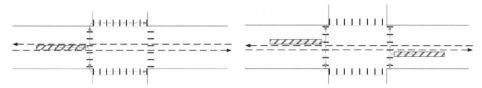

图 9-10　岛式站台乘客集散流线组织示意图　图 9-11　侧式站台乘客集散流线组织示意图

（3）行人与非机动车交通组织

由于人行道及非机动车道一般都设置在道路的两侧并且在机动车道之外,此时现代有轨电车对行人或者非机动车干扰很小,只有在行人或者非机动车通过人行横道时有干扰,一般通过设置路口信号灯解决。

2. 两侧式现代有轨电车

（1）机动车交通组织

沿线建筑的车辆在从辅路驶入主路时,不可避免地要跨越轨道。为了减少车辆进出与有轨电车交叉,需要关闭部分建筑前的开口,车辆进出时,可将几个出入口合并,同时通过借用一段非机动车道或者设置辅道的形式来疏散车流,如图 9-12 所示。

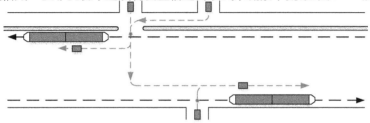

图 9-12　路侧布置路段出入口机动车交通组织示意图

（2）乘客交通组织

乘客上下台非常方便,适用于城市快速路,三块板形式的道路。在车速较快的路段,在站台靠近机动车道的一侧设置护栏以便保护乘客。而对于需要通过马路到达对面的乘客,在城区段考虑地下通道的形式,在郊区段可以考虑人行天桥和人行步道的形式。

（3）行人和非机动车交通组织

对于行人和非机动车,由于其被组织到道路次外侧,与现代有轨电车相邻,需要设置物理隔离,以保证行人安全。郊区段行人和非机动车流量较小,可以设置警示线。

（4）常规公交交通组织

常规公交线路会与现代有轨电车线路发生冲突,特别是在设置有港湾式道路公交站台的路段。一般来说,需要对常规公交线路进行调整,并对常规公交站台和现代有轨电车站台进行合并处理,如图 9-13 所示。

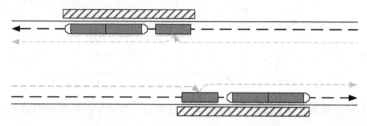

图 9-13　常规公交进站流线组织示意图

3. 同侧式现代有轨电车

（1）机动车交通组织

此种方式使得现代有轨电车与沿线建筑物车辆的出入相互冲突,同时限制了道路以后的拓宽。和两侧式的方式类似,需要关闭部分建筑前的开口,车辆进出可几个出入口合并,借用一段非机动车道或者设置辅道来组织车流,如图 9-14 所示。

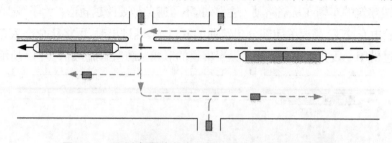

图 9-14　同侧布置路段出入口机动车交通组织示意图

（2）乘客、行人及非机动车交通组织

为了保护乘客,需要在靠近机动车道的一侧设置栏杆;为了保护行人和非机动车的安全,需要在靠近有轨电车道一侧设置护栏或者警示线。

（3）常规公交交通组织

对于常规公交,需要对线路进行调整,并对常规公交站台和现代有轨电车站台进行合并处理,如图9-15所示。

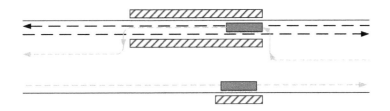

图9-15　同侧布置情况下常规公交进站流线组织示意图

9.2.3　交叉口交通组织优化

现代有轨电车在交叉口的转换方式包括直行、左转以及右转,另外需要考虑通过交叉口之后现代有轨电车的道路布置形式会发生变化,例如,南京河西有轨电车就存在直行通过交叉口之后从路中式变为同侧式的情况。两侧式在国内的工程实践中没有涉及,因此只考虑同侧式和路中式的情况。如表9-7。

表9-7　现代有轨电车交叉口转换方式及交通优化

序号	交叉口转换方式	示意图	交通组织优化对策
1	现代有轨电车直行通过交叉口时保持路中式不变		这是现代有轨电车通过交叉口时最为常见的情况之一,因为该种情况下,现代有轨电车与机动车和行人都没有产生新的冲突;现代有轨电车相位可以很容易地融入到原有平交路口常规的四相位中,对原有路口的信号控制系统影响很小。 现代有轨电车车辆会影响左转的机动车以及通过人行横道的行人,可以分别通过设置左转相位和行人通过的相位来改善交通组织
2	现代有轨电车转弯通过交叉口时保持路中式不变		该种情况下,现代有轨电车和机动车仅存在4个流线交织点,对机动车影响最小。但在现代有轨电车右转的过程中,同车道左转的机动车和现代有轨电车车辆存在明显的冲突点,可以通过设置该车道禁左的方式来减少车辆的冲突。 为了保证行人和非机动车的安全,可以设置行人通过交叉口的专用相位

序号	交叉口转换方式	示意图	交通组织优化对策
3	现代有轨电车直行通过交叉口时保持同侧式不变		现代有轨电车直行通过路口对相邻进口道右转交通影响较大,既影响机动车右转还影响行人和非机动车的右转。配合信号优先系统,分离机动车流、慢行交通流以及有轨电车线路,可以改善交叉口的信号组织,在相邻进口道右转交通量较小的情况效果最优
4	现代有轨电车转弯通过交叉口		两种方式让现代有轨电车切割了所有的机动车道,因此必须要增加现代有轨电车的专用相位,这就延长了整个信号周期
5	现代有轨电车直行通过交叉口时路中式转为同侧式		现代有轨电车在通过交叉口时占用了除部分直行外机动车的所有车道,需要为现代有轨电车设置专用相位
6	现代有轨电车转弯通过交叉口时同侧式变为路中式		可同时设置现代有轨电车转弯的相位和左右机动车直行的相位,为所有方向的行人设置统一的过街信号相位

9.3 现代有轨电车与地面公交运行协调技术

9.3.1 运行协调分析

服务于现代有轨电车的公交主要是为其集散客流,解决换乘乘客"最后一公里"问题的接运公交。两者间的换乘便捷性是影响乘客选择"现代有轨电车+接运公交"模式的重要影响因素,因此减少乘客在现代有轨电车及其接运公交间的换乘时间对提高城市公交系统吸引力和服务水平具有积极意义。

对于减少两者间的换乘时间,主要有两方面的举措:①空间层面:优化现代有轨电车与接运公交线路布局,合理布设站点及相关换乘设施,尽可能缩短换乘距离;②时间层面:协调现代有轨电车与接运公交的运行时刻表,减少乘客的换乘等待时间。空间层面的设施协调一般在布局规划时已考虑,本章重点研究在设施协调的基础上时间层面的时刻表协调。加强现代有轨电车与接运公交的时刻表协调优化,一方面可以有效降低乘客的换乘等待时间,提升公交服务质量与水平,另一方面可以合理进行公交调度,以适应不同时段的乘客出行需求,尤其是早晚高峰的大客流出行情况。

现代有轨电车与接运公交间的换乘情况有两种:从现代有轨电车线路换乘到接运公交线路和从接运公交线路换乘到现代有轨电车线路。相对于接运公交而言,现代有轨电车的容量较大,且发车频率高,从接运公交换乘到现代有轨电车的乘客换乘等待时间大多属于可接受范围,因此本文仅研究从现代有轨电车线路换乘到接运公交线路的情况。

在早晚客流高峰期,现代有轨电车站点和其相衔接的接运公交首末站间会产生大量的换乘客流,由于接运公交的车辆容量限制,会出现部分换乘乘客无法成功登上其到站后所需换乘的首班接运公交线路,而需要排队等待其他后续班次的现象[142]。因此,本节拟建立考虑接运公交车辆容量限制的时刻表协调模型,兼顾乘客出行成本和企业运营成本,研究在现代有轨电车客流高峰期的接运公交首班发车时间及任意两班接运公交发车间隔。

9.3.2　运行协调模型

1. 模型假设

本章研究在现代有轨电车运行计划给定的情况下,在某一研究时段内(一般为早晚客流高峰期)接运公交线路的运行计划,包括接运公交的首班发车时间以及任意连续两班间的发车间隔,以协调现代有轨电车与其接运公交的运行时刻表,实现乘客换乘成本和企业运营成本最小的目标。模型假设如下:

① 现代有轨电车能够按照时刻表准时到站,不考虑延误到站等其他突发情况,即换乘乘客到达现代有轨电车站点的时间为现代有轨电车的时刻表到站时间;

② 接运公交首站与现代有轨电车站点相衔接,且接运公交总是能够按照时刻表准时发车;

③ 研究时段内从现代有轨电车换乘至接运公交的乘客需求已知,且不受接运公交时刻表计划的影响,可通过历史数据等方法预测得到;

④ 在研究时段内通过其他交通方式到达接运公交首站乘车的乘客忽略不计，即本模型只考虑从现代有轨电车站点换乘至接运公交首站的换乘客流；

⑤ 换乘乘客从现代有轨电车站点步行至接运公交首站的时间已知，可通过现场调查或者仿真等手段获得；

⑥ 换乘乘客在接运公交线路的上车等待区依次排队上车，遵循"先到达先上车"原则；

⑦ 接运公交车辆为统一车型，即接运公交容量（包括座位和站位）相同且已知；

⑧ 换乘乘客不存在为了座位而放弃站位等待下一辆接运公交的情况，即所有乘客均优先乘坐有空位的接运公交车辆离开；

⑨ 当换乘乘客过多导致乘客无法顺利乘坐其到站后的首班接运公交离开时，未换乘成功的乘客会继续等待下一班次接运公交，即不存在有换乘乘客中途离开的情况。

2. 模型构建

本模型研究从现代有轨电车线路换乘至接运公交线路的情况，在研究时段内所有现代有轨电车车次构成集合 S_I，其中，i（$i=1,2,\cdots,I$）表示第 i 辆到达换乘枢纽的现代有轨电车（下文简称"现代有轨电车 i"）；服务于现代有轨电车的接运公交线路 l 的所有车次构成集合 S_J，其中，j（$j=1,2,\cdots,J$）表示第 j 辆从换乘枢纽内的接运公交首站发车的公交车辆（下文简称"接运公交 j"）；且 J 表示在研究时段内接运公交线路 l 的最大可发车次数，可根据公交运力配备情况以及客流情况进行提前设定。

（1）乘客换乘等待成本最小

通过协调现代有轨电车与接运公交运行时刻表，减少乘客的换乘等待时间，以降低乘客出行成本。

在研究时段内，服务于现代有轨电车的接运公交线路 l 的各班次公交首站发车时间为：

$$d_{j+1} = d_j + h_j, \ \forall j = 1, 2, \cdots, J-1 \tag{9-20}$$

式中：d_j——研究时段内接运公交线路 l 的第 j（$j=1,2,\cdots,J$）班次车在换乘枢纽内首站发车时间；

h_j——接运公交 $j+1$ 和接运公交 j 之间的计划发车间隔，min。

接运公交 1 的首站发车时间 d_1 要保证是接运公交 l 的首班首站发车时间，且为了便于实际操作，一般设置为以分钟为单位的整数，即：

$$T_{\min} \leqslant d_1 \leqslant T_{\min} + h_1, \ d_1 \in \mathbf{Z} \tag{9-21}$$

式中：$T_{\min}$——研究时段的起始时间。

发车间隔 h_j 要符合企业与政府要求的最大与最小发车间隔,同时为了便于实际操作,发车间隔 h_j 一般设置为整数,即:

$$H_{\min} \leqslant h_j \leqslant H_{\max}, h_j \in \mathbf{Z}, \ \forall j = 1, 2, \cdots, J-1 \qquad (9\text{-}22)$$

式中:$H_{\min}$——接运公交最小发车间隔(min),且为整数;

　　　$H_{\max}$——接运公交最大发车间隔(min),且为整数。

当换乘乘客从现代有轨电车站点下车,通过换乘通道步行至接运公交首站,并有机会登上接运公交,则要求接运公交首站发车时间 d_j 与现代有轨电车到站时间之差要大于乘客通过换乘通道的步行时间,即

$$wt_{ij} = d_j - A_i - t_0 \geqslant 0, \ \forall i = 1, 2, \cdots, I; \ \forall j = 1, 2, \cdots, J \qquad (9\text{-}23)$$

式中:wt_{ij}——乘客从现代有轨电车 i 换乘到接运公交 j 的换乘等待时间,min;

　　　A_i——现代有轨电车 i 在换乘枢纽内的到站时间;

　　　t_0——换乘乘客从现代有轨电车站点步行至接运公交上车等待区的平均步行时间,min。

当接运公交首站发车时间 d_j 与现代有轨电车到站时间之差小于乘客通过换乘通道的步行时间时,则乘客无法换乘成功,即

$$wt_{ij} = d_j - A_i - t_0 < 0, \ \forall i = 1, 2, \cdots, I; \ \forall j = 1, 2, \cdots, J \qquad (9\text{-}24)$$

定义一个变量 y_{ij} 表示乘客是否能够换乘成功,即

$$y_{ij} = \begin{cases} 1, & \text{换乘成功} \\ 0, & \text{换乘不成功} \end{cases}, \ \forall i = 1, 2, \cdots, I; \ \forall j = 1, 2, \cdots, J \qquad (9\text{-}25)$$

式中:y_{ij}——乘客换乘成功与否的二元变量,当 $y_{ij} = 1$ 表示换乘乘客能够从现代有轨电车 i 成功换乘到接运公交 j 离开,$y_{ij} = 0$ 则表示换乘不成功。

则乘客的换乘等待时间应符合以下条件:

$$M \cdot (y_{ij} - 1) \leqslant wt_{ij} = d_j - A_i - t_0 \leqslant M \cdot y_{ij},$$
$$\forall i = 1, 2, \cdots, I; \ \forall j = 1, 2, \cdots, J \qquad (9\text{-}26)$$

式中:M——给定的一个足够大的正数。

当 $y_{ij} = 1$ 时,若在客流高峰期,可能会存在部分乘客无法成功换乘,而需要等待后续班次的接运公交车辆,那么从现代有轨电车 i 成功换乘到接运公交 j 的乘客数为:

$$p_{ij} = y_{ij} \cdot \min(w_{ij}, C_j - u_{ij}) \qquad (9\text{-}27)$$

式中：p_{ij}——从现代有轨电车 i 成功换乘到接运公交 j 的乘客数，人；

$\quad\quad w_{ij}$——来自现代有轨电车 i 等待乘坐接运公交 j 离开的换乘乘客（单位：人）；

$\quad\quad C_j$——接运公交 j 的车辆核载人数（包括座位与站位），人；

$\quad\quad u_{ij}$——当来自现代有轨电车 i 的换乘乘客开始登上接运公交 j 时，接运公交车上的已有乘客数，人。

来自现代有轨电车 i 等待乘坐接运公交 j 离开的换乘乘客 w_{ij} 可根据现代有轨电车 i 的换乘需求以及接运公交已接运乘客数计算，即

$$w_{ij}=\begin{cases} q_i, & j=1 \\ q_i-\sum_{k=1}^{j-1}p_{ik}, & j=2,3,\cdots,J \end{cases}, \ \forall i=1,2,\cdots,I \quad (9\text{-}28)$$

式中：q_i——现代有轨电车 i 上需要换乘到接运公交线路 l 的乘客数量，可根据历史数据预测得到，人。

当来自现代有轨电车 i 的换乘乘客开始登上接运公交 j 时，接运公交车上的已有乘客数 u_{ij} 为：

$$u_{ij}=\begin{cases} 0, & i=1 \\ \sum_{k=1}^{i-1}p_{kj}, & i=2,3,\cdots,I \end{cases}, \ \forall j=1,2,\cdots,J \quad (9\text{-}29)$$

在研究时段内，要保证所有来自现代有轨电车的换乘乘客均能成功乘坐接运公交离开，则

$$q_i=\sum_{j=1}^{J}p_{ij}, \ \forall i=1,2,\cdots,I \quad (9\text{-}30)$$

因此，研究时段内来自现代有轨电车的乘客成功换乘至接运公交 l 的换乘等待成本为：

$$\min Z_1=\alpha\sum_{i=1}^{I}\sum_{j=1}^{J}wt_{ij}\cdot p_{ij}, \ \forall j=1,2,\cdots,J; \ \forall i=1,2,\cdots,I$$

$$(9\text{-}31)$$

式中：Z_1——现代有轨电车至接运公交的所有乘客换乘等待成本（单位：元）；

$\quad\quad \alpha$——乘客的换乘等待时间成本参数，元/min。

（2）企业运营成本最小

为了降低乘客的换乘等待时间，则需要企业提供高频率的接运公交服务，然

而高频率的接运公交服务会增大企业运营成本,因此在接运公交线路确定的情况下,企业的运营成本与接运公交发车频率呈负相关,即可用接运公交的发车频率来表示企业运营成本的高低:

$$\min Z_2 = \beta \sum_{j=1}^{J-1} \frac{1}{h_j} \tag{9-32}$$

式中:Z_2——研究时段内企业为提供接运公交服务所付出的成本,元;

  β——运营成本参数,元·min。

(3)目标函数

公式(9-30)为保证所有换乘乘客均能成功乘坐接运公交离开,是本模型的重要约束条件,可将其转化为惩罚函数,以简化模型计算过程,因此最终的目标函数为:

$$\min Z = \alpha \sum_{i=1}^{I} \sum_{j=1}^{J} wt_{ij} \cdot p_{ij} + \beta \sum_{j=1}^{J-1} \frac{1}{h_j} + \delta \left(q_i - \sum_{j=1}^{J} p_{ij} \right) \tag{9-33}$$

式中:Z——研究时段内考虑乘客换乘成本和企业运营成本的总成本,元;

  δ——惩罚因子,表示每有一位乘客未能换乘成功则总成本增加δ元,元。

综上所述,现代有轨电车与接运公交运行协调模型为混合整数非线性模型:

① 目标函数:式(9-33)。

② 约束条件:式(9-20)—(9-29)。

③ 求解算法。

现代有轨电车与接运公交运行协调模型是混合整数非线性模型,采用遗传算法求解。本模型的决策变量为接运公交首班首站计划发车时间和计划发车间隔集合,由公式(9-21)可知,当计划发车间隔h_1确定时,接运公交首班首站计划发车时间d_1可通过枚举法得到可行解集合。因此本文采用嵌入枚举法的遗传算法求解上述运行协调模型。

首先对发车间隔进行编码设计。由于决策变量均为整数,因此采取$0-1$二进制编码即可。决策变量的精度要求为1,且计划发车间隔一般在$0 \sim 30$ min 之内,所以采取6位的二进制编码就可以满足精度要求。如图9-16所示,采用6位的二进制编码表示计划发车间隔h_j,则计划发车间隔的二值域范围为$[0, 64]$,若公交企业规定的接运公交计划发车间隔h_j范围为$[3, 10]$,则解码运算为$h_j = 3 + 7 \cdot b/64$,其中b为计划发车间隔的二进制编码数值。

图 9-16 计划发车间隔编码示意图

　　交叉、变异操作的关键是经过多次试算,选择合适的交叉率以及变异率。选择时需根据所有染色体的目标函数值的大小排序,选择目标函数值较小的前 X 个染色体进入到下一轮的遗传操作中,直到达到预先设定的最大迭代数。具体的算法流程如图 9-17 所示。

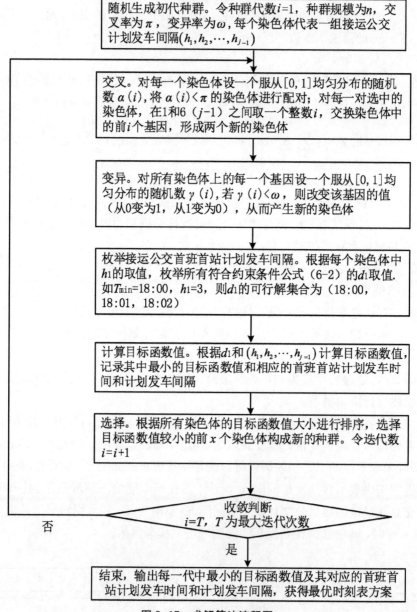

图 9-17　求解算法流程图

9.3.3 算例分析

基于以下算例验证所提出的现代有轨电车与接运公交运行协调模型的有效性,假设情形是某一换乘枢纽内,在晚高峰时段18:30—19:00进行现代有轨电车与某一接运公交线路的运行协调。现代有轨电车的到站时间以及车上换乘接运公交线路的乘客数已知,如表9-8所示。接运公交线路在晚高峰时段的首班首站(换乘站点)发车时间为18:32,发车间隔均为4 min。

设定接运公交最大可发车次数为$J=12$,最早首班首站发车时间为$T_{min}=$18:30,最小发车间隔为$H_{min}=3$ min,最大发车间隔为$H_{max}=15$ min,换乘乘客从现代有轨电车站点步行至接运公交上车等待区的平均步行时间为$t_0=3$ min,接运公交的车辆核载人数(包括座位与站位)为$C_j=80$人,设定换乘乘客等待时间成本参数$\alpha=1$元/min,企业运营成本参数$\beta=300$元/m,乘客换乘失败的惩罚因子为$\delta=15$元。经多次试算确定交叉率π取值为0.9,变异率ω取值0.05,种群的规模设为50,种群最大迭代次数设为300。

表9-8 现代有轨电车到站时间及换乘客流情况

i	1	2	3	4	5	6	7	8	9
A_i	18:33	18:38	18:43	18:46	18:49	18:52	18:55	18:58	19:01
q_i(人)	31	30	36	61	83	97	80	73	60

采用等间隔发车即h_j取值相同时,经协调优化得到在晚高峰时段18:30—19:00内,接运公交的首班首站发车时间为18:31,发车间隔为3 min。优化后,换乘乘客的换乘等待成本从1 453.9元变为309.4元,降低了79%;企业运营成本从825元变为1 101元,增加了33%。由分析可知,通过增加33%的企业运营成本可有效降低79%的换乘乘客等待成本。

采用不等间隔发车即h_j取值不相同时,经协调优化得到在晚高峰时段18:30—19:00内,接运公交的首班首站发车时间为18:30,相邻班次间的发车间隔为6 min、5 min、5 min、3 min、3 min、3 min、3 min、3 min、15 min、15 min。优化后,换乘乘客的换乘等待成本从1 453.9元变为218.4元,降低了85%;企业运营成本从825元变为768元,降低了7%。由分析可知,采用非等间隔发车既能节省企业运营成本,还能有效降低换乘乘客等待成本,非等间隔发车的方案较等间隔发车更优。

9.4 交叉口信号优先控制方法

有轨电车交叉口优先是在干线信号协调控制基础上,从提高有轨电车运行效率角度对干线信号配时进行优化的一种控制方式。应建立两层优化方法:下层为交叉口协调控制,以检测器检测到的社会车辆流量数据优化公共周期、绿信比和相位差;上层为有轨电车优先控制,建立有轨电车优先控制方法流程,实现有轨电车交叉口信号优先控制。

9.4.1 优先控制策略分类与选择

1. 优先控制策略分类

有轨电车的优先控制策略可以分为被动优先、主动优先和实时优先三类,表9-9为基于不同有轨电车信号优先策略的方法。

(1) 被动优先(Passive Priority)

不考虑交叉口是否有有轨电车车辆到达,同时不需要车辆检测、优先申请生成系统,即基于有轨电车的运行特征、停站时间、站点位置等因素优化多路口的交通信号配时方案,使有轨电车能在设定的绿灯时段中通过路口,既不干扰路口的正常运转,也减少有轨电车在交叉口的停车等候时间。

(2) 主动优先(Active Priority)

主动优先又可以分为绝对优先和条件优先。在绝对优先控制中,当交叉口上游检测到有现代有轨电车到达时,交通信号控制器就会中断当前的信号相位,直接给予有轨电车的通过信号;而条件优先考虑交叉路口的总体效益,决定是否给予有轨电车优先通行权利,并相应地采取延长、提前、增加、减少相位的办法调整交通信号。

(3) 实时优先(Real-Time Priority)

利用 GPS 等装置采集数据信息,以某一指标为目标(延误、占有率等)建立分析模型,并基于实时检测的数据对优先控制方案进行优化。

表 9-9 优先策略方法与功能描述

策略与方法			功能描述
被动优先	调整周期长度		对单个交叉口减少周期长度
	拆分相位		保证原有周期长度且采用多相位
	区域配时方案		通过信号相位差让有轨电车优先通过
	通过计时信号灯		有轨电车在专用车道和专用相位中运行
主动优先	绝对优先		直接使有轨电车通过
	条件优先	相位延长	增加相位时间
		相位早启	减少其他相位时间
		专用相位	增加有轨电车专用相位
		相位压缩	跳过非优先相位

策略与方法		功能描述
实时优先	延误优化	基于减少全体车辆延误的信号配时
	网络控制	基于整体路网系统最优的信号配时

2. 控制策略影响因素

控制策略的影响因素主要有以下几个方面：有轨电车的行驶特性、运行速度要求，以及与其他交通方式运行特征的协调性；有轨电车的运营调度计划、排班间隔时间、站点布设位置以及沿线交叉口的间距等；沿线交叉口有轨电车的通行方式，其他机动车、非机动车、行人的交通组织方式，多种交通方式交织通行的信号控制相位相序设置等；沿线交叉口的进出口车道渠化功能及长度，各种交通方式的交通流量、饱和度等；有轨电车运营的准点、延误和载客情况，以及发生故障救援撤离需求等；交叉口有轨电车线路交织通行数量、通行方式、岔道控制方式等；路段中行人过街的信号控制方式、交通渠化与通行方式等；有轨电车场站出入口的集中进出量、通行时间间隔等。

3. 优先控制策略选择

被动优先控制一般实现方式是在道路沿线交叉口形成协调控制，既针对有轨电车，也针对社会车辆。当相邻交叉口之间的间距超过 800 m 时，或协调控制交叉口超过 5～7 个后对社会车辆的线控效果已较差，因此在这种情况下，可以设有轨电车协调控制，即被动优先控制，社会车辆可随有轨电车行驶车速走行。主动优先控制的实施，应考虑城区段及郊区段的不同特点：城区段交叉口交通量较大，交叉口间隔较小，应使用条件优先，避免有轨电车过度频繁的优先请求造成社会车辆的较大延误。而郊区段交叉口交通量较小，路段出入口间距较大，可以考虑使用绝对优先有效提高有轨电车运行效率。

9.4.2 信号优先控制响应方式

1. 响应方式分类

（1）红灯早断

当路口控制系统接收到有轨电车即将抵达路口的信号时，如预测有轨电车抵达停车线前不处于有轨电车通行相位，仍为红灯状态，此时信号优先启动，缩短优先请求所在相位至有轨电车通行相位之间各相位绿灯持续时间，提

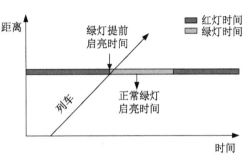

图 9-18 红灯早断优先控制示意图

前开启有轨电车绿灯,以便有轨电车以最短等待时间通过路口。如图 9-18。

（2）绿灯延长

当路口控制系统接收到有轨电车即将抵达路口的信号时,如预测有轨电车抵达停车线前不处于有轨电车通行相位,此时信号优先启动,可延长优先请求所在相位至有轨电车通行相位之间各相位绿灯持续时间,延后关闭电车绿灯信号,满足有轨电车不停车通过。如图 9-19。

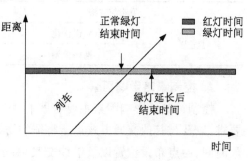

图 9-19　绿灯延长优先控制示意图

（3）插入相位

当路口控制系统接收到有轨电车即将抵达路口的信号时,信号优先启动后,不论当前为何种相位,经过适当的缓冲时间后,执行有轨电车的专用控制相位,可将有轨电车的专用控制相位插入到固定控制运行的相位放行顺序中,并缩短优先请求所在相位至有轨电车专用控制相位前各相位持续时间,提前开启有轨电车专用控制相位的绿灯信号。这种响应策略主要用在一些路口车流量较少,对社会交通影响较小,或某些有轨电车专用相位的特殊情况。如规划一号路

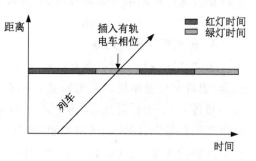

图 9-20　插入相位优先控制示意图

路口采用无条件绝对优先,该路口为有轨电车转弯路口,同时为有轨电车路中与路侧转换的特殊路口,采用有轨电车专用相位,确保有轨电车能不停车通过路口。如图 9-20。

2. 响应方式选择

有轨电车信号优先控制响应方式选择宜考虑以下因素:

（1）优先选用绿灯延长和红灯缩短的响应方式,尽量保证同向同路道路、相交道路、关联交叉口的信号控制方案、交叉口通行方式和交通运行的稳定性。

（2）遇有轨电车通行交叉口与其他机动车、非机动车、行人不能在同一信号控制相位放行时,或有轨电车集中连续进出场站时,宜采用插入相位的响应方式,避免有轨电车与其他机动车、非机动车、行人产生交通冲突。

（3）有轨电车绝对优先控制时,可采用跳转相位的响应方式,保障有轨电车最小等待时间或不停车通过交叉口。

9.4.3　交叉口优先控制系统与工作流程

1. 交叉口优先控制方案实施整体流程

实施有轨电车信号优先控制时,首先要进行交通运行状况调查,分析并确定交叉口信号优先控制策略,进行信号控制区段时段划分,设计控制详细方案,最后进行试运行与效果评价并据此反复调整,以确定最终信号优先控制方案。主要包含以下内容:交通运行状况调查及分析;交通信号控制总体策略设计;分区段信号控制时段划分确定;信号优先控制实施方案详细设计;信号控制联调联试及试运行;信号控制运行效果监测及效果评估;反复调整和优化信号控制方案。如图9-21。

2. 有轨电车信号优先协调控制系统

有轨电车信号优先协调控制系统主要是在对沿线的道口进行交叉口信号协调控制的基础上,通过对有轨电车位置、速度的检测,结合有轨电车时刻表,实行有轨电车在道口的信号优先控制,以达到保证有轨电车安全、快速运行的同时,降低社会车辆的延误的目的。系统结构图如图9-22所示。

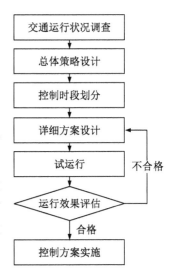

图9-21　交叉口有轨电车信号优先控制方案实施流程图

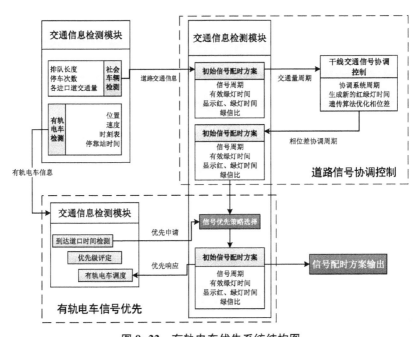

图9-22　有轨电车优先系统结构图

有轨电车信号优先协调控制系统主要由道路信号协调控制子系统,有轨电车信号优先子系统构成。包括五个主要模块:交通信息检测模块、道口交通信号控制模块、干线交通信号协调控制模块、有轨电车道口信号控制模块,信号配时方案输出模块。交通信息检测模块作为有轨电车信号优先协调控制系统的基础,为其他模块提供必要的交通数据信息。道路信号协调控制子系统、有轨电车信号优先子系统则通过道路交通信号控制模块联系起来,实现下层为干线协调控制,上层为有轨电车优先控制的两层控制方法。

3. 信号优先系统工作流程

有轨电车在道口会与其他社会车流进行交织,为保证有轨电车信号优先的同时降低对沿线车流的影响,需要将有轨电车信号优先请求和路口红绿灯信号结合起来,实现有轨电车和沿线车流的信号协调控制。其主要原理是利用数解法对沿线道口的信号进行协调控制,并通过设置有轨电车检测器,检测有轨电车的运行情况,结合信号灯的状态,为有轨电车提供有条件下的信号优先。

其工作流程如下:

(1)道路交通信号控制器从社会车辆检测器获得各进口道实时的交通量,计算出各交叉口初始信号配时方案,并将该方案及各进口道的交通量上传给干线信号协调控制器。

(2)干线信号协调控制器根据从交叉口信号控制器获得的初始信号周期,选取最大的初始信号周期作为干线道口协调的系统周期。然后采用数解法对相位差进行优化。最后将优化后的各道口的信号相位差、信号协调的系统周期反馈回对应的道路交叉口信号控制器。

(3)道路交通信号控制器根据干线信号协调控制器反馈的信息,重新进行信号配时,并根据获得的相位差,控制红绿灯显示。

(4)有轨电车通过道口第一道线圈时,有轨电车检测器获得有轨电车的位置、速度等信息,预测有轨电车到达道口的时刻(预告阶段)。有轨电车通过第二道线圈时,有轨电车道口信号控制器向道路交通信号控制器发送有轨电车信号优先请求(请求阶段)。此时当信号灯相位调整模式变为手动时,发出的请求将被屏蔽。

(5)道路交通信号控制器接收有轨电车道口信号控制器发送的信号优先请求,以及到达道口的时刻,结合当前的信号配时方案,选择是否响应有轨电车信号优先请求。若响应请求,则在有轨电车通过道口前第三道线圈时给予其相应的优先控制(占用阶段)。若不响应请求,有轨电车停车等待红灯。

(6)有轨电车通过道口后第四道线圈时,整个优先过程结束,道口信号灯恢复原相位运行方式(出清阶段)。

9.4.4　有轨电车优先控制优先级设置

有轨电车信号优先控制的原理是：首先设计主干道协调控制，然后在此基础上，结合有轨电车的运行时刻表和社会车辆在道口的延误，决策是否实施有轨电车信号优先策略。若实施策略，要向有轨电车提供什么种类的优先权，以实现有轨电车的相对信号优先。有轨电车信号优先流程图如图 9-23 所示。

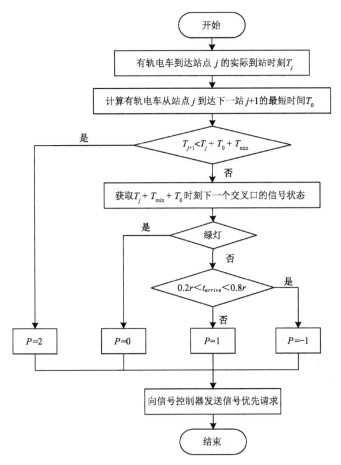

图 9-23　有轨电车信号优先策略流程图

根据有轨电车运行时刻表中规定到达下一个站点 $j+1$ 到站时间 T_{j+1} 和有轨电车的实际到达站点 j 的时刻 T_j 进行比较，判定是否需要赋予有轨电车优先权。$L_{j,j+1}$ 为有轨电车站点 j 距离下一个有轨电车车站 $j+1$ 的距离，V 为有轨电车的运行速度，T_{min} 为最小停靠站时间，P 为优先级。有轨电车从站点 j 出发，到达站点 $j+1$ 所需的时间 t_0 为：

$$t_0 = L_{j, j+1}/V \qquad (9\text{-}34)$$

当 $T_j \geqslant T_{j+1} - T_{\min} - t_0$ 时,此时有轨电车无法准时到达下一站,即发生了严重延误。为降低延误,有轨电车优先级 $P = 2$,即赋予有轨电车绝对优先通行权。有轨电车采用最短的停站时间,出站后采用信号绝对优先的方式通过下一个道口。

当 $T_j < T_{j+1} - T_{\min} - t_0$ 时,即有轨电车延误没有达到非常严重的程度时,对有轨电车到达下一个道口的时间进行预测,在目前信号灯状态的基础上,为有轨电车提供有条件优先,或进行滞站调度。

9.4.5　有轨电车信号优先方法选择

将有轨电车运行方向的信号灯相位划分为Ⅰ、Ⅱ、Ⅲ、Ⅳ四个阶段,按感应线圈检测到有轨电车到达后,有轨电车道口信号控制模块预测有轨电车到达交叉口时信号灯所处的不同阶段分为四种情形,其中 r 为有轨电车运行方向的红灯时间,C 为信号周期,即不考虑交叉口具体相位情况,只将一周期分为有轨电车运行方向的红灯时间($0 \sim r$)和有

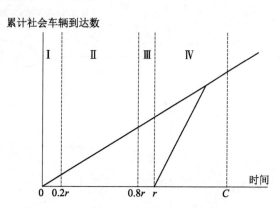

图 9-24　有轨电车到达道口阶段示意图

轨电车运行方向的绿灯时间($r \sim C$),如图 9-24 所示。

情形Ⅰ:当有轨电车到达道口时刻在 $0 \sim 0.2r$ 之间时,即系统预测到有轨电车将在红灯相位刚开始就到达交叉口时,赋予有轨电车级别为 $P = 1$ 的相对信号优先权,采用绿灯延长的控制方法降低有轨电车在交叉口的等待延误。使有轨电车可以通过道口。之后,控制系统将恢复使用原有的信号配时方案。

情形Ⅱ:当有轨电车到达道口时刻在 $0.2r \sim 0.8r$ 之间时,即系统预测到有轨电车将在红灯相位的中间部分到达交叉口时,赋予有轨电车级别为 $P = -1$ 的相对信号优先权,即对有轨电车采用滞站控制策略,停留时间为剩余的红灯时间。因为若采取有轨电车信号优先策略,将中断冲突相位的绿灯信号,增大冲突相位的延误,甚至影响冲突方向车流行驶安全。

情形Ⅲ:当有轨电车到达道口时刻在 $0.8r \sim r$ 之间时,即系统预测到有轨电车将在红灯相位的末尾到达交叉口时赋予有轨电车级别为 $P = 1$ 的相对信号优先权,采用绿灯早启的控制方法降低有轨电车在交叉口的等待延误。其方法是通过

压缩与冲突相位的绿灯时间,提前激活有轨电车相位。

情形Ⅳ:当有轨电车在除以上三种情况外其他时刻到达道口,即有轨电车在绿灯相位期间到达道口时,无须提供信号优先,有轨电车可以直接通过道口。

9.5　本章小结

本章研究了现代有轨电车交通的运行组织方式。分析了不同运行组织方式的特点及应用情况,从客流需求特征分析、运行设施的适应条件及车辆开行计划的确定等方面明确了有轨电车运行组织方式的确定流程;从宏观到微观的角度,分层次从区域、路段、交叉口逐步研究分析有轨电车交通组织优化技术;明确了有轨电车与地面公交运行协调技术和有轨电车交叉口优先控制策略及方法。

第10章 现代有轨电车运行安全保障技术

10.1 现代有轨电车运行安全影响因素分析

10.1.1 系统外部影响因素

1. 交通环境因素

行人、非机动车、机动车等其他道路使用者的不遵守交通规则等行为将使其与有轨电车发生的碰撞事故增加。行人闯红灯、横穿轨道行为,容易影响电车运行或造成事故。有轨电车即将到站时,意图乘坐有轨电车的行人更容易出现闯红灯的行为,同时伴随该行为的危险性也随之增高。当有轨电车车道的隔离程度不同时,行人对有轨电车运行的影响也存在差异。

我国道路交通环境复杂,非机动车使用者相对较多。非机动车的行驶速度较行人快,且没有额外的保护措施,更易在事故中受伤。

现代有轨电车在路段或者交叉口与机动车辆常存在冲突点。在有轨电车事故中,与机动车的碰撞事故占有较大比重。机动车驾驶员在通过冲突点时没有观察到有轨电车的到来或在交叉口抢行均可能造成碰撞事故。外来车辆不熟悉区域内有轨电车的运行情况,也是造成此类事故的重要原因。对于采用混合路权的有轨电车系统,若机动车辆停车时邻近或占用有轨电车轨道,会影响有轨电车的正常通行。

2. 天气因素

现代有轨电车的运行对天气条件有较高要求,雷、雨、雪、高温等天气均可能导致有轨电车停运。不同于其他机动车辆,有轨电车受水的影响较大。雷雨天气积水若超过轨道两厘米,有轨电车将面临车内进水、电机被烧毁的危险。长春市有轨电车历年多次因暴雨、大雪、雷电等异常天气停运。高温天气时,有轨电车上方电线可能因热胀冷缩突然抬高,使有轨电车无法正常通电而停运。

其次,照明条件也影响有轨电车的安全运行。当照明条件较差时,有轨电车夜间行驶可能无法清楚辨别周围的交通状况,存在安全隐患。

3. 运营管理等因素

适当的管理措施能够提高有轨电车的运行安全。相关部门应制定现代有轨电车运营管理办法,对有轨电车的规划、建设、运营、通行、安全和法律责任等方面做出规定,做到有章可循。充分的出行安全宣传教育工作有利于其他道路使用者增加对相关管理措施的理解,增强交通安全意识。相关部门应定期对有轨电车系统进行危险排查工作,并及时采取相应的措施对有轨电车事故风险进行规避。当遇到有轨电车的乘客需求量激增等特殊情况,管理部门应及时调整有轨电车的调度安排,做好安全防范工作。

10.1.2　系统内部影响因素

1. 驾乘人员因素

在现代有轨电车交通系统内部,包括驾驶员和乘客在内的驾乘人员是影响现代有轨电车运行安全的主要因素之一。

现代有轨电车采用人工驾驶方式,有轨电车驾驶员的操作与驾驶经验影响有轨电车的安全运行,驾驶员培训不到位、操作不当可能会造成交通事故。若保持行驶过程中的平稳性,避免急刹车,一定程度上能够减少乘客意外受伤的风险。驾驶员对所处的交通环境的正确判断及在紧急情况正确操作,可降低事故的严重程度甚至避免事故的发生。

现代有轨电车乘客的相关事故可能发生在乘客到达站台或离开站台的过程中、乘客候车与上下车过程以及乘坐有轨电车期间。乘客应保持良好的乘车习惯,遵守相关管理规定,在保护好自己的同时避免影响有轨电车的正常运行。

2. 设施设备因素

(1) 路权设置形式

道路设置形式反映了有轨电车运行中受其他交通方式的影响程度。表10-1为奥斯陆不同轨道类型有轨电车的事故数,可知具有独立路权的有轨电车发生碰撞事故的风险最低。有轨电车与机动车辆碰撞的风险随路权独立性的提高基本呈下降趋势。而采用混合路权的有轨电车与行人、自行车、公交及其他有轨电车碰撞事故较少,可能与该轨道类型有轨电车行驶速度较低有关。相较于采用混合路权的现代有轨电车,设专用路和有物理隔离专用道可以提高行人的安全性。

采用半封闭路权的有轨电车路线经过交叉口时,常发生因机动车与有轨电车抢行造成的事故。有轨电车根据信号灯指示行驶,而机动车辆在经过平交路口频繁抢行,容易避让不及造成事故。主要有直行有轨电车与垂直方向的直行社会车辆相撞、直行有轨电车与同向欲左转的社会车辆相撞这两类碰撞事故。

表 10-1　奥斯陆有轨电车不同轨道类型每百万车公里事故数(1994—1996)

轨道类型	与运动的小汽车发生碰撞	经过静止小汽车旁时发生碰撞	与行人/骑自行车者发生碰撞	与公共汽车/有轨电车发生碰撞	总计
完全隔离的轨道	12.4	1.1	1.1	3.3	17.9
物理隔离的轨道	87.4	24.2	4.2	29.5	145.4
有轨电车、公交车、出租车换乘中心	105.4	36.7	27.2	65.1	234.5
无物理隔离的公交专用道	102.4	75.7	13.3	46.1	237.5
混合交通	122.6	72.9	7.4	13.5	216.3

（2）有轨电车车辆

现代有轨电车车辆技术故障可能造成运行事故,应定期、及时地对车辆进行检修,排查存在的隐患。有轨电车的紧急制动设施的有效性对减轻突发事件的影响十分重要,车辆的防护设施也可减少事故损失。

（3）道路条件

现代有轨电车的最大坡度为 6%,最小转弯半径为 25 m。道路坡度的大小影响车辆行驶时的车速与安全。轨道转弯半径的大小限制了有轨电车通过弯道的安全行车速度。若有轨电车减速不及时,在较小的转弯半径处容易出现有轨电车脱轨等事故,因此应尽量选用较大的转弯半径。轨道内若存有异物会影响有轨电车正常运行。在有轨电车运营之前,可用一列专用电车压道,一方面有利于维修工人检查线路,另一方面可通过压道清除轨线上的落叶、冰霜或部分积雪。

（4）站台设计

有轨电车站台设计的合理性有利于提高站台安全,减少乘客在站台候车及登乘过程中发生意外事故的风险。站台的设计应符合乘客水平登乘的要求。设计中可考虑设置遮雨棚、防滑地面、站台栅栏或屏蔽门等设施,同时可用引导标志等引导乘客有序上下车。

为减少乘客进站过程中与有轨电车的碰撞,在乘客流线设计时应尽量使乘客从站台上游方向进入,使有轨电车驾驶员能够及时察觉。且应使站台距交叉口的停车线保持一定的距离。同时可采用护栏等隔离设施将乘客进站时的行走区域与轨行区域、机动车道隔离开。

（5）车辆段、折返线等

由于有轨电车只能沿既定轨道前进,无法超车,因此一旦运行中的有轨电车发生故障,将影响全线有轨电车的正常运行。车辆段应配备有牵引车及维修设施,在有轨电车发生故障后应将有轨电车车辆牵引离开运行线路或及时进行维修,使路线尽快恢复运营。有轨电车定期的维护与检修也有助于及时发现安全隐患,减少有轨电车运行故障的发生。在有轨电车部分正线发生故障时,可封锁区间段进行维修恢复,经由折返线组织有轨电车单线双向运行,降低损失。

（6）供电系统

现代有轨电车由电力牵引,若供电中断将造成有轨电车停运。供电系统的可靠性将很大程度影响有轨电车运行的可靠性。现代有轨电车的供电方式主要有接触网供电、无接触网供电两类。采用接触网供电时交叉口上方布设有有轨电车接触网,若超高车辆经过可能会破坏电网,交叉口需设置有限高标志。

（7）交通标志

为提高有轨电车运行的安全性与可靠性,有轨电车运行区域应配备有完善的交通标志,包括线路标志、安全标志、限速标志、疏散标志、信号标志、停车标志等。在有轨电车行驶区域设置限速标志,规范不同路段区间上的行驶速度。道路上设置车道划分标志,向机动车辆预告有轨电车轨道;设置限高标志(采用接触网供电系统时),提醒超高车辆绕行;可在接入口设置禁止左转标志,减少出入车辆对有轨电车的干扰;在取消左转车道的交叉口设置相关引导标志,进行行车组织。通过设置行人引导标志"轨行区域禁止通行"等标志,组织行人从邻近的人行横道通行,减少行人横穿轨道的行为发生。

3. 控制系统因素

现代有轨电车控制系统涉及车辆、轨道、供电、通信、行车指挥、设施设备等方面。各系统的协调运作有助于有轨电车运行安全。

10.2　现代有轨电车运行安全保障体系

为了保障现代有轨电车交通的运行安全,既要协调其与地面上其他交通方式的运行组织,合理分配时空路权,构建高效有序的外部运行环境;又要着力完善系统内部的安全防控系统,协调现代有轨电车系统各组成部分运作良好,做到紧急情况的早预防、早发现、早处理。同时,从法律法规、组织架构、运行机制、应急管理、宣传教育等多方面加强管理,建立完善的安全保障机制,以实现各交通方式安全、高效、协调、有序运行,如图 10-1 所示。

完善现代有轨电车运行安全保障机制,从多角度、多维度综合考量,对提升其运行安全也至关重要。主要包括完善现代有轨电车运行管理方面的法律法规,建立安全管理组织架构,完善运行保障机制,提高应急管理保障水平,施行安全宣传教育,以健全现代有轨电车运行安全保障体系。

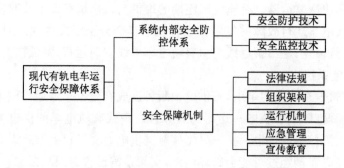

图 10-1　现代有轨电车运行安全保障体系

10.3　现代有轨电车安全防控技术

现代有轨电车运行安全防控技术体系需从防护和监控两方面着手,运用有效的技术手段,降低事故发生的概率,减小危险严重程度,如图 10-2 所示。防护技术包括交通安全设施设置和速度控制措施,从交通规划、设计以及管理角度采取技术手

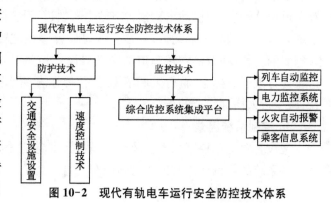

图 10-2　现代有轨电车运行安全防控技术体系

段,实现列车安全运行的目的;监控技术从列车自动监控、电力监控、火灾自动报警以及乘客信息等方面依托综合监控系统集成平台,运用现代先进技术,对列车运行进行实时监控,减少列车行驶过程中事故的发生,提高运行安全。

10.3.1　现代有轨电车安全防护技术

1. 交通安全设施设置

(1) 现代有轨电车信号机设置

信号机是用于指挥列车运行的信号设备,为了保证列车行驶的安全,提高运输的效率,正线和车辆段的线路上设有多种信号机来指挥列车或调车作业。

正线有岔站,为了防护道岔和实现联锁关系,设置地面信号机,一般中间站(无岔站)都不设信号机;信号机设置于运行路线的右侧;折返站的折返线出、入口都设置防护信号机；一般情况下，正线区间都不设通过信号机；停车场的出入库线应设置出、入库地面信号机，指挥列车的出入库；停车场内，根据调车作业的需要，设置各种用途的调车信号机。

现代有轨电车以人工驾驶为主，司机通过目视行车是确定有轨电车信号显示的基础。在正线上信号灯显示大致是白、蓝、黄三色，信号机白色表示进路开通，有轨电车放行；蓝色表示禁止有轨电车通行；黄色表示一般道岔转弯。

由于有轨电车运行在不同等级的道路上，可能会出现未设道路交通信号的现象。特别是在道岔区域，现代有轨电车司机按道岔指示器显示行车，其显示距离及显示方式具有较大的特殊性，为便于司机识别和有效操作，应设置独立的信号显示体系，有助于司机的规范操作和运行秩序的保持。因此，在遵从道路交通信号显示行车的基础上，设置与道路交通信号联锁的有轨电车专用信号显示体系。

（2）标志标线

电车专用车道标志、有轨电车指示标志、交叉口限速标志、有轨电车停车线以及交叉口网格线，如图 10-3 所示。

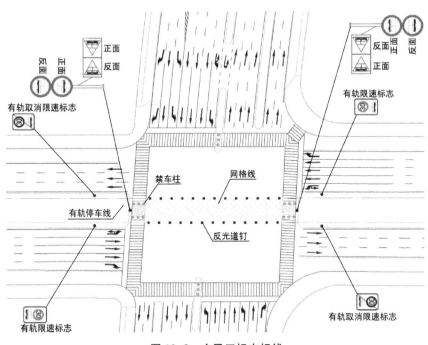

图 10-3　交叉口标志标线

禁止车辆左转（直行、右转）标志：现代有轨电车在交叉口最易发生事故的危险源是左转机动车抢行，根据交通组织和管理的需要设置禁止车辆左转标志。禁止左转标志的设置位置按照信号灯横杆、中央分隔带、指路标志横杆、道路右侧的优先顺序进行选择;禁止掉头标志优先选择中央分隔带;其他禁止标志的设置位置优先选择道路右侧。禁止车辆向某方向通行标志,应设置在交叉口或路段入口80 m以内适当位置,需要时可重复设置。

禁止车辆或行人通行标志:敷设在地面上的轨道占用了一定的道路资源,为了保证有轨电车的安全通行,要设置禁止车辆或行人通行标志,一般设置在禁限道路的起点或驶入道路起点处,并宜配合设置指示方向的指示标志。

禁止车辆停放标志:轨道内禁止停放机动车,一般设置在禁止停车路段起点处,道路较长时应重复设置,间隔300～500 m,如图10-4所示。

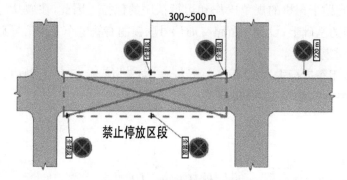

图 10-4　禁止停放车辆标志

车站导向标志:①车站内和车站外500 m范围,应有统一的导向标志;②车站内的各种标志和广告,应有统一规格和造型,且应安装坚固、位置适当,并与车站建筑装修融为一体。标志系统的设置应优先于广告;③车站电子站牌采用液晶屏或双元色LED电子屏及相关控制软件。站点名称用中、英文双语标示,向乘客提示本站点的站点名称。

(3)路段隔离护栏

国内城市人口及机动车发展速度快,道路上人流、车流量大,不论与行人还是与公交车及社会车辆混行,均不能保证有轨电车的安全准点,因此目前国内城市不适合全线采用共享路权形式。半独立路权形式采用地面敷设方式,基础设施简单,经济、便捷,对城市其他交通干扰较小,同时能够充分发挥低地板现代有轨电车的优势,与城市道路布局结合好,车门处低地板正好与人行道等高,乘客上下车便捷;在穿越平交道口时,采取有轨电车信号优先措施能够保证有轨电车较好的服务质量(平均运行速度和准点率),国内城市适合采用半独立路权(隔离线路+平交道口)形式。

隔离护栏的作用就是保证有轨电车路段的专用路权,将列车与机动车、非机动车、行人分隔,将道路在断面上进行纵向分隔,使列车、机动车、非机动车和行人分道行驶,提高了道路交通的安全性,改善了交通秩序;有利于阻拦不良的交通行为,阻拦试图横穿轨道的行人或自行车或机动车辆,要求护栏有一定的高度,一定的密度(指竖栏),还要有一定的强度;通过在护栏上增加绿化设施,使护栏上的轮廓简洁明快,警示驾驶员要注意护栏的存在和注意行人和非机动车等,从而消除危险源的存在,预防交通事故的发生。

（4）车站安全设施

在车站设置停车指示钢带、行人护栏以及不锈钢站台镶边,如图 10-5 所示。

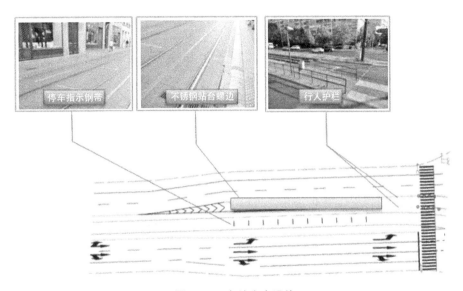

图 10-5　车站安全设施

车站屏蔽门系统将车站站台与行车道区域隔离开,防止人员跌落轨道产生意外事故,为乘客提供了舒适、安全的候车环境,提高了有轨电车运行的安全性和可靠性。但是安装屏蔽门也会存在一些问题,如列车与屏蔽门之间是否夹人;站台边与轨道中心线距离加大,从而屏蔽门门槛与列车门之间的间隙加大,以致乘客上下车存在安全隐患。

针对上述问题,站台安全防护措施主要采用:①在每道滑动门门槛设置防踏空胶条;②滑动门体下端设置倾斜挡板措施;③在车站进站端设置软灯管瞭望灯带。

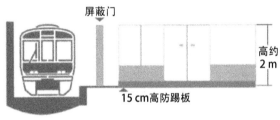

图 10-6　车站屏蔽门

在站台采用上述措施后,基本上可避免屏蔽门与车门之间夹乘客的情况。

2. 速度控制技术

对于不同城市的现代有轨电车,由于线路站间距、客流量、车门数量、交叉口的优先方式不同,现代有轨电车的平均运行速度也不同。

(1) 分区段限速

在非城区段,如果线路的限界能够实现与道路交通良好隔离,且平均站间距保持在 800 m 左右,则其运行速度可以达到 20~30 km/h;在城区段,由于非机动车流以及行人的影响,20~25 km/h 是这种地面轨道系统在半独立路权条件下的理想运行速度;车辆在平交道口的平均运行速度为 15 km/h。

(2) 分时段限速

早高峰、平峰以及晚高峰不同时段客流量、机动车以及非机动车流量均有所不同,根据实际调查情况进行分时段限速。

(3) 速度反馈标志

在交叉口、事故频发路段安装有雷达测速器测速标志牌,当有轨电车接近标志牌时,雷达测速器即可获得驶来车辆的即时速度,并将测速值显示在标志板的显示控制器上,同时根据速度值信息提出合理的建议。

10.3.2 现代有轨电车安全监控技术

目前现代有轨电车系统主要应用计算机、互联网等技术,以实现有轨电车的运营和监控自动化,如电力监控自动化系统(Supervisory Control And Data Acquisition, SCADA)可使调度中心实时掌握各个变电站、供电所设备的运行情况,直接对设备进行操作;防灾报警系统(Fire Alarm System, FAS)对轨道交通范围内各种建筑的火灾进行监控;列车运行自动监控系统(Automatic Train Supervision, ATS)等也对现代有轨电车系统的自动化和安全起着重要的作用。每个系统之间都是相互联系、相互依赖的,但是事实上每个系统由于各自的特点、不同的安全需要、数据冗余的不同,使各系统都是自成体系的,有各自独立的网络结构、服务器和操作站等。系统之间的联络比较困难且成本较高,难于实现信息互通、资源共享,这样就降低了可靠性、响应性和运营效率。针对现状,建立安全综合监控平台将相关监控子系统互联,使物理上分散的各个监控系统实现综合监控,以保证有轨电车的安全运行。

监控平台需要集成现有 ATS、SCADA、FAS、乘客信息系统(Passenger Information System, PIS)等,在日常工作和管理过程中出现异常事件以及危险源时,实现对相关监控资源的调配和指挥。根据整体系统集成化要求,具体提供如下功能:实时对所辖各个设备和系统状态进行监控和分析;迅速、准确、可靠地下达监控子系统具有的各种控制命令；在紧急状态发生时启动相应的预案，提高指挥的效率。综合监控系统通过与调度中心大屏幕的接口，将 ATS、CCTV、无线调度以及电力监控系统投至大屏幕，共享信息资源，供技术人员对各个系统进行实时监控，保证各个系统的安全运作。

1. 列车自动监控系统

由于现代有轨电车的行车密度高、站间距离短，对列车运行的安全性和自动化程度也有更高的要求。位于管理级的 ATS 系统，主要是实现对列车运行的监督，较多地采用软件方法实施联网、通信及辅助行车调度人员对全线列车运行进行管理。它可以显示全线列车的运行状态，监督和记录运行图的执行情况，为行车调度人员调度指挥和运行调整提供依据。如列车偏离运行图时及时做出反应等；还可以向旅客提供运行信息通报，包括列车到达时间、出发时间、列车运行方向、中途停靠点信息等。

ATS 系统能够实现以下基本功能：

（1）列车监视和跟踪。列车监视和跟踪包括在线列车的监视、跟踪，车次的位移及显示。

（2）自动建立进路。控制中心能对列车进路、信号机和道岔实现集中控制。

（3）列车运行调整。列车运行调整是不断地将计划时刻表与实际时刻表进行比较，通过调整停站时间使列车按计划时刻表运行，并在此基础上自动产生列车的出发时间。

（4）时刻表处理。时刻表处理包括安装、修改和存储时刻表，描绘、显示和打印实际运行图。

（5）列车实时位置识别。列车识别码由司机在开始旅程前选定，由列车自动发送。

（6）乘客信息显示系统。乘客信息显示系统用来通知等待的乘客下一列车的目的地和到达时间。

（7）服务操作。操作员能修改数据库、列车参数，控制与显示数据库信息。

（8）仿真及演示。系统仿真是通过仿真手段离线模拟列车的在线运行，主要用于系统的调试、演示以及人员培训，是一种必不可少的运行模式。

（9）运行报告。ATS 能记录大量与运行有关的数据，如列车运行里程数、实际列车运行图、列车运行与计划时间的偏差、重大运行事件、操作命令及其执行结果、设备的状态信息和设备的故障信息等。通过选择，可回放已被记录的事件。

（10）遥控联锁。联锁设备由远程控制系统操作，它提供了与运营控制系统的接口界面。

（11）监测与报警。ATS能及时记录被监测对象的状态,有预警、诊断和故障定位能力;能监测信号设备和其他设备结合部的有关状态;具有在线监测与报警能力。

现代有轨电车采用列车自动监控系统对列车的行车状态、重大运行事件以及突发事件进行监视、跟踪、位置识别以及危险源报警,有利于减小由于设备故障产生事故的概率,降低事故发生后的危险严重程度,达到安全防控的目的。

2. 电力监控系统

现代有轨电车供电系统设置电力监控系统,是以计算机为基础的集中控制平台与电力自动化监控系统。保证控制中心对主变电所、牵引变电所和降压变电所等供电设备运行状态进行监视、控制和数据采集。

电力监控系统的功能应满足变电所无人值班的运行要求。监控对象宜包括遥控、遥信、遥测和遥调四个部分:

（1）遥测即远程测量。采集并传送运行参数,包括各种电气量和负荷潮流等。

（2）遥信即远程信号。采集并传送各种保护和开关量信息。

（3）遥控即远程控制。接收并执行遥控命令,主要是分合闸,对远程的一些开关控制设备进行远程控制。

（4）遥调即远程调节。接受并执行遥调命令,对远程的控制量设备进行远程调试。

（5）其他功能:显示功能、数据处理功能、打印功能、汉字功能、口令功能和培训功能。

电力监控系统主要是对现代有轨电车全线各类变配电所、接触网等电力设备运行情况进行分层分布远程实时监视和控制,处理系统的各种异常事故及报警事件,保障系统的正常运行,同时系统调度、管理及维修的自动化程度,提高供电质量,降低由于电力设备故障导致事故发生的概率以及其危险严重程度,保证系统安全、可靠地运行。

3. 火灾自动报警系统

列车组出轨或碰撞导致的事故,各种电器设备的故障或线路老化短路,乘客吸烟或携带易燃易爆品,人为故意纵火或恐怖袭击活动以及自然灾害等都是造成现代有轨电车火灾的原因。一旦发生火灾,乘客发生心理恐慌和行动混乱,可能会瘫倒在地或盲目逃跑,容易相互挤倒、踩伤,造成不必要的伤亡。

现代有轨电车系统利用火灾自动报警系统可以在火灾初期(过热、闷烧、低热辐射和无可见烟雾生成阶段)进行探测和报警,可以使火灾的损失降到最小。

现代有轨电车系统贯彻"预防为主、防消结合"的原则,应遵循国家有关的法规和规定,并应符合公安消防部门的有关规定。

FAS 系统主要由中心级设备、现场各类探测器、输入输出模块、手动火灾报警按钮和消防专用电话系统等组成。

火灾报警控制器、区域控制器均为网络中一个节点,在环网中某个节点出现短路、断路等故障时,网络通信不会中断,同时网络故障信息上报控制中心。

地面车站没有参与消防联动的设备,车站规模小,不设置 FAS。主变电所和车辆段设置 FAS,在车辆段办公楼设置 FAS 控制中心,兼作车辆段 FAS 调度中心。

FAS 具有最高优先权,当发生火灾时 FAS 向楼宇自动化系统(Building Automation System,BAS)发出控制指令,BAS 按预定的火灾模式,将相应的机电设备转换为火灾运行模式;若未设置 BAS,则 FAS 直接进行消防联动。

火灾报警控制器应设有自动和手动两种触发模式。消防水泵、专用排烟风机和专用正压送风机等重要的消防设备除设 FAS 自动控制外,应设置手动直接控制装置。

FAS 的功能有负责全线车站、车辆段的灾情监视,防救灾设备管理,组织指挥救灾;接收并储存全线消防报警设备主要的运行状态,协调指挥全线防救灾工作;中心级 FAS 应满足高可靠,扩展灵活,接口方便,适应与其他线路实现互联互通,信息共享,确保运营安全的要求;通过控制中心与市防洪指挥部门、地震检测中心、消防局 119 火警通信。

4. 乘客信息系统

现代有轨电车乘客信息系统由传输网络子系统、车载子系统、控制中心子系统、车站子系统和车辆段子系统构成。

(1)网络子系统

网络子系统分为有线网络和无线网络两部分。有线网络子系统 PIS 提供控制中心至各车站和无线接入点间的视频和数据号传输的通道。控制中心和所有车站的设备连接到传输网络提供的 1 000 M 的传输通道上,PIS 在每个车站利用 CCTV 车站交换机,从而构成一个完整的 PIS 的信息有线传输路径。

无线网络作为有线网络的延伸,提供地面与列车的通信。主要设备包括设置在控制中心的无线管理服务器、无线接入点设备、车载的无线单元和天线以及在车辆段设置的必要设备,中心无线管理服务器通过 CCTV 交换机与车站 PIS 以太网交换机相连,车站 PIS 以太网交换机和轨旁的无线接入点之间通过单模光纤连接。

有线网络设备主要包括控制中心以太网核心交换机、车站以太网交换机、中心的防火墙设备和路由器等。无线访问接入点的安装方式为安装在线路两侧的灯杆上。沿区间线路两侧各敷设一条光缆,用于区间无线访问接入点与车站交换机的连接。

（2）车载子系统

车载子系统主要由车载控制器、车载无线单元、播放控制器、分屏器、显示屏、交换机、摄像机和存储设备等设备组成。

（3）控制中心子系统

控制中心子系统主要由中心服务器、咨询应用服务器、视频流服务器、接口服务器、视音频切换矩阵、直播数字电视编码器、中心操作员工作站、网管及监控工作站、多媒体素材管理工作站、播出控制工作站、直播工作站、打印机、有线电视传输制式转换设备、外部信号源和中心集成化软件系统等构成。整个控制中心设备构成一个完整的播出、集中控制和集中监控系统,同时中心子系统还将提供多种与其他系统的接口。

（4）车站子系统

车站子系统由 LCD/LED 屏、媒体控制器、网络系统和集成化软件系统等组成。这些设备分为控制和现场显示两部分。控制部分包括显示控制器、网络设备。LCD 显示控制器及网络设备设置在车站通信设备室内。现场显示部分包括所有的 LCD/LED 屏以及相应的媒体控制器和显示屏。

乘客服务信息由后台服务系统控制各车站站台电子站牌主机实现,主要是控制中心向各车站站台发布的信息。

（5）站台乘客信息服务系统的功能

为了实现视频监控,监控设备安装要与站亭相配合,监控范围包括有轨电车行车道和候车亭。站台乘客信息服务系统为在站台上候车的乘客提供上、下行的候车服务,包括静态的有轨电车线路信息、动态的车辆信息和其他一些标志信息和换乘信息等。发布的信息包括运营信息、公共信息和公益信息等。其中,运营信息包括首末班车时间、下次到站时间、预测最近到达车辆距离站数、道路阻塞等异常信息、电车停车信息、交通换乘信息和到达车辆牌号信息等;公共信息包括日期与时间、票价、气象预报和文字新闻等。

通过设置在站台上的考勤系统对驾乘人员进行考勤管理,管理人员可在后台得到相应的实时数据。站台还需要安装车辆到离站检测设备,通过短程通信技术,识别车辆 ID 和进出站状态。

根据运营需求,有轨电车设置 PIS,向乘客提供运营信息和其他多媒体信息服务。系统实时监控站台的各种情况,如乘客的候车状态、上下车行为、车站屏蔽门、列车车门等,在紧急情况下(包括乘客跳轨、上下车门被夹等)遵循运营紧急救灾信息优先使用的原则,降低危险源的发生概率,保障列车行车安全性和可靠性。

10.4　现代有轨电车运营安全保障机制

保障现代有轨电车运行安全需以树立安全生产思想为目标,以制度建设为载体,以安全生产过程控制为手段,构建现代有轨电车安全法律法规体系,建立安全组织架构,完善运行保障机制,提高应急管理保障,施行安全宣传教育,从而建立健全的现代有轨电车运行安全保障体系。

10.4.1　法律法规保障

现代有轨电车安全法律规范体系是指专门针对现代有轨电车安全管理的法律法规或其他法律法规中的有关条款,是保障现代有轨电车安全运营的准则和依据。

结合我国现行的法律法规的体系架构,现代有轨电车交通安全法律体系应在《安全生产法》作为我国安全生产领域的基本法的情况下,以行车规章为准绳,建立一套安全管理法律法规,涵盖安全管理各个方面。

1. 安全责任制度

包括安全生产责任制、员工发生责任行车设备故障及严重"两违"(违章违纪)处罚办法、安全生产目标管理办法等。

2. 安全管理制度

包括现代有轨电车运营公司安全生产委员会管理办法、交通事故(设备故障)调查处理管理办法、劳动安全管理办法、行车规章管理办法、安全信息管理办法、安全专项整治管理办法、设备安全管理办法等。

3. 安全控制制度

包括现代有轨电车安全检查监督实施办法、安全生产危险源控制办法、现场作业及安全专项控制办法、安全生产结合部管理办法等。

4. 安全考核制度

包括现代有轨电车运营公司干部安全经营负责制考核办法、干部安全管理责任追究办法、安全管理评估考核办法等。

5. 安全保障制度

包括突发事件应急管理办法、交通事故应急救援管理办法、安全技术装备保障管理办法、职工教育管理办法、关键岗位职工资格许可和持证上岗管理办法、党群组织保障管理办法等。

10.4.2　组织架构保障

一个全面而清晰的安全组织架构是保障系统安全的制度保证。安全责任体系是安全组织职能体系的核心内容,是保障现代有轨电车安全的关键。安全责任体系明确界定系统全生命周期中涉及的所有单位的安全责任,将现代有轨电车安全责任落实到每个参与单位、每个员工,并通过法律法规、政府监督及参与方之间的相互监督保证各单位安全责任的有效落实,最终保障系统安全,避免安全事故的发生。

1. 运营公司成立安全生产委员会

安全生产委员会设有主任和副主任,组员为各部门负责人。安全部是公司安全生产委员会的常设办公室,代表安全生产委员会负责实施安全管理,组织安全检查、安全奖惩和安全评估,督促各部门执行安全管理方针和目标;监督和接受安全信息,及时反馈和处理;通过整理安全信息,提供安全管理决策建议方案;负责安全事件(事故)的调查,并根据相关规定对有关责任人提出处理建议。

2. 部门设置安全生产领导小组

安全生产领导小组设有组长和副组长,组员为部门安全主管、安全管理工程师。该小组负责实施部门安全管理,组织部门安全检查、安全奖惩和安全评估,督促各班组执行安全管理方针和目标;监督和接受安全信息,及时反馈和处理;通过分析安全信息,制定安全生产整改具体措施。班组设立专(兼)职安全员,实施现场安全监控。

3. 安全生产委员会每月定期召开安委会会议

各部门汇报月度安全工作开展完成情况,安全部对各部门存在的问题进行分析点评,提出建议措施,并布置下月安全工作重点。各部门每月召开安全例会,形成会议纪要并上报安全部备案。

10.4.3　运行机制保障

1. 系统总联调

现代有轨电车系统总联调是指从运营单位配合建设单位或部门开展系统调试开始,到系统联调、运营接管、运营演练、试运行等一系列正式商业试运营之前在现代有轨电车系统方面所做的工作或所处的工程阶段,可以将系统总联调分为两个阶段。

第一阶段是系统调试和联调阶段,这一阶段较为合理的组织模式为建设单位主导,在其总体协调下,各供货、安装、服务单位执行各自任务,完成工程建设任务,运营单位派出人员配合和支持,完成熟悉系统、调试跟踪、质量督导、行车区域调度、列车驾驶、施工场所管理等配合任务,同时在后期可以酌情在过程中开展部分系统测试验证工作。

第二阶段是运营接管后到商业试运营前,这一阶段通行的组织模式为运营单位主导,在其统一调度下,运营单位和人员开始进行系统的验证测试、正常情况下的系统运行操作、故障情况下的应急处理、火灾恐怖等突发紧急情况下的应急处置演练、不载客按图试运行等工作,为正式商业试运营做好准备,这一阶段建设单位紧密配合,指挥各供货、安装、服务单位跟踪系统情况,及时处置故障和调整系统状态,保障运营单位各项工作的开展,确保系统按时顺利地开通试运营。

现代有轨电车系统总联调主要是调试各系统设备在正常工作状态下,各系统之间的相互干扰、相互匹配、相互协调和相互保护的功能,是现代有轨电车从建设向运营过渡的重要环节。

2. 施行安全检查

安全检查可以有日常检查、夜班检查、春秋季检查、节前节后安全检查、专项检查等。安全检查可采用安全抽问、查录音、回放视频、查操作记录、安全测试、观摩评估作业过程、突击演练等方式。

(1)日常安全检查

以查纪律、查管理、查安全措施为主要内容,各层级应制定安全检查表,并做好对检查时间、内容、发现问题、整改措施等的详细记录。

(2)夜班安全检查

以查劳动纪律、作业纪律和标准化作业、现场实际操作为主要内容。

(3)节前节后安全检查

在重大节假日或大型活动前 3～4 周制订安全大检查方案,检查以各部门自查为主、公司成立检查小组进行安全大检查为辅的形式进行。

(4)专项安全检查与督查

结合某一时期的安全工作特点,各层级有针对性地开展安全检查,例如,标准化作业、调车作业、调试作业、标准用语、施工安全、消防安全、事故(事件)措施落实等。

(5)危险源排查

以检查影响有轨电车安全运营的重大危险源为重点,检查轨行区影响司机瞭望的盲点、交叉路口管理、施工审批、停送电作业、控制保护区管理等。危险源排查后,要建立危险源管理台账,明确整改人员和完成时限,对不能及时整改的危险源要制定预防措施。充分利用互联网思维和大数据处理方法,对检查中发现的问题进行汇总,建立安全隐患问题数据库,限定期限回复整改完成情况,对整改完成情况进行跟进,整改完成后销号。通过对安全问题数据库的检索、归类、统计,分析安全关键问题和屡次发生的问题,做到重点问题重点防范,关键人员重点包保。

3. 安全演练

安全演练的内容主要是针对行车、客运有关设备、设施(包括车辆、线路、信号、通信等)在运营期间发生故障后进行处理的演练及火灾、爆炸等应急演练。

(1) 组织分级演练

运营公司应该建立安全演练管理办法,明确安全演练的计划、组织、总结、评比、考核等环节的规范流程。各层级要仔细编排年度、月度安全演练计划,确保演练内容全面覆盖安全关键点并且计划均衡,与当前阶段工作紧密结合。

(2) 编制演练方案

主要内容有模拟故障现象及影响范围、演练总指挥和演练人员、评估人员配置、故障处理要点和各工种处理程序等。安全防范措施包括涉及人身、行车安全的防范措施等,在开展演练方案前下发,突击演练方案则不下发。

(3) 组织演练评估和观摩,做好演练评比

安全演练要充分发挥"演"和"练"的含义。各部门要全员参与,对突发应急事件进行模拟处理,通过"练"做到人人熟知故障处理;还应对关键预案进行重点的"演",确定预案并反复演练,熟练后组织公开演练,组织观摩评比,达到以点带面、标准示范的作用。

(4) 开展演练总结

通过演练"回头看",对演练中存在的问题和不足进行分析讨论,对存在的不足提出整改措施和整改期限,并形成案例组织员工进行学习。

(5) 演练成果分享利用

安全管理人员定期对演练方案进行整理和存档,并汇总成册。针对大型演练,聘请专业团队,对演练过程进行跟拍,通过后期编辑处理,镜头移步换景,把同一时段不同人员的演练进行复原,作为鲜活的培训教材。

4. 安全评估

(1) 部门安全评估

开展内部安全评估。针对不同部门,制定切实可用的《安全评估表》,可采取部门自评和公司评估相结合的方式,每季度进行一次。各单位将自评结果上报安全部,由安全生产委员会结合部门评估,对各部门的安全工作情况进行抽查、复核,被评估对象根据评估成绩进行整改。

聘请第三方开展安全评估。从第三方专业角度对有轨电车运营安全管理工作进行评估,帮助有轨电车运营单位发现问题并整改提高。

(2) 安全事件/事故分析

发生安全事件/事故后,严格按照"四不放过"原则,即事故原因没有分析清楚

不放过、事故责任没有得到严肃处理不放过、广大员工没有受到教育不放过、事故防范措施没有落实不放过，以最快速度召开分析会，查明原因及责任，对事件/事故责任人做出严肃处理，制定纠正与预防措施，并组织全员进行学习教育，修改相关规章或改进相应工作。

（3）安全奖惩

制定和不断完善绩效考评办法和安全奖惩办法，使安全奖惩有据可依、有章可循，这样才能从根本上保证安全生产。

开展安全评比，准确评价部门和员工的月度、季度、年度安全绩效，树立安全生产的正面典型，促使员工将遵章守纪变成习惯，确保安全生产。各部门对不同岗位员工的工作绩效（如安全行走公里数、工时数、表扬加分、违章通报等）进行排名，对先进岗位给予荣誉称号，并将排名与安全奖金、岗位晋升挂钩。

10.4.4　应急管理保障

1. 应急预案

根据国家安全生产事故应急预案编制导则，应急预案应形成体系，以总体应急预案为体系总纲，针对各级各类可能发生的事故制订专项应急预案和现场应急处置方案，并明确事前、事中、事后的各个过程中相关部门和有关人员的职责。

现代有轨电车总体应急预案从总体上阐述处理运营事故的应急方针、政策，应急组织机构及相关应急职责，应急响应、措施和保障等基本要求和程序，用于应对各类运营事故。专项应急预案主要是公司及其有关部门，为应对某一类型或几种类型突发事件而制定的涉及数个部门职责的应急预案，应制定明确的救援程序和具体的应急救援措施。现场处置方案是根据总体应急预案、突发事件应急预案和部门职责，为应对突发事件制订的现场处置方案，具体指导各岗位参与救援工作的现场实施具体方案，由经营公司各部门制定，报经营公司安全管理委员会批准后实施。

运营突发事件应该分级分类进行响应，针对不同的类型和等级迅速、有序地进行组织准备、应急保障和应急处置。根据事故、事件的危害及影响程度，运营突发事件分为七级：Ⅰ级（特别重大）、Ⅱ级（重大）、Ⅲ级（较大）、Ⅳ级（一般）、Ⅴ级、Ⅵ级、Ⅶ级。具体描述见表 10-2。

表 10-2　运营突发事件分级

级别	描述
Ⅰ级（特别重大）	造成 30 人以上死亡，或者 100 人以上重伤，或者直接经济损失 1 亿元以上的。

续表

级别	描述
Ⅱ级 （重大）	造成 10 人以上 30 人以下死亡，或者 50 人以上 100 人以下重伤，或者直接经济损失 5 000 万元以上 1 亿元以下，或者连续中断行车 24 h 以上的。
Ⅲ级 （较大）	造成 3 人以上 10 人以下死亡，或者 10 人以上 50 人以下重伤，或者直接经济损失 1 000 万元以上 5 000 万元以下，或者连续中断行车 6 h 以上 24 h 以下的。
Ⅳ级 （一般）	造成 3 人以下死亡，或者 3 人以上 10 人以下重伤，或者直接经济损失 50 万元以上 1 000 万元以下，或者连续中断行车 2 h 以上 6 h 以下的。
Ⅴ级	造成 1 人以上 3 人以下重伤，或者 10 人以上轻伤，或者直接经济损失 30 万元以上 50 万元以下，或者连续中断行车 1 h 以上 2 h 以下的。
Ⅵ级	造成 5 人以上 10 人以下轻伤，或者直接经济损失 10 万元以上 30 万元以下或者，连续中断行车 30 min 以上的。
Ⅶ级	造成 5 人以下轻伤，或者直接经济损失 1 万元以上 10 万元以下。

注：参考国办函〔2015〕32 号《国家城市轨道交通运营突发事件应急预案》，"以上"含本数，"以下"不含本数。

突发事件根据危险源不同主要分为运营突发事件类：交通事故、突发大客流、火灾、有轨电车冲突、挤岔、倾覆、脱轨、故障、线路故障、外界设施侵限、信号系统故障、通信系统中断、正线车站大面积停电等；自然灾害类：地震、恶劣天气等；公共卫生类：国家或地方发生疫病传播等紧急事件情况；社会安全事件类：爆炸、毒气袭击、突发治安事件。

2. 基本应急处置流程

（1）先期处置

线路内发生异常现象，最先发现者应用电话向交通部门、调度中心或司机报告，说明现场异常现象；在保证安全的情况下，现场工作人员应对现场异常情况进行查看和确认，并可利用现有设施对突发事件进行初期处置，如向列车显示停车或降速信号等。

司机应向调度中心汇报，按行车调度指示执行，必要时立即停车或降速，乘务员利用列车广播安抚乘客或指导乘客按应急救援程序进行处置，并按调度指挥组织乘客进行紧急疏散。

调度中心值班人员在接到现场的突发事件报告或综合信息系统的报警信息后应对异常现象进行调查与确认，并向公司领导和相关部门报告，确定突发事件类别和等级，根据类别和等级立即报告相应部门，并同时启动相应突发事件应急处置预案。根据事件性质、伤亡人数状况和影响范围，报请 110、119、120、公交公司、交警部门参与救援。

（2）现场处置

现场应急处置指挥部在先期处置的基础上，按照突发事件应急预案制定现场抢险救灾方案，包括人员救护、设施设备抢修、线路运营等方案，明确现场总指挥、各单位和部门的职责。各部门必须按照各自的职责分工开展抢险救灾工作，并与相关单位密切配合，共同处理好现场处置工作。调度中心应及时了解现场抢险救灾中的情况，与各单位、各部门保持联系，随时协调处理现场抢险救灾中出现的问题。

运营突发事件处置工作基本完成，次生、衍生灾害和事件危害基本消除，公司应急指挥部经上级领导批准，根据现场条件决定终止应急状态，转入正常工作。必要时，应通过广播电台、电视台和新闻媒体向社会发布应急结束的消息。

（3）后期处置

应急救援阶段工作的结束并不意味着应急管理工作的结束。当应急救援工作结束以后，突发事件的紧急情况得以缓解，仍需要进行善后处理、事件调查和处置评估。有轨电车所在地城市人民政府要及时组织制订补助、补偿、抚慰、抚恤、安置和环境恢复等善后工作方案并组织实施。组织保险机构及时开展相关理赔工作，尽快消除运营突发事件的影响。并按照《生产安全事故报告和调查处理条例》等有关规定成立调查

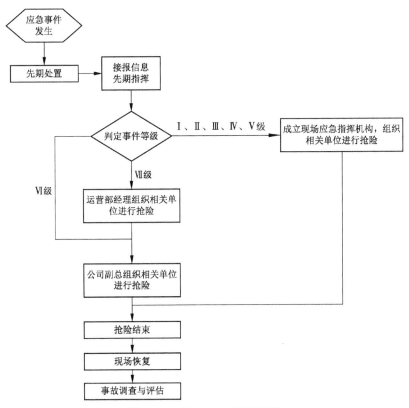

图 10-7　基本应急处置流程图

组,查明事件原因、性质、人员伤亡、影响范围、经济损失等情况,提出防范、整改措施和处理建议。履行统一领导职责的人民政府要及时组织对事件处置过程进行评估,总结经验教训,分析查找问题,提出改进措施,形成应急处置评估报告。

10.4.5 宣传教育保障

交通安全教育是预防和减少事故的关键措施之一,提高交通参与者的交通安全意识和交通法制观念,增强交通参与者遵守交通法规的自觉性,可有效提高有轨电车的运行安全性。针对现代有轨电车的具体情况,应重点对有轨电车运营公司员工与社会民众进行安全教育。

1. 员工的安全教育

有轨电车相关工作人员的安全意识对于有轨电车运营安全有着重要影响,应切实抓好员工的安全教育工作。

(1)三级安全教育

新入司员工需要开展公司级、部门级、班组级的三级安全教育,并建立安全教育卡片,实施闭环管理。通过不同层面、不同重点的岗前安全教育,提高员工的安全意识和安全技能。

(2)常态化安全教育

每半年至少开展1次公司级别的全员安全教育,每月至少开展1次部门级安全教育,每周至少组织1次班组案例学习教育。

(3)关键人员的安全教育

调整岗位的员工必须由班组进行岗前安全教育,经考试合格后方可上岗;安全事故责任人必须由部门进行安全教育,经考核合格后方可按照规定上岗;安全事件责任人必须由部门或班组进行安全教育,经考试合格后方可按照规定上岗。对于安全检查中被发现多次违章违纪的员工,处理之后进行下岗安全教育,经过观察考试合格之后重新上岗。

(4)开展安全教育要注意形式多样化

采用宣传板报、安全例会、事故回头看、典型事故案例剖析、事故(事件)分析会等形式定期对员工进行安全教育。要特别注重国内外同行对事故的学习,深刻剖析事故根源,对照查找本公司是否也存在同样的问题,并制定相应的预防措施。

(5)开展安全教育要注意过程文件的控制

必须进行相应的记录(时间、内容、学习方式、阅卷人等),建立相应的台账,记录培训内容、培训负责人、被培训的人员、培训日期以及培训效果等,重要的培训还应由本人签名后存入个人安全档案。

(6)安全培训后进行效果评估

通过调查问卷、现场跟踪等方式对培训效果进行评估,不断提升安全培训的质量。

2. 民众的宣传教育

社会民众的安全意识和对现代有轨电车的接受度很大程度上影响着现代有轨电车的运行安全。做好社会民众的安全教育工作,可以为现代有轨电车提供良好的运营环境,很大程度上保障现代有轨电车的运行安全。

提高社会民众对现代有轨电车的接受度,增强民众的安全意识,可开展安全宣传月等安全主题月活动,同时开展有轨电车安全教育进企业/工厂、安全教育进社区/家庭、安全教育进学校等活动,落实安全教育的责任主体分别为企业、社区、学校等,定期开展安全教育效果评估,可评比出安全企业、安全社区、安全学校等荣誉以鼓励民众积极参与。

各项安全宣传教育活动可采用发放宣传资料、设置宣传标语、播放宣传片、媒体宣传等多样化的形式进行,以民众易于接受的形式普及交通安全法制观念,提高社会民众对现代有轨电车的了解和接受度,增强社会民众的安全法制观念和遵守交通规则的自觉性。

10.4.6　运营突发事件应急措施

(1)交通事故

交通事故指有轨电车运营线路范围内,发生有轨电车与社会车辆、行人、其他物品相撞、碾压的事故。在正线、辅助线、平交道口等区域均可能发生交通事故,交通事故可能导致单侧或两侧线路临时中断行车,对有轨电车运营秩序和服务造成重大影响。

发生交通事故,司机应立即紧急停车,向调度中心报告情况,利用车载广播做好乘客解释工作、安抚乘客。若电车停于平交路口,司机、乘务员配合交警人员疏导过路行人车辆,避免造成二次伤害。调度中心接报后,立即按信息报告流程进行报告,启动应急预案。根据实际情况封锁相应区段、组织乘客疏散,视情况启动公交接驳预案,向公司相关领导汇报,并通报公安交警部门、120、119 救援及公司安技部等部门负责人。如有需要,可动用公铁两用车实施救援。

(2)突发大客流

突发大客流指车站单位时间内进站客流明显超出车站容纳能力和正线运输能力,且有继续增加的趋势,存在一定的安全风险,需采取控制措施的情况。

当发生突发性大客流时,司机应及时了解产生突发客流的原因、规模,可能持续的时间,并按相关规定上报。利用车载广播做好乘客解释工作。调度中心加强现场监控及信息发布,确定运营调整方案,做好备用车上线的准备工作,视情况启动公交接驳预案。

要做好突发大客流的预防工作,当节假日、大型文体群众活动、突发公共事件、特殊恶劣天气、运营事故时,容易出现大客流情况。要充分准备好客运设施设备和人员。在日常工作中,准备必要的客运设施设备,如:铁栏杆、标志牌及告示牌,加强客流控制和引导能力。

(3) 有轨电车冲突、挤岔、倾覆、脱轨

有轨电车、机车、车辆间发生冲撞导致有轨电车、客车车组、机车、车辆等破损。根据破损程度不同,产生的影响不同,视情况组织中断抢修或降级运行。有轨电车冲突可能导致其他重要行车设备损坏、人员伤亡、中断行车等重大影响,并可能伴随有轨电车脱轨、挤岔、倾覆、受电器或充电轨故障等情形。

当冲突、挤岔、倾覆、脱轨发生在车辆段时,司机应立即将现场情况及影响程度报调度中心,并降下受电器,保护好现场。调度中心立即停止受影响区段的所有作业,通知相关有轨电车司机严禁动车,防止有轨电车进入事故区段,并立即赶赴现场组织受影响区段充电轨停电作业,根据现场情况做好救援车的开行准备。

当冲突、挤岔、倾覆、脱轨发生在正线时,司机立即将现场情况及影响程度报调度中心,严禁动车,利用车载广播系统对乘客进行安抚。调度中心封锁相关线路,严禁其他有轨电车进入封锁区域,并发布抢险救援指令,做好救援公铁两用车的开行准备。并加强与现场沟通,迅速作出反应,确定运营调整方案,做好恢复运营准备。值班主任调度指派相关人员携带应急救援物品,火速赶往现场,对车厢内乘客进行安抚,做好客运组织工作,若有人员伤亡做好救护工作,并做好人员疏散准备工作;应急指挥部视情况启动公交保障方案,并对该方案的具体实施进行监督、协调,及时有效地疏散拥堵线路车站乘客。

抢险结束后,调度中心严格按照现场限制条件组织行车,并安排首有轨电车以空车限速 30 km/h 通过原故障区域;维保部派人登乘首有轨电车,观察线路、充电轨情况;有轨电车司机运行途中加强线路瞭望,出现异常及时采取紧急停车措施。

10.5　淮安现代有轨电车运行安全保障技术

10.5.1　工程概况

有轨电车一期线路位于淮安市的城市发展轴上,直接沟通清河与淮安两大组团,并与清浦组团和开发区组团相毗邻,是未来淮安市快速公交网络的骨干线路之一,其开通运营将极大地提高中心城区与淮安区之间的交通便捷性,有力地促进沿线各组团的开发建设,以适应淮安城市发展主轴功能,同时引导里运河文化长廊的发展[143]。

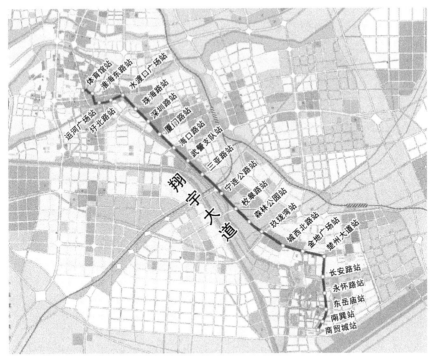

图 10-8　淮安市有轨电车一期工程线路示意图

淮安市有轨电车一期工程线路起自清河区体育馆地区,终于淮安区商贸城,线路整体走向为西北往东南方向延伸,线路初期全长 20.3 km,全线均为地面线,采用半独立路权模式,共设站 23 座。起点为清河区体育馆站,途径交通路、运河广场、和平路、翔宇大道和楚州大道,终点为淮安区商贸城站。

10.5.2　交通组织方案

1. 区域交通组织

由于交通路、和平路规划道路宽度有限,加入有轨电车以后,占用现有道路空间。建议实施以下交通组织方案:

交通路淮海北路至杏园路段保持现状双向通行条件,交通路杏园路值曙光南路段社会车辆由北向南单向交通组织,和平路由西向南交通组织;交通路、和平路与淮海东路、淮海南北路、承德路、圩北路等形成循环交通组织,如图 10-9 所示。

交通路周边交通组织形成多个顺时针单向交通组织。交通路由北向南直行,分流淮海南路、淮海北路交通。北边形成淮海北路—交通路—师专路、淮海东路—淮海北路—师专路—交通路的单向交通组织;南边形成淮海东路—交通路—针织路—淮海北路、淮海花园四周道路、针织路—交通路—漕运路—淮海南路的

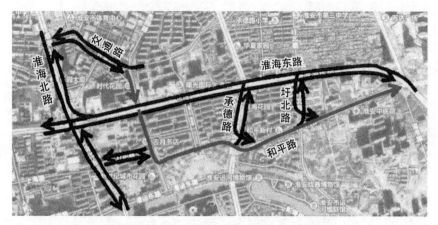

图 10-9　和平路、交通路交通组织方案示意图

单向交通组织。

2. 路段交通组织

（1）常规交通组织措施

淮安有轨电车一期线路采用路中式断面布置形式。在路中段，道路断面设置中央分隔带，加强交通管理，减少沿线出入口左转交通对有轨电车的影响。行人过街主要结合交叉口设置行人过街横道线，在交叉口距离较大时可结合过街需求设置少量过街开口。平面过街开口处设置有轨电车停车线。平面过街处布置人行横道线，并设置行人过街信号灯及感应式信号控制设备。

（2）出入口交通组织措施

综合考虑出入口交通组织方式的优缺点和适用性，为保证有轨电车的安全、快速运营的交通组织原则，建议沿线出入口的交通组织原则如下：

① 采用"右进右出"的交通组织方式。对于敷设于路中的有轨电车线路区间，沿线出入口原则上采用"右进右出"的交通组织方式，避免社会车辆和与有轨电车的冲突。

② 采用有轨电车绝对优先控制。当有轨电车和出入社会车辆的冲突无法物理隔离时，沿线出入口原则上保证有轨电车的绝对优先路权，以保证有轨电车的安全运行。在有条件的情况下，应设置感应式信号灯，以明确通行规则。

③ 特殊出入口采用立体交叉。对于进出交通需求较大、或有特殊需要的出入口，可以采用立体交叉的出入口组织方式。

④ 合理引导交通从其他出入口进出。尽可能将有轨电车沿线出入口的交通量引导至小区其他出入口。在条件允许的情况下，可考虑封闭与有轨电车冲突较为严重的出入口。

3. 交叉口信号控制

（1）信号控制策略

目前，淮安有轨电车一期工程的交通信号控制为单点控制。根据现状评价，部分路口服务水平低，实施有轨电车后，将不能满足有轨电车快速、准时的建设目标。因此，需改造现有交通信号控制系统，升级为带有两级控制的交通信号控制系统，即路口控制和区域协调控制。

路口控制是实现区域协调控制的基础；区域协调控制可以解决相邻道路交叉口的信号协调问题，提高道路交通的安全有序和有轨电车的运行效率。除了对沿线交叉口的信号控制系统进行改造外，需要同步考虑相邻交叉口的信号控制系统改造。

根据国内外各大城市交通信号控制系统的建设发展，交通信号控制系统升级成为区域协调信号控制系统是必然的趋势。因此，建议以有轨电车一期工程建设为契机，对沿线交叉口及其相邻路口的信号控制系统进行改造。

由于道路中各交叉口间距、背景交通量的不同，社会车辆或有轨电车协调控制有各自的适应性。因此，根据交叉口间距、背景交通需求等因素将有轨电车线路全程的协调控制分为三段，分别为交通路～和平路、翔宇大道、楚州大道，如图 10-10 和表 10-3 所示，通过交叉口间距、背景交通量分析确定各分段如何选择合理的信号控制方式。

图 10-10　信号控制分段示意图

表 10-3　信号控制策略

分段	路段	信号控制策略
分段1	交通路（淮师路—曙光南路）	实施社会车协调控制，出入口交通利用有轨电车发车间隔时间插入相位
	和平路（曙光南路—翔宇大道）	
分段2	翔宇大道（健康路—楚州大道）	实施有轨电车协调控制，特殊情况下采用绿灯延长、红灯缩短等主动控制策略
	翔宇大道—淮海东路	单点信号控制
分段3	楚州大道（长安路—南门大街）	实施社会车协调控制
	楚州大道—翔宇大道	单点信号控制

（2）交叉口交通组织

有轨电车沿线交叉口的交通组织，其分类如表 10-4 所示。

表 10-4　有轨电车交叉口交通组织情况列表

类型	典型相位图	位置
"路中直行"型	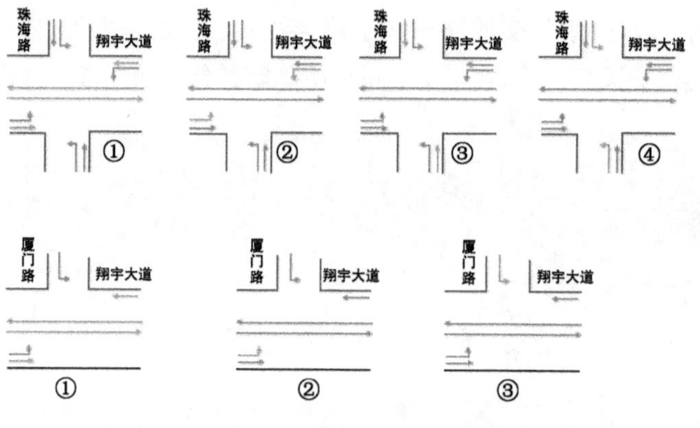	翔宇大道在水渡口广场往南是路中直行，交通路在金鹰地下车库以北
"路侧直行"型	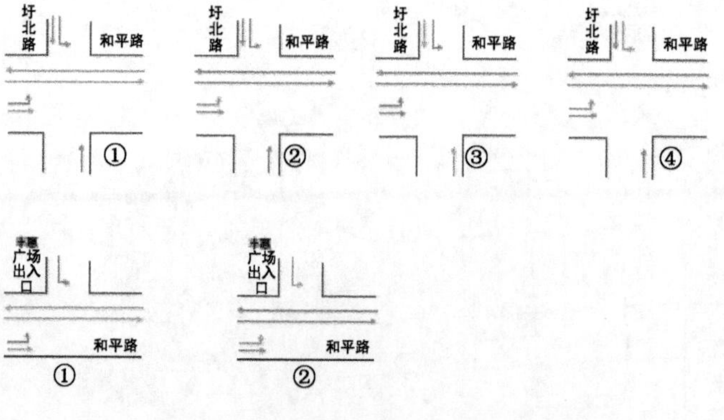	和平路以及交通路金鹰地下车库以南属于路侧直行

续表

类型	典型相位图	位置
"路中转路中"型		交通路—桑园路,银川路交叉口
"路侧转路侧"型		交通路—曙光南路的丁字交叉口
"路侧转路中"型		和平路通过水渡口广场转入翔宇大道

10.5.3　安全防护技术

1. 交通安全设施

（1）路段隔离

在交通路、丁香路、和平路上,道路车行道宽度较窄,采用活动式护栏隔离有轨电车与机动车,并防止行人横向穿越。如图 10-11 所示。

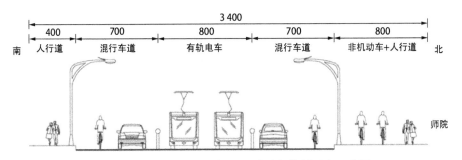

图 10-11　交通路、丁香路、和平路路段护栏隔离示意图

在翔宇大道、楚州大道的中央分隔带采用侧石隔离有轨电车与机动车,绿化带防止行人横向穿越。如图 10-12 所示。

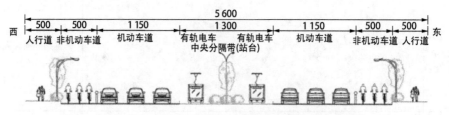

图 10-12   翔宇大道、楚州大道路段侧石隔离示意图

(2) 交叉口安全设施

在线路的交叉口处,设置一些标志标线以及防护设施来保障列车运行安全。如电车专用车道标志、有轨电车指示标志、交叉口限速标志;有轨电车停车线、交叉口网格线;防护设施包括反光道钉和禁车柱。

2. 列车旅行速度控制

列车过交叉口速度按照城市道路设计规范规定,按道路计算行车速度 0.5～0.7 倍计算。淮安现代有轨电车试运行期间,正线上限速为交叉口 15 km/h,转弯 10 km/h,路段 30 km/h;城区段和郊区段限速没有区分。全线旅行速度结合道路交叉口信号延误时间计算,目前淮安现代有轨电车全线旅行速度约 24 km/h。

有轨电车限速主要考虑线型及遵循社会交通速度的控制。沿线设置了相应限速标志,但不同路段的限速要求不一样。旅行速度要根据实际运行情况进行调整,渐进式提速。

沿线采用公交信号优先方案:基于离线协调的有条件主动式信号优先。根据计算,采用公交信号优先方案时,有轨电车沿线的交叉口信号延误可以降低约 40%。

10.5.4 安全监控技术

1. 电力监控系统

淮安现代有轨电车的供电系统包括:半集中式供电方式,电压等级为 10 kV;牵引供电电压为直流 750 V;采用充电架给车内的超级电容充电;变电所采用电力监控系统;杂散电流防护按照以堵为主,以排为辅,堵排结合,加强监测的原则。

本工程采用半集中供电,每座中心配电室从电力公司直接取得 2 路独立电源,中压环网向全线的牵引及动力供电,正线及车辆段分别设置 9 座和 1 座牵引降压混合变电所。正线牵引混合变电所设置 2 台 1 600 kVA 的整流变压器及 2 台 100 kVA 的动力变压器。电力监控系统具有遥控、遥测、遥信、报警处理、数据处理等功能。如图 10-13 所示。

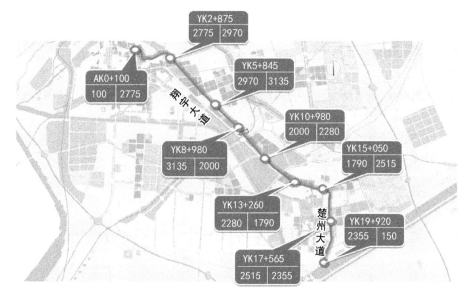

图 10-13　淮安有轨电车一期工程沿线供电系统图

2. 通信系统

通信系统主要由骨干网络系统、无线通信系统、视频监视系统、乘客信息系统、电源及防雷接地系统等构成。

（1）骨干网络系统

骨干网络系统采用工业以太网组网方式,通过在车站、车辆段、变电所、控制中心之间敷设骨干光缆,构建工业级的环形光纤通信网络,用以传输整个有轨电车系统需要的数据。

（2）无线通信系统

无线通信系统采用租用淮安公共移动通信网络方式,系统主要由调度中心管理设备、车载接收设备、车载终端设备、无线手持终端和网络通信控制设备和辅助定位设备等构成。

（3）视频监控系统

视频监控系统采用 EPON 方式独立组网,由设置于控制中心的 OLT、沿线的分光器、ONU,以及敷设在沿线的一根 16 芯光缆组成。另外在中心设置一台交换机,与其他系统实现信息共享。

（4）乘客信息系统

乘客信息系统由控制中心子系统、站台子系统、车载子系统及发车屏及司乘人员考勤系统等构成。

（5）电源及防雷接地系统

系统在控制中心、变电所、车站设置容量适宜的 UPS 电源；根据设备具体情况，设备可就近接地或接入各系统共用的综合接地系统。

3. 运营调度管理系统

运营调度管理系统主要由中心调度管理子系统、正线道岔控制子系统、车辆自动定位子系统、平交路口信号优先子系统、车辆段道岔联锁子系统、培训中心子系统等构成。

（1）中心调度管理子系统

主要由中心计算机系统、综合显示屏、工作站、时钟对时服务器、UPS 电源等组成，实现电车行车计划控制、电车运行显示等。

（2）正线道岔控制子系统

主要有轨旁设备和车载设备两大部分组成。系统应备本地自动控制和司机遥控两种模式，其中司机遥控优先，控制中心监视车辆运行，当车载设备故障时，司机可手动操作实现道岔转换。

（3）车辆自动定位子系统

由检测环路和车载定位设备（编码里程计）组成，实现全线电车的实时定位。

（4）平交路口信号优先子系统

采用感应信号控制方式，系统可将电车优先请求发送至社会交通灯控制系统，社会交通灯控制系统根据路口情况判断后确定是否给予电车优先与否，从而提高电车在交叉口的通行效率。

（5）车辆段道岔联锁子系统

采用国产双机热备的计算机联锁设备，实现对车辆段内的调车作业进行集中控制，保证车辆段内调车作业及车辆段出入段作业的安全。

（6）培训中心子系统

由室内及室外培训模拟设备组成，可对电车运营调度管理系统进行功能演示，进行信号维修人员、考核维修人员、培训车辆驾驶员等培训。

4. 控制中心

控制中心设置于板闸车辆段综合办公楼内，为本线电车运行、电力供应等调度指挥中心。在非常情况下，也作为事件处理的指挥中心。主要实现以下功能：

（1）监视功能

可监视变电所、车站、道岔区域等状况。

（2）调度功能

发布调度指令，编制车辆时刻表，在需要组织临时交路等，实现对车辆的集中运营调度管理。

（3）控制功能

电力设备监控及调度功能。

（4）信息发布

面向车辆及站台等发布公共及专用信息。

本工程作为独立运营的线路，设置独立的管理机构。本着运营管理系统应具有机构精简、管理层次少、分工明确和办事效率高的原则，设置二级管理体制。

10.5.5　应急管理

淮安现代有轨电车应急预案适用于经营公司所辖运营区域内可能发生或者已经发生的，对人民群众生命财产和有轨电车正常运营产生威胁的突发事件，由总预案、18 个专项预案和各部门现场处置方案组成。

1. 应急预案体系

（1）淮安市有轨电车经营有限公司总体应急预案

从总体上阐述处理运营事故的应急方针、政策，应急组织机构及相关应急职责，应急响应、措施和保障等基本要求和程序是公司应对各类运营事故的综合性文件。

（2）运营突发事件应急预案

运营突发事件应急预案主要是公司及其有关部门，为应对某一类型或几种类型突发事件而制定的涉及数个部门职责的应急预案，制定明确的救援程序和具体的应急救援措施。

（3）部门现场处置方案

部门现场处置方案是公司有关部门根据总体应急预案、突发事件应急预案和部门职责，为应对突发事件制订的现场处置方案，具体指导各岗位参与救援工作的现场实施具体方案，由经营公司各部门制定，报经营公司安全管理委员会批准后实施。

3. 应急处置流程

（1）先期处置

现场先期处置：①线路内发生异常现象，最先发现者应用电话向 OCC 或司机报告，说明现场异常现象；②在保证安全的情况下，现场工作人员应对现场异常情况进行查看和确认，并可利用现有设施对突发事件进行初期处置，如向列车显示停车或降速信号等。③根据事件性质、伤亡人数状况和影响范围，报请 119、120 参与救援。

司机的先期处置：①列车发生异常情况后，应向 OCC 汇报，相关操作按行调指示执行；②利用列车广播安抚乘客或指导乘客按应急救援程序进行处置，必要时立即停车或降速,并按调度指挥组织乘客进行紧急疏散。

OCC 的先期处置:①OCC 值班人员在接到现场的突发事件报告或综合信息系统的报警信息后应对异常现象进行调查与确认,并向公司领导和相关部门报告,确定突发事件类别和等级。②突发事件等级如属于Ⅰ、Ⅱ、Ⅲ、Ⅳ级,则立即报告市应急指挥中心和相关部门,并同时启动 OCC 的Ⅰ、Ⅱ、Ⅲ、Ⅳ级突发事件应急处置预案,公司领导和相关人员赶赴现场组织临时应急指挥部,组织相关部门求援应急队伍进行先期处置。③突发事件等级如属于Ⅴ、Ⅵ、Ⅶ级,则应通知相关部门,启动Ⅴ、Ⅵ、Ⅶ级突发事件应急处理预案。公司领导及相关人员赶赴现场应急指挥部,指挥协调突发事件的应急处置工作。④根据事件性质、伤亡人数状况和影响范围,报请 110、119、120、公交公司、交警部门参与救援。

(2)应急处置

应急处置预案启动的批准权限:①公司运营部经理批准启动Ⅶ级突发事件应急预案;②公司副总批准启动Ⅵ级突发事件应急预案;③公司总经理批准启动Ⅴ级突发事件应急预案;④市应急指挥中心相关领导批准Ⅳ、Ⅲ、Ⅱ、Ⅰ级突发事件应急预案。

应急处置预案启动:①应急预案经批准启动后,由 OCC 调度员通知相关单位和部门,负责执行启动本预案,并将灾情及时向上级有关部门报告。②公司领导和相关部门工作人员立即赶赴事发现场,负责组建现场应急处置指挥部。③各相关单位和部门必须按照 OCC 通知的要求和各自的职责分工派出求援抢险队伍和设施,前往事发地点参加求援抢险工作。

事发现场应急处置:①现场应急处置指挥部在先期处置的基础上,按照本突发事件应急预案制定现场抢险救灾方案,包括人员救护、设施设备抢修、线路运营等方案,明确现场总指挥、各单位和部门的职责。②在现场应急处置指挥部的指挥下,组织抢险救灾工作。各部门必须按照各自的职责分工开展抢险救灾工作,并与相关单位密切配合,共同搞好现场处置工作。③OCC 应及时了解现场抢险救灾中的情况,与各单位、各部门保持联系,随时协调处理现场抢险救灾中出现的问题。

应急处置结束:运营突发事件处置工作基本完成,次生、衍生灾害和事件危害基本消除,由公司应急指挥部经上级领导批准,根据现场条件决定终止应急状态,转入正常工作。必要时,应通过广播电台、电视台和新闻媒体向社会发布应急结束的消息。

(3)后期处置

现场甄别:配合公安、消防部门对现场进行勘察。

善后处置:在公司应急指挥部的组织下,各部门要组织力量全面开展突发事件损害核定工作,对事件情况、人员补偿、重建能力、物资保障、资金保障、可利用资源等方面做出评估,制定重建和恢复计划,并负责组织实施。

事件调查和评估:①Ⅰ、Ⅱ、Ⅲ、Ⅳ级响应事件处置结束后,由公司组织成立事故处置调查评估小组,配合上级部门对运营突发事件的调查、评估,在应急状态终止后的一周内,公司向上级应急机构提交书面总结报告。②Ⅴ、Ⅵ、Ⅶ级响应事件处置结束后,由经营公司成立运营事件处置调查评估小组,开展事件原因分析、事件责任调查,对应急处置工作进行全面评估。③在应急状态终止后的一周内,经营公司写出应对突发事件的总结报告,报公司安委会。④运营突发事件调查、评估结束后,各参与应急处置部门应总结经验教训,建立事件案例库,并提出改进工作的要求和意见。

督查:公司应通过各部门自查、安技部督查等方式定期开展安全检查和隐患排查,对检查发现的问题要及时整改,因客观原因无法及时整改的要采取必要的管控措施并记录备案,重点监控;可能造成事故发生的,应立即报告本部门、公司安全管理人员或机构,以采取进一步应急措施。

奖罚:公司安委会根据调查报告,提请公司领导对在处置有轨电车运营突发事件中做出贡献的部门和个人给予表彰和奖励;对在处置有轨电车运营突发事件中瞒报、漏报、迟报信息及其他失职、渎职行为的部门和个人,依据相关规定追究其行政责任;涉嫌犯罪的,依法移送司法机关处理。

10.4　本章小结

本章从系统内部和外部分析了影响现代有轨电车运行安全的因素,进而从现代有轨电车与地面交通组织优化和安全防控两方面展开研究。交通组织优化方面,分别从区域、路段、交叉口三个层面提出优化技术;安全防控方面,构建了现代有轨电车安全防控技术体系,分别从安全防护和监控两方面研究关键技术;从法律法规、组织架构、运行机制、应急管理以及宣传教育等方面提出保障措施。以淮安现代有轨电车安全运行安全保障技术为例,提出交通组织方案、安全防护和监控技术,构建了应急管理预案体系。

第 11 章　苏州现代有轨电车 2 号线客流预测

11.1　现代有轨电车 2 号线线路规划与调查基础

11.1.1　线路规划背景与预测依据

1. 研究背景

苏州市高新区位于苏州市区西部,东接古城、西濒太湖、北临无锡、南接吴中区,交通区位优势十分突出。规划至 2030 年,高新区将建设成为先进产业的聚集区、体制创新和科技创新的先导区、生态环保的示范区、现代化的新城区。随着社会经济发展,苏州机动车保有量快速增长,高新区公交分担率还不及 18%,而小汽车出行比重却已达 25% 以上,中心城区交通拥堵日益严重。优先发展大中运量公交方式为核心的公交系统已经成为高新区的交通发展战略目标。

2011 年 1 月,《苏州高新区现代有轨电车线网规划》通过专家评审,并于 2011 年 6 月获苏州市人民政府批复(苏府复〔2011〕49 号)。规划包括 6 条现代有轨电车线路,线路总长 80 km,形成苏州乐园站、城际站、生态城站和湿地公园站 4 个综合交通枢纽。现代有轨电车网络是高新区内部公交次骨干系统,是轨道交通的延伸、过渡和补充,满足客流需求,适应并引导城市发展,展示高新区特色风貌的生态公交系统。2013 年 12 月,《苏州高新区现代有轨电车 2 号线工程项目建议书》获苏州市发展和改革委员会批复。建设现代有轨电车 2 号线可以弥补轨道不足、促进阳山北部东西地区发展,是高新区落实公交优先策略、体现总体定位、促进城市发展的必然选择。

2. 研究范围和年限

苏州高新区现代有轨电车 2 号线的规划是阳山以北的骨干公交通道,连接生态城、科技城、树山、通安、浒关开发区和城际站西侧。因此,本次客流预测的范围确定为苏州高新区行政区陆域范围,总面积约 223 km²;其中侧重研究对象为 2 号线沿线区域土地开发和交通特征情况。

建成年:2019 年(全线建成);

预测年限:初期 2019 年、近期 2026 年、远期 2036 年。

3. 本次苏州高新区现代有轨电车 2 号线客流预测的主要依据为:

(1)《苏州高新区(虎丘区)城乡一体化暨分区规划(2009—2030 年)》;

(2)《苏州高新区(虎丘区)国民经济和社会发展第十二个五年(2011—2015 年)规划纲要》;

(3)《苏州高新区现代有轨电车线网规划》(2011.1);

(4) 市政府《关于苏州高新区现代有轨电车线网规划的批复》(苏府复〔2011〕49 号);

(5)《关于苏州高新区现代有轨电车 1 号线工程项目建议书的批复》(苏发改中心〔2011〕232 号);

(6)《苏州市城市快速轨道交通建设规划(2010—2015 年)》(补充报告);

(7)《苏州市综合交通发展规划(2007—2020)》;

(8)《苏州市公交线网优化规划(2009—2015)》;

(9)《苏州市公交场站与公交主干线规划(2008—2020)》;

(10)《苏州高新区枫桥片控制性详细规划》(2007.9);

(11)《苏州科技城控制性详细规划》(2010);

(12)《苏州高新区白马涧周边地区建设控制规划》(2009);

(13)《2012 年苏州城市道路交通发展年度报告》;

(14)《2012 年苏州市城市交通调查》;

(15)《苏州高新区公共交通发展规划(2013—2030)》;

(16)《苏州高新区现代有轨电车 2 号线工程项目建议书》。

4. 功能定位

苏州高新区现代有轨电车 2 号线是现代有轨电车网络中的骨干线路,主要承担浒通城际站片区至高新区西部湖滨片区的生态城、科技城的快速公共交通联系功能,在网络中具有重要地位。现代有轨电车 2 号线线路斜向贯穿高新区,串联生态城枢纽、生态城起步区、通安、浒通片区中心、新区城际站,在主线终点站新区城际站与在建轨道交通 3 号线、规划轨道交通 6 号线及城际铁路线相互换乘,支线终点站文昌路站与在建轨道交通 3 号线换乘。现代有轨电车 2 号线(T2)将作为苏州高新区阳山以北骨干公交通道,与轨道交通 3 号线(L3)、现代有轨电车 1 号线(T1)形成三角骨架网,成为整个高新区公交框架中的东西向主通道之一,适应高新区西部地区(生态城、科技城)与浒通组团之间的出行需求;同时接驳轨道交通 3 号线和铁路城际站,满足区域对外公共交通需求。如图 11-1 所示。

5. 现代有轨电车 2 号线线路走向

线路初期共设车站 8 座(龙安路站、漓江路站、科正路站、树山路站、东唐站、兴贤路站、城际站、文昌路站),远期设站 21 座(包括支线大同路站和文昌路

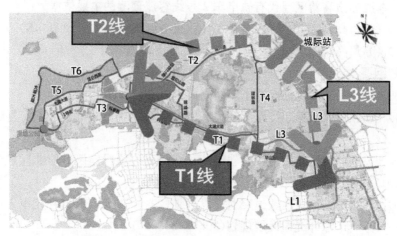

图 11-1　苏州高新区公共交通三角骨架网示意图

站),初期平均站间距为 2.6 km,远期平均站间距为 0.9 km。初期换乘站有 3 座:
龙安路站(与现代有轨电车 1 号线换乘)、城际站(与轨道交通 3 号线换乘)、支线
文昌路站(与轨道交通 3 号线换乘);近期增加在龙安路站与现代有轨电车 3 号线
的换乘,在城际站与轨道交通 6 号线的换乘;远期增加在青城山路站与现代有轨
电车 5 号线的换乘,同时现代有轨电车 4 号线在兴贤路站至城际站之间与 2 号线
共线,共线段所有车站均可与 4 号线换乘。如图 11-2 所示。

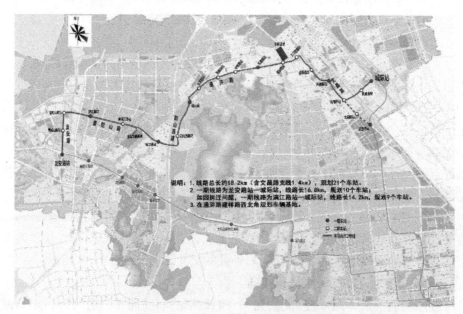

图 11-2　苏州高新区现代有轨电车 2 号线线路走向及车站布置图

现代有轨电车 2 号线车站分布情况见表 11-1 所示。

表 11-1　现代有轨电车 2 号线车站分布表

序号	站点名称	与上站间距(m)	建设时序	换乘点
1	龙安路站	0	初期	初期 T1,近期 T1 和 T3,远期 T1、T3 和 T5
2	青城山路站	840	近期	近远期 T5
3	普陀山路站	672	近期	
4	漓江路站	1 025	初期	
5	嘉陵江路站	1 299	近期	
6	科正路站	1 561	初期	
7	阳山西路站	1 126	近期	
8	树山路站	1 362	初期	
9	金通路站	672	近期	
10	西唐路站	863	近期	
11	中唐路站	710	近期	
12	东唐路站	874	初期	
13	建林路站	949	近期	
14	312 国道站	583	近期	
15	香桥路站	850	近期	
16	兴贤路站	857	初期	远期 T4
17	鸿福路站	915	近期	远期 T4
18	凤桅路站	748	近期	远期 T4
19	城际站	489	初期	初近期 L3,近期 L3、L6,远期 T4、L3 和 L6
20	支线大同路站	717	近期	
21	支线文昌路站	648	初期	初近远期 L3

11.1.2　现状调查与分析

高新区交通预测模型是在现状居民出行 OD 调查基础上建立的。2013 年 12 月 2—12 日,苏州市区组织了大规模的全市居民调查,抽样家庭数 20 676,抽样总人数 61 124,总抽样率 1.5%;另外,部分指标和参数也参考了《2012 年苏州城市道路交通发展年度报告》和《2012 年苏州市城市交通调查》。

1. 居民出行次数

本次高新区居民出行调查得到的高新区人均出行次数为 2.17 次/d,苏州市区人均出行次数为 2.21 次,高新区较苏州市区低,主要原因为高新区暂住人口比重大,主要为工厂务工人员,而部分工厂有职工宿舍。

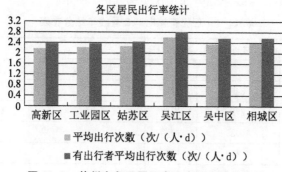

图 11-3　苏州市各区居民人均出行次数直方图

2. 居民出行目的结构

苏州市区居民主要出行目的是上班、购物、上学和接送人，回家占到 45.1%。根据新区 2013 年居民出行调查，新区居民的出行目的结构与苏州市区整体相似，但上班、上学的比重更高，文体娱乐、旅游休闲等弹性出行的比重比市区低。如表 11-2 所示。

表 11-2　苏州市高新区居民出行目的结构

出行目的	新区比重	全市比重
上班	27.4%	25.4%
上学	4.4%	3.7%
公务	1.5%	2.0%
购物、餐饮	10.2%	10.4%
看病、探病	0.6%	0.7%
陪护出行(接送人)	4.2%	4.7%
回家	45.7%	45.1%
探亲访友	1.6%	1.7%
文体娱乐、旅游休闲	2.4%	4.1%
其他	1.9%	2.1%
总计	100.0%	100.0%

3. 居民出行方式结构

苏州市区居民出行方式中最高电动车为 32.1%；其次为小汽车 24%，再次为步行 17.9%，常规公交出行比例为 14.2%，出租车和轨道交通出行比例分别为 0.4% 和 0.7%。高新区居民出行方式中，最高的是也电动车，占 29.9%，其次是小汽车，占 27.4%，随着小汽车保有量的增长，高新区的居民出行方式中，小汽车已经占到了很大的比重。对比苏州市区出行方式比例分布，小汽车的出行分担率则明显高于市区平均水平，公交出行比例也略高于市区平均水平，随着高新区轨道交通 3 号线的建设以及现代有轨电车骨干网的形成,高新区公共交通的出行比重还将获得较大提升。如表 11-3 和图 11-4 所示。

表 11-3　苏州市高新区居民出行方式结构

交通方式	高新区	全市
步行	19.80%	17.90%
电(助)动车	30.20%	32.10%
小汽车(自驾)	22.20%	20.00%
小汽车(乘坐)	4.10%	4.00%
公交车	14.70%	14.20%
轻轨地铁	0.90%	0.70%
单位班车	1.90%	2.10%
出租车	0.50%	0.40%
摩托车	1.50%	2.10%
自行车	2.60%	4.20%
公共自行车	0.50%	0.80%
其他	1.10%	1.50%
合计	100%	100%

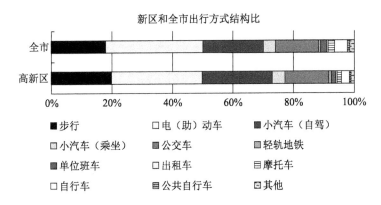

图 11-4　高新区和全市居民出行方式构成对比图

4. 居民出行时耗分布

本次调查高新区平均出行时耗 23 min,全市平均出行时耗为 25 min,高新区和全市分交通方式的平均出行时耗如表 11-4 所示。

表 11-4　苏州市高新区居民出行各方式时耗　　　　　　　单位：min

出行方式	高新区	全市
步行	14.82	16.36
出租车	23.50	30.50
单位班车	50.50	45.88
电(助)动车	18.33	21.01
公共自行车	18.33	21.73
公交车	42.17	39.08
摩托车	19.24	18.33
其他	13.12	28.40
轻轨地铁	51.17	48.87
小汽车(乘坐)	20.76	25.19
小汽车(自驾)	26.31	27.21
自行车	19.16	18.77
总计	23.0	25.00

5. 居民出行距离分布

高新区现状全方式人员出行的平均距离是 4.8 km(包括区内出行及高新区对外出行)。如图 11-5 所示。

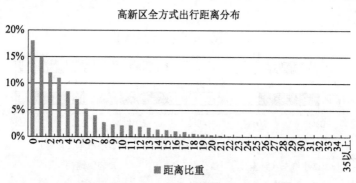

图 11-5　苏州高新区全方式居民出行距离分布图

6. 居民出行时段分布

按照出发时间和到达时间,统计全天的出行时间分布。图 11-6 表明,到达时间相对于出发时间的高峰稍有延后,符合平均出行时耗 23 min 的情况。高新区居民出行的时间分布特征非常显著,早晚高峰明显。早高峰出现在 7:00—8:00,高峰小时系数达到了 0.22;同时早高峰相对于晚高峰要更为明显,晚高峰时间主要在 17：00—18：00，高峰小时系数为 0.19。高峰小时显著，进一步增加了对高新区道路交通的需求压力。而公交方式的高峰系数则略低于全方式出行，早晚高峰公交方式的出行高峰系数分别为 0.17 和 0.15。如图 11-7 所示。

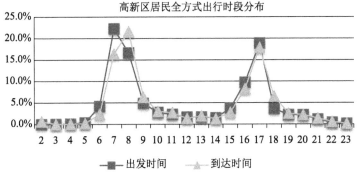

图 11-6　苏州高新区全方式居民出行时辰分布图

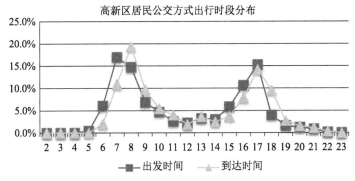

图 11-7　苏州高新区公交方式居民出行时辰分布图

7. 居民空间分布

统计出行空间分布，主要分为区内（高新区内）和区外（高新区外），以指导高新区交通需求中出行分布的分析。表 11-5 表明，现状高新区的居民出行主要为高新区内部出行，约占 73%，其次为高新区与其他区或外省市之间的内外出行，约占 24.6%，剩余的出行则是高新区居民在高新区外部各区之间的出行，约占 2.1%。

表 11-5　苏州市高新区居民出行空间分布

出行量占比	高新区	姑苏区	园区	吴江区	吴中区	相城区	苏州市区外	总计
高新区	73.3%	5.1%	1.4%	0.2%	2.3%	2.8%	0.6%	85.7%
姑苏区	5.2%	0.4%	0.1%	0.0%	0.1%	0.2%	0.0%	6.0%

续表

出行量占比	高新区	姑苏区	园区	吴江区	吴中区	相城区	苏州市区外	总计
园区	1.4%	0.1%	0.0%	0.0%	0.0%	0.1%	0.0%	1.6%
吴江区	0.2%	0.0%	0.0%	0.0%	0.0%	0.0%	0.0%	0.2%
吴中区	2.2%	0.1%	0.0%	0.0%	0.0%	0.1%	0.0%	2.5%
相城区	2.7%	0.2%	0.1%	0.0%	0.1%	0.3%	0.0%	3.4%
苏州市区外	0.5%	0.0%	0.0%	0.0%	0.0%	0.0%	0.0%	0.5%
总计	85.6%	5.9%	1.6%	0.2%	2.5%	3.5%	0.6%	100.0%

11.2 现代有轨电车 2 号线客流预测

11.2.1 预测总体框架

客流需求分析从"交通生成""交通方式""交通分布"直至"客流分配",得到轨道线路的各项客流指标。在研究高新区规划年总交通需求的基础上,重点研究和分析现代有轨电车 2 号线沿线用地开发、人口、岗位规模和交通特征,细化沿线交通小区,建立高新区综合交通模型,为客流预测提供更可靠的技术保障。

预测总体技术路线如图 11-8 所示。

本次预测以交通规划软件 TransCAD 为技术平台,结合客流预测的要求,制定交通需求预测模型。模型结构主要由如下五个部分组成:

① 城市经济与土地利用、人口与就业岗位。

② 交通系统建模:包括道路系统建模和公交网络建模,以反映高新区交通系统现状和规划的交通系统构成及设施发展水平。此部分主要依据仍为高新区分区规划。

③ 居民出行需求模型:反映高新区常住人口(包括户籍常住人口和非户籍常住人口)出行生成、分布及出行方式划分等。

④ 对外交通模型:包括高新区与其他区域之间的出行及过境出行。

⑤ 交通分配模型:在上述模型基础上进行相关矩阵合成,使用专业的交通规划软件,将公共交通的出行矩阵和各种车辆的出行矩阵分别分配到公交网络和道路网络上,得到公交系统客流和道路系统车流量。

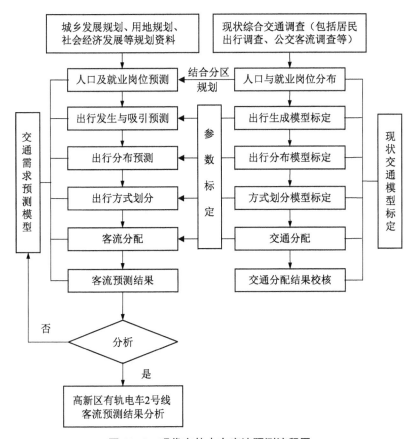

图 11-8　现代有轨电车客流预测流程图

11.2.2　综合交通需求预测

1. 交通小区划分

将整个高新区共划分为了 279 个交通小区和 6 个外部小区,并根据高新区行政区划,将 279 个交通小区归并为 9 个交通大区,以利于交通统计与特征分析。如图 11-9 所示。

2. 人口及就业岗位预测

根据苏州市第六次人口普查,高新区 2010 年总人口为 57.2 万人。

根据《苏州高新区(虎丘区)城乡一体化暨分区规划(2009—2030 年)》,高新区辖区近期城市人口控制在 75 万人左右,远期控制在 120 万人左右的规模比较适宜,既可以满足高新区经济发展的要求,同时对本区生态环境的影响也可以控制在适度范围之内。由于高新区实行城乡一体的政策,人口统计不再区

图 11-9　高新区交通小区与交通大区划分示意图

分农业人口和城镇人口,而未来高新区城市化水平将接近100%,仅保留下两个居民点的人口(这部分人口将共享高新区城镇基础设施),相对于总人口可忽略不计。

(1) 人口分布

根据《苏州高新区(虎丘区)城乡一体化暨分区规划(2009—2030年)》,高新区规划的120万人口,分布在37个规划居住社区。根据分区规划的居住社区层面各类居住用地,将人口计算分布到交通小区。交通小区的人口数为:

$$P_i = P_k \frac{\sum\limits_{j} C_{i,j}^k \beta_j}{\sum\limits_{i \in k,j} C_{i,j}^k \beta_j} \tag{11-1}$$

式中:P_i——交通小区 i 人口数;

$C_{i,j}^k$——交通小区 i 在 k 居住分区中的 j 类居住用地面积;

β_j——j 类居住用地面积的人口计算分摊系数(反映了分区各类居住用地面积和土地使用强度管制图的综合)。

苏州高新区居住用地及人口容量规划控制情况如表10-6所示。

表 11-6　苏州高新区居住用地及人口容量规划控制

编号	居住社区	用地规模（ha）					居住人口（万人）
		总面积	一类居住用地	二类居住用地	混合居住	宿舍公寓	
01	镇湖老镇居住社区	124.30		124.30			3.0
02	生态示范居住社区	100.25		100.25			2.5
03	生态城综合居住社区	150.55		150.55			3.8
04	环保居住社区	152.98	76.88	76.10			3.8
05	东渚老镇居住社区	134.39		134.39			3.3
06	彭山居住社区	63.39		63.39			2.9
07	东渚居住社区	70.48		52.59	17.89		3.0
08	五龙山居住社区	116.89		116.89			4.7
09	通安居住社区	89.36	4.78	84.58			3.0
10	华山居住社区	120.52		120.52			4.3
11	阳山居住社区	146.92	16.71	130.21			4.1
12	浒通中心居住社区	96.72		96.72			3.9
13	浒关老镇区居住社区	74.51		74.51			3.7
14	浒关工业园居住社区	92.00		92.00			3.7
15	白荡北居住社区	76.93		76.93			2.7
16	白荡居住社区	103.57		103.57			3.6
17	城际站西居住社区	103.67		103.67			3.9
18	城际站东居住社区	56.50		56.50			2.3
19	阳东居住社区	65.09	59.48			5.61	2.6
20	白马涧第一居住社区	73.05		73.05			3.3
21	白马涧第二居住社区	55.95	54.42	1.53			2.5
22	白马涧第三居住社区	91.90		76.15	11.70	4.05	4.1
23	白马涧第四居住社区	48.07		27.15	11.29	9.63	2.4
24	康佳居住社区	58.46		56.63	1.83		2.6
25	马浜居住社区	85.05		85.05			3.8
26	西津桥居住社区	54.12		54.12			2.4
27	新狮居住社区	70.81	4.95	65.47	0.39		3.2
28	枫津居住社区	41.22		38.63	2.59		2.0
29	何山居住社区	72.08	7.49	56.08	8.51		3.2

编号	居住社区	用地规模(ha)					居住人口(万人)
		总面积	一类居住用地	二类居住用地	混合居住	宿舍公寓	
30	金色居住社区	89.10		89.10			4.0
31	狮山居住社区	56.30	0.70	55.21	0.39		2.5
32	新升居住社区	68.13		68.13			2.8
33	万枫居住社区	62.61		62.61			2.8
34	馨泰居住社区	76.99	1.66	61.55	13.78		3.9
35	创新居住社区	99.36		87.28	12.08		3.5
36	星火居住社区	108.63		103.66	4.97		4.9
37	职大居住社区	28.00		28.00			1.3
合计		3 178.85	227.07	2 847.07	85.42	19.3	120

根据预测得到的各交通小区人口,绘制交通小区人口密度分布如图 11-10 所示。

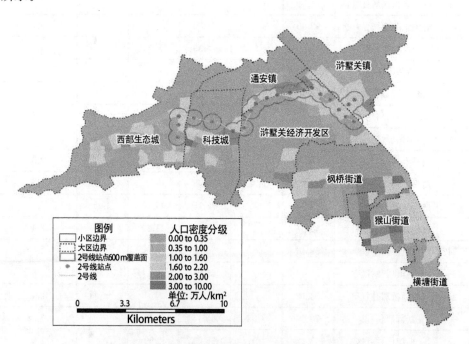

图 11-10　高新区 2030 年人口密度分布示意图

（2）流动人口预测

流动人口的比例与一个地区的经济发达程度密切相关,国内各大中小城市的流动人口比例大致在 10％上下(北上广深等特大城市更高)。参照《苏州市综合交通规划(2007—2020)》,流动人口约占常住人口的 8％。按照这一比例,苏州高新区 2030 年流动人口约为 9.6 万。

（3）就业岗位分布预测

根据《苏州高新区(虎丘区)城乡一体化暨分区规划(2009—2030 年)》,至规划年 2030 年,高新区就业岗位数将达到 96.2 万个。

根据分区规划中的就业岗位分布及各类岗位相关的用地规划,拆分到地块再统计交通小区,得到各交通小区 2030 年就业岗位数,作为交通预测模型的最基本输入。2030 年各交通小区岗位密度,如图 11-11 所示。

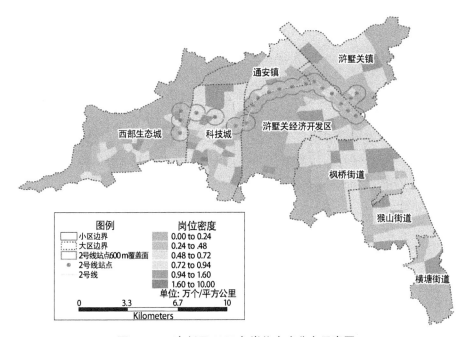

图 11-11　高新区 2030 年岗位密度分布示意图

11.2.3　出行生成预测

1. 出行总量

2013 年 12 月进行的苏州市居民出行调查表明,高新区常住人口平均出行率为 2.17 次/d,其中出行的两端均在高新区内的出行或其中一端在高新区内的出行为 2.13 次/d,出行的两端均在高新区外的出行为 0.4 次/d。

由于现状高新区建成区规模较小,而随着社会经济的发展,城市化水平以及人们生活水平的提高,居民的弹性出行总量及占整个出行的比重都保持着持续增长趋势,从而导致居民人均出行次数的增加。同时随着城市空间的扩大,很多一日两次上下班(中午回家)的情况将减少,参考国内同等城市居民出行次数的变化及苏州市综合交通规划,总体来看,高新区的居民出行率将保持稳中略有增加,本次预测高新区规划年居民出行率取 2.3 次/d[①],常住人口出行总量为:120 万人×2.3 次/d=276 万人次/d。流动人口约 9.6 万人,出行强度为 3.0 次/d。流动人口出行量为:9.6 万人×3 次/d=28.8 万人次/d。因此,高新区居民出行需求总量为 304.8 万人次/d。

2. 出行产生量预测

出行产生量预测采用交叉分类的产生率法。本次模型预测根据苏州高新区居民出行调查数据的特征情况,将出行对象分为 4 类不同出行目的:基于家的工作出行(HBW)、基于家的上学出行(HBS)、基于家的其他出行(HBO)、非基于家的出行(NHB),根据不同区域的出行特征,按照高新区分区规划的分区情况,分为 9 个区域(与交通大区的分类一致)。随着城市空间的不断扩展,上班和上学的出行距离会有所增加,中午回家的出行比例将会有所下降。随着社会经济发展和生活水平的不断提高,文化、娱乐、生活等弹性出行的出行比例将有所增加。以高新区居民出行调查所得各交通大区各目的的出行产生率,高新区城市结构、用地布局、经济发展具体情况,预测得到 2030 年各交通大区各目的出行产生率,各小区人口乘以小区所在大区的出行产生率得到各小区的出行产生量,即可加总得到各交通小区的出行产生量。

$$P_i = P_i^{HBW} + P_i^{HBS} + P_i^{HBO} + P_i^{NHB} \tag{11-2}$$

式中:P_i——i 小区出行产生总量;

P_i^{HBW},P_i^{HBS},P_i^{HBO},P_i^{NHB}——分别为 i 小区四类出行目的的出行产生量。

3. 出行吸引量预测

一个地区的居民出行吸引量大小与该地区土地使用类型和工作岗位数量密切相关。从高新区居民出行调查可以计算得到不同用地类型上每个工作岗位平均每日吸引的出行量。以此计算出的吸引率,结合高新区城市结构、用地布局、经济发展具体情况,预测得到 2030 年各类用地的岗均吸引率,用出行吸引率及工作岗位数量来计算不同小区的吸引量,同时考虑出行总量的控制。

出行产生量和吸引量的预测结果如图 11-12 所示。

---

① 此出行率 2.3 为出行两端均在高新区内或其中一端在高新区内的出行,由于本次建模范围为高新区,因此出行两端均在高新区外的出行不予考虑。

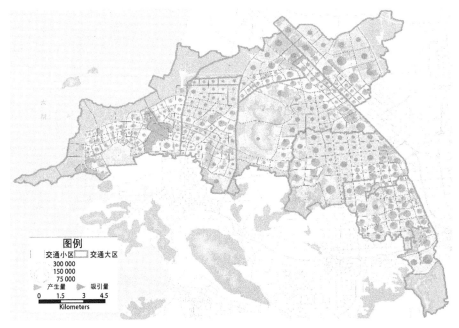

图 11-12　高新区 2030 年出行产生吸引量分布示意图

11.2.4　出行分布预测

对于高新区内部各小区之间的出行,出行分布预测采用可操作性和实用性较好的重力模型。通过现状模型的反复测试计算,高新区出行分布预测重力模型选用伽马函数形式较为合适。将扩样校核后的居民出行调查数据根据不同的出行目的汇总成矩阵数据,并和现状调查的交通小区间的阻抗矩阵一起输入软件,进行标定后得到重力模型的参数如表 11-7。

表 11-7　重力模型参数

参数	A	B	C
参数值	19	2.0	−0.08

对标定的模型参数代入重力模型计算,得到所有小区间的出行量,并可以统计出居民出行的平均距离,以及出行距离的分布,将平均出行距离和出行距离分布与现状调查进行比较,并结合规划年城市空间、社会经济发展以及同类城市的比较,判断居民出行分布的合理性。预测规划年全市居民平均出行距离为 5.1 km,出行距离分布如图 11-13 所示,出行分布期望线如图 11-14 所示。

对于高新区内部小区和外部小区之间的出行,根据现状居民出行调查和苏州

313

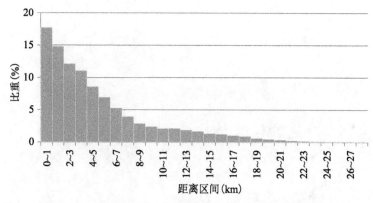

图 11-13　高新区 2030 年居民全方式人员出行距离分布图

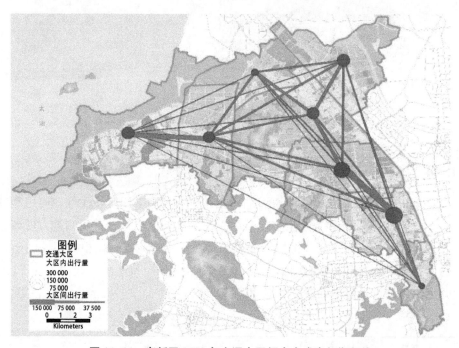

图 11-14　高新区 2030 年交通大区间全方式出行期望线

市市域综合交通需求预测的结果,采用 Frator 法进行 2030 年的出行分布预测。如表 11-8 所示。

表 11-8　高新区现状区内—区外出行比重　　　　　　　单位:%

	1	2	3	4	5	6	7	8	101	102	103	104	105	106
1	10.23	2.71	0.77	0.17	0.31	0.22	0.18	0.47	0.04	0.14	1.95	1.36	0.79	0.003
2	2.87	9.09	1.50	0.17	0.30	0.52	0.36	0.05	0.06	0.07	1.08	0.47	0.43	0.003

续表

	1	2	3	4	5	6	7	8	101	102	103	104	105	106
3	0.79	1.55	7.41	0.12	2.18	0.58	1.04	0.03	0.18	0.07	0.61	0.28	0.13	0.003
4	0.14	0.17	0.14	7.07	0.09	1.82	0.26	0.01	0.08	0.03	0.29	0.20	0.27	0.003
5	0.30	0.36	2.16	0.13	5.00	0.22	0.46	0.02	0.08	0.07	0.66	0.30	0.14	0.003
6	0.21	0.53	0.56	1.62	0.23	0.59	0.60	0.01	0.01	0.03	0.20	0.10	0.08	0.003
7	0.18	0.35	1.09	0.24	0.50	0.64	7.61	0.01	0.23	0.08	0.40	0.16	0.05	0.003
8	0.53	0.04	0.02	0.01	0.03	0.01	0.02	0.15	0.01	0.01	0.07	0.07	0.03	0.003
101	0.05	0.06	0.13	0.06	0.08	0.02	0.19	0.00	—	—	—	—	—	—
102	0.12	0.06	0.06	0.02	0.06	0.03	0.08	0.01	—	—	—	—	—	—
103	1.86	1.04	0.58	0.23	0.68	0.19	0.32	0.06	—	—	—	—	—	—
104	1.31	0.48	0.31	0.16	0.31	0.12	0.13	0.06	—	—	—	—	—	—
105	0.83	0.42	0.13	0.25	0.13	0.08	0.13	0.02	—	—	—	—	—	—
106	0.003	0.01	0.003	0.003	0.003	0.003	0.003	0.003	—	—	—	—	—	—

其中,1~8 为高新区内各大区:狮山街道、枫桥街道、浒墅关经济开发区、西部生态城、浒墅关镇、科技城、通安镇、横塘街道;101~106 为外部区域几个大的方向:无锡相城、相城方向、姑苏、园区、姑苏、吴中、木渎胥口、光福。

全方式出行期望线如图 11-15 所示。

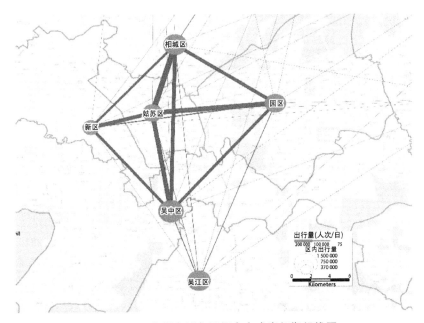

图 11-15　苏州市域各区间全方式出行期望线图

最新的居民出行调查数据中可以看出,高新区对外省市的出行占到全部出行的1%左右,预测规划年,这一比例稳中略升,将达到1.5%左右,而在各对外省市公路及对外客运枢纽(主要为新区城际站)的空间分布,则按照现状调查得到的分布采用增长率法进行预测。预测规划年,高新区对外省市的出行中,公路和铁路承担的比例分别在55%和45%左右。

11.2.5 出行方式划分

本次交通模型采用了 Nested Logit 模型,Nested Logit 模型的分层方法,是模型结构的重要特征表现。一般来说,具有类似特性的交通方式应该归为一个类别。要综合考虑交通方式之间的相互关系,参数标定情况以及模型应用的方便性等因素来确定模型分层方法。交通方式选择模型结构主要包括两方面的内容:一是 Nested Logit 模型的分层方法,二是各种交通方式的效用函数表达式。

步行方式预划分模型主要研究出行两个端点的步行方式比重。之所以在出行端点就将步行方式与其他方式首先剥离出来,主要是考虑步行方式与其他方式的差异性十分显著,它们之间基本不存在相互竞争关系。步行方式出行距离较短,决定步行方式占全方式出行比重的主要因素是城市建成区大小及用地的密度和混合程度。密度越大、混合程度越高,则步行方式比重就越大。

根据现状居民出行调查及各城市步行出行距离分布特征,按照下面的步行方式出行分担率曲线(各距离区间步行方式的分担率)来将步行方式出行量预划分出来。

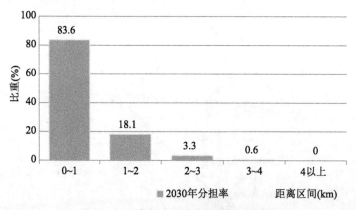

图 11-16　步行方式出行分担率曲线图

由于现状调查时,高新区内部轨道交通出行量极少,且尚无现代有轨电车,因此,公共交通仅作为一种方式进行方式划分模型的标定,分配时则将公共交通方式的 OD,在拥有常规公交、轨道交通和现代有轨电车的综合公交网络中进行分配。其他各种交通方式的效用函数如表 11-9 所示。

表 11-9　方式选择模型效用函数

交通方式	效用函数
自行车	$V_{\text{Bike}} = \beta_{\text{DistB}} \times \text{DistB} + \text{ASC}_{\text{Bike}}$
助动车/电动车	$V_{\text{Moped}} = \beta_{\text{DistM}} \times \text{DistM} + \text{ASC}_{\text{Moped}}$
摩托车	$V_{\text{Motor}} = \beta_{\text{MotorTime}} \times \text{MotorTime} + \text{ASC}_{\text{Motor}}$
出租车	$V_{\text{Taxi}} = \beta_{\text{TaxiIVT}} \times \text{TaxiIVT} + \beta_{\text{TaxiOVT}} \times \text{TaxiOVT} + \beta_{\text{TaxiFare}} \times \text{TaxiFare} + \text{ASC}_{\text{Taxi}}$
公共交通	$V_{\text{Bus}} = \beta_{\text{BusIVT}} \times \text{BusIVT} + \beta_{\text{BusOVT}} \times \text{BusOVT} + \beta_{\text{BusFare}} \times \text{BusFare} + \text{ASC}_{\text{Bus}}$
小汽车	$V_{\text{Car}} = \beta_{\text{CarTime}} \times \text{CarTime} + \beta_{\text{CarFuleCost}} \text{CarFuleCost} + \text{ASC}_{\text{Car}}$

上述交通方式的效用函数参数具体解释如表 11-10 所示。

表 11-10　方式选择模型效用函数参数解释

编号	名称	效用函数参数			常数项
1	自行车	距离(DistB)			常数项
2	助动车	距离(DistM)			常数项
3	摩托车	时间(MotorTime)			常数项
4	出租车	车内时间(TaxiIVT)	等车时间(TaxiOVT)	车票(TaxiFare)	常数项
5	常规公交	车内时间(BusIVT)	车外时间(BusOVT)	车票(BusFare)	常数项
6	小汽车	时间(CarTime)	燃油费用(CarFuleCost)		常数项

根据以上设定,对现状调查数据进行处理准备参数标定需要的数据,使用 Nested Logit 模型常数项集计标定通用工具对表中各目标方式结构进行参数标定。

使用标定的参数对规划年的出行全方式矩阵进行方式选择模型计算,便可以得到所有小区间的分方式出行量。预测 2030 的高新区的方式结构如表 11-11 所示。

表 11-11　高新区 2030 年居民出行方式结构

方式	模型计算 2030 年分担率	出行量(万人次/d)	现状调查(2013 年)
步行	19.9%	60.7	19.8%
非机动车、摩托车	22.4%	68.3	34.8%
公共交通	31.5%	96.0	17.9%

续表

方式	模型计算 2030 年分担率	出行量(万人次/d)	现状调查(2013 年)
小汽车	25.0%	76.2	26.3%
出租车	1.2%	3.7	1.2%
合计	100.0%	304.8	100.0%

11.2.6　交通模型分析与校核

1. 出行量

出行总量主要受到人口规模和出行率的影响,本次预测的人口规模取自《苏州高新区(虎丘区)城乡一体化暨分区规划(2009—2030 年)》中的规划目标。出行率是体现一个城市居民出行活动强度、决定城市人员一日出行总量规模的重要指标,与城市经济发展、居民生活水平和生活习惯密切相关。从国内外城市来看,居民人均出行次数基本稳定在 2.0～3.0 之间,同时居民人均出行次数呈现出小城市到大城市递减,经济不发达到经济发达递增的规律,从最新的居民出行调查成果来看,苏州市相对同类城市,居民日出行次数处于中等水平,调查现状出行率苏州市区平均为 2.32,高新区为 2.17。参考国内同等城市居民出行次数的变化及苏州市综合交通规划,总体来看,高新区的居民出行率将保持稳中略有增加(主要为购物娱乐休闲等弹性出行将随社会经济的发展有所增加,其他几类目的的出行率较为稳定),本次预测高新区规划年居民出行率取 2.3 次/日,属于较为合理的范围。

表 11-12　苏州高新区居民出行率与国内其他城市对比

城市	调查年份	出行率(人次/(人·d))
芜湖中心城区	2011	2.26
乌鲁木齐中心城区	2010	2.47
上海中心城	2009	2.37
常州	2008	2.29
南宁市区	2007	2.38
威海	2006	1.98
苏州市区	2013	2.32
苏州高新区	2013	2.17

2. 出行分布

对于比较成熟的区域,居民出行的空间分布一般变化不大,出行分布的预测主要以增长率法为主;对于发展速度较快,人口增长、新增用地开发比较多的区域,出行分布预测主要以重力模型法为主。高新区正处于高速发展阶段,到规划年,城市空间、人口规模等相比现状都会有很大幅度的增加,因此,对于高新区的居民区内出行,采用重力模型法进行预测,首先使用现状调查数据对高新区居民出行分布的重力模型进行标定,根据现状的出行距离分布和平均出行距离对重力模型的参数做调整,这样的调整主要是由于随着城市空间的拓展,居民活动空间也随之增加,中长距离出行比重略有增加,平均出行距离有所增加。根据预测结果,规划年高新区居民平均出行距离由现状的 4.5 km 增长到 5.1 km,同比国内同类城市和地区,属于较为合理的增长范围。而对于区内—区外之间的出行,则基于全市出行分布模型,采用增长率法进行预测。

3. 出行方式划分

出行方式比重的预测是整个出行需求预测中的难点,对于本次模型的预测结果分析如下:①步行、出租车:一般情况下,每个城市步行方式的比重较为稳定,模型计算结果也基本与现状相同。②小汽车:随着社会经济的发展和居民生活水平的提高,小汽车拥有量也在不断增加,小汽车的出行比重必然会有所增加,但是同时也要注意到道路交通资源的有限性和交通拥堵的日益加重,政府大力发展公交优先的决心,小汽车出行成本的日益增加、环境污染的加剧,这些都是压抑小汽车出行需求的因素,综上分析,模型预测的 27% 比现状调查的 26.3% 略有提高,在合理范围内。③公共交通:随着新区以轨道和现代有轨电车为骨干的公交网络的逐渐形成,常规公交网络的逐渐优化,新区的公共交通出行的比例将有大幅增加,同时考虑的苏州市及高新区的各类上位规划中,均有公共交通出行比重的目标,公交系统的建设和完善、公交优先政策的大力推行,都将使得公共交通出行比重靠近这些目标(30%～35%),模型预测出的公交方式比重(29.5%)也比较接近该目标。④非机动车,其他几个方式稳定不变或有所增加的情况下,非机动车的方式比重必然会有所下降。主要原因在于非机动车出行速度较慢,且舒适度较差(尤其受天气气候影响大),仅短距离出行有所优势,随着城市空间的扩展,公交服务水平的日益增加,必将有部分该方式的出行向公共交通出行转移。

另外,通过对现状模型的分配结果与现状调查核线道路流量、公交客流进行对比,80% 以上的查核线道路流量、公交客流误差均较小,认为分配模型较为可靠。

11.3　现代有轨电车 2 号线客流预测结果分析

11.3.1　线路总体客流

根据《苏州高新区公共交通发展规划(2013—2030)》,以及最新的现代有轨电车线网修编结果,在规划在模型中建立具有常规公交网、现代有轨电车线网、轨道交通的综合公共交通网络,根据综合交通需求预测的结果,将各设计年限的公交OD在公交网络上进行分配,得到各年限现代有轨电车 2 号线的预测总量指标结果如表 11-13 所示。

表 11-13 现代有轨电车 2 号线客流预测总量

客流指标	初期 2019 年	近期 2026 年	远期 2036 年
长度(km)	18.20	18.20	18.20
全日总客流量(万人次)	3.83	9.06	12.99
全日高断面客流(万人次)	1.06	2.42	3.50
日周转量(万人·km)	30.70	58.51	86.51
日平均乘距(km)	8.01	6.46	6.66
日客流强度(万人次/km)	0.21	0.50	0.71
高峰高断面客流(人次/h)	2 638	5 208	6 903

预测结果显示,现代有轨电车 2 号线远期客流量达 13 万人次/d,远期高峰高断面流量为 0.69 万人次/h;近远期高峰高断面在中唐路站—西塘路站之间,平均乘距约占线路长度的 35% 左右。

11.3.2 站间断面客流

根据客流表绘制 2019 年、2026、2036 年全日、早晚高峰断面客流分布。如图 11-17～图 11-25 所示。

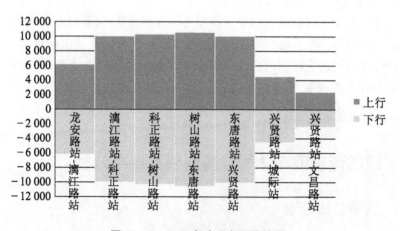

图 11-17 2019 年全日断面客流图

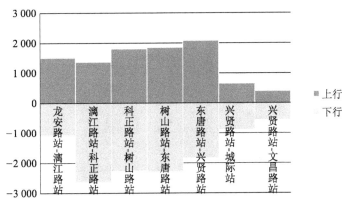

图 11-18　2019 年早高峰断面客流图

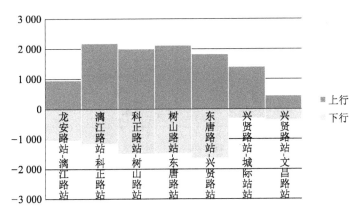

图 11-19　2019 年晚高峰断面客流图

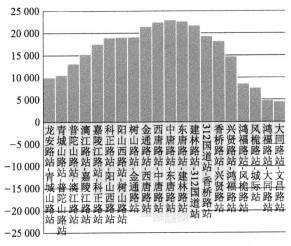

图 11-20　2026 年全日断面客流图

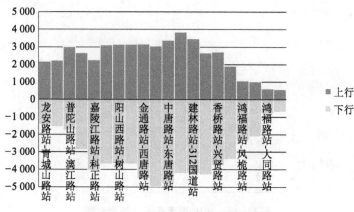

图 11-21　2026 年早高峰断面客流图

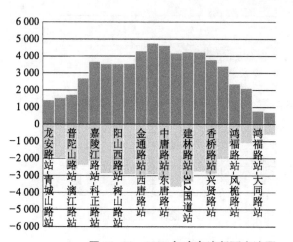

图 11-22　2026 年晚高峰断面客流图

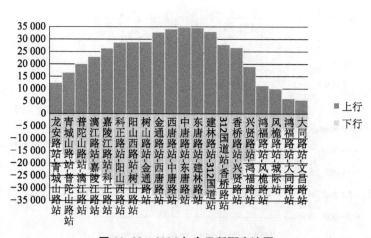

图 11-23　2036 年全日断面客流图

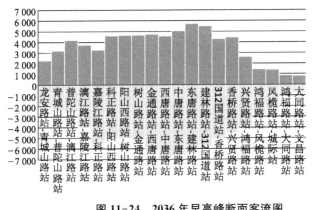

图 11-24　2036 年早高峰断面客流图

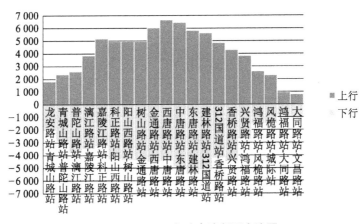

图 11-25　2036 年晚高峰断面客流图

11.3.3　站点分时客流

根据高新区现状 OD 调查的每日分时交通出行分布的特征,结合综合交通模型,预测现代有轨电车每日的分时客流分布情况。其中,现代有轨电车的运营时间从早 5:00 至晚 10:00。

表 11-14　现代有轨电车 2 号线各目标年全日分时客流预测情况

时　段	2019 年	2026 年	2036 年
05:00—06:00	0.4%	0.4%	0.4%
06:00—07:00	6.1%	6.3%	6.4%
07:00—08:00	17.8%	17.2%	16.8%

续表

时　段	2019 年	2026 年	2036 年
08:00—09:00	12.3%	12.5%	12.7%
09:00—10:00	7.0%	6.9%	6.8%
10:00—11:00	4.8%	4.8%	4.9%
11:00—12:00	2.6%	2.7%	2.8%
12:00—13:00	2.1%	2.1%	2.0%
13:00—14:00	3.3%	3.3%	3.2%
14:00—15:00	2.5%	2.6%	2.7%
15:00—16:00	5.3%	5.3%	5.3%
16:00—17:00	9.2%	9.2%	9.2%
17:00—18:00	16.0%	15.5%	15.2%
18:00—19:00	6.0%	6.4%	6.7%
19:00—20:00	2.5%	2.6%	2.7%
20:00—21:00	1.2%	1.2%	1.2%
21:00—22:00	0.9%	1.0%	1.0%
合　计	100%	100%	100%

11.3.4　换乘客流

根据苏州高新区现代有轨电车线网规划及苏州市轨道交通建设规划,现代有轨电车 2 号线的站点中,初期有:龙安路站与现代有轨电车 1 号线换乘,文昌路站、城际站与轨道交通 3 号线换乘;近期增加:龙安路站与现代有轨电车 3 号线的换乘,同时在城际站也可与轨道交通 6 号线换乘;远期还将增加:龙安路站、青城山路站与现代有轨电车 5 号线换乘、兴贤路站、鸿福路站、风栖路站、城际站与现代有轨电车 4 号线的换乘。各年限换乘站情况如表 11-15 所示。

表 11-15　现代有轨电车 2 号线各目标年换乘情况

站名	初期换乘线路	近期换乘线路	远期换乘线路
龙安路站	现代有轨电车 1 号线	现代有轨电车 1、3 号线	现代有轨电车 1、3、5 号线
城际站	轨道交通 3 号线	轨道交通 3、6 号线	轨道交通 3、6 号线、现代有轨电车 4 号线
文昌路站	轨道交通 3 号线	轨道交通 3 号线	轨道交通 3 号线
青城山路	—	—	现代有轨电车 5 号线
兴贤路站	—	—	现代有轨电车 4 号线

续表

站名	初期换乘线路	近期换乘线路	远期换乘线路
鸿福路站	—	—	现代有轨电车 4 号线
凤桷路站	—	—	现代有轨电车 4 号线

三个目标年限各换乘站与换乘线路间的换乘量预测结果如表 11-16 所示。

表 11-16　现代有轨电车 2 号线换乘量预测表　　单位：万人次/d

换乘站	换乘线路	2019 年		2026 年		2036 年	
		换乘入	换乘出	换乘入	换乘出	换乘入	换乘出
龙安路站	现代有轨电车 1 号线	1 898	1 884	2 497	2 563	2 672	2 825
龙安路站	现代有轨电车 3 号线	—	—	2 045	1 887	2 280	2 047
龙安路站	现代有轨电车 5 号线	—	—	—	—	1 308	1 270
城际站	轨道交通 3 号线	1 940	2 042	2 678	2 790	2 961	3 150
城际站	轨道交通 6 号线	—	—	1 071	1 139	1 359	1 415
城际站	现代有轨电车 4 号线	—	—	—	—	0	0
文昌路站	轨道交通 3 号线	1 484	1 560	3 181	2 952	3 210	3 575
青城山路站	现代有轨电车 5 号线	—	—	—	—	4 231	3 967
兴贤路站	现代有轨电车 4 号线	—	—	—	—	3 479	2 988
鸿福路站	现代有轨电车 4 号线	—	—	—	—	330	314
凤桷路站	现代有轨电车 4 号线	—	—	—	—	0	0

三个目标年限各换乘站换乘客流与本站总上下客量预测结果对比如表 11-17 所示。

表 11-17　现代有轨电车 2 号线换乘量与换乘站的上下客量对比　　单位：人次/d

换乘站	2019 年		2026 年		2036 年	
	换乘量	上下客总量	换乘量	上下客总量	换乘量	上下客总量
龙安路站	3 782	12 403	8 991	20 139	12 403	24 715
城际站	3 982	9 051	7 678	15 412	8 884	20 149
文昌路站	3 045	4 852	6 132	9 078	6 784	11 323
青城山路站	—	—	—	—	8 198	11 526
兴贤路站	—	—	—	—	6 466	19 421
鸿福路站	—	—	—	—	644	4 923

换乘站	2019 年		2026 年		2036 年	
	换乘量	上下客总量	换乘量	上下客总量	换乘量	上下客总量
风榄路站	—	—	—	—	0	2 702
总计	10 809	26 306	22 801	44 629	43 380	94 758

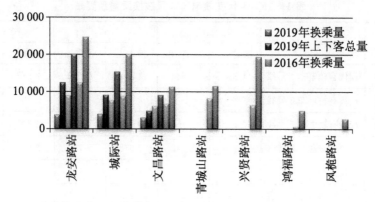

图 11-26　现代有轨电车 2 号线换乘量与换乘站的上下客量对比柱状图(单位：人次/d)

11.3.5　主要交叉口流量

现代有轨电车 2 号线主要在道路敷设,受沿线交叉口影响,本次预测各主要交叉口的道路交通流量,为交叉口管制方式提供依据。

同时根据各设计年限现代有轨电车 2 号线的功能定位,根据现代有轨电车 2 号线的规划设计方案,沿线受影响较大的主要交叉口有 15 处,本次预测内容包括这 15 各主要交叉口各目标年的高峰小时流量,并预测分流向交通流量。预测结果如表 11-18。

表 11-18　各目标年道路交叉口高峰小时流量　　　　　　　单位：pcu/h

交叉口编号	交叉口名称	2019 年	2026 年	2036 年
1	龙安路—太湖大道	5 337	6 655	8 527
2	龙安路—青山城路	1 384	1 784	2 491
3	龙安路—普陀山路	969	1 156	1 540
4	普陀山路—230 省道	1 265	1 644	2 348
5	普陀山路—漓江路	487	591	879
6	普陀山路—金沙江路	1 079	1 342	1 764
7	普陀山路—嘉陵江路	2 997	3 676	4 983

交叉口编号	交叉口名称	2019 年	2026 年	2036 年
8	普陀山路—富春江路	1 749	2 227	2 897
9	科正路—天佑路	2 421	3 406	4 683
10	通浒路—建林路	4 888	5 352	6 107
11	通浒路—312 国道	5 858	6 822	8 154
12	虎矍路—香桥路	960	1 286	1 932
13	文昌路—兴贤路	3 236	3 961	5 004
14	文昌路—鸿福路	1 907	2 260	2 657
15	文昌路—大同路	3 641	4 165	4 952

11.4　现代有轨电车 2 号线建成后效益及敏感性分析

现代有轨电车 2 号线的建设,对推动整个苏州高新区城市建设向西部拓展有着重要的意义,是沟通高新区东西部(阳山以北)的主要交通工具,对整个高新区未来的发展提供了有力的支撑。

11.4.1　交通效益分析

1. 现代有轨电车 2 号线在高新区公交网络中的地位

根据预测,至 2026 年,现代有轨电车 2 号线日服务客流将达到 9 万人次,将占据整个高新区居民总出行的 3.3%,占整个高新区公交出行的近 10%;而 2036年,占据总出行量的 3.5%,占公交总出行的 11.5%。现代有轨电车 2 号线在高新区的公交网络中发挥重要的作用,并随着设计年限其功能的变化,也发生了相应的变化。具体可以从其客运量及占公交出行量的比重中看出。如图 11-27 所示。

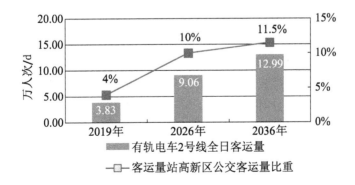

图 11-27　现代有轨电车 2 号线各目标年客运量及分担率变化趋势图

近远期线网承担客流量如表 11-19 所示。

表 11-19　近远期现代有轨电车线网承担客流量预测

线路	长度	初期(2019 年)		近期(2026 年)		远期(2036 年)	
		全天客运量 (万人次/d)	单向最大 断面客运量 (万人次/h)	全天客运量 (万人次/d)	单向最大 断面客运量 (万人次/h)	全天客运量 (万人次/d)	单向最大 断面客运量 (万人次/h)
1 号线	18.0	7.39	0.50	11.35	0.67	14.00	0.81
2 号线	18.2	3.83	0.26	9.06	0.52	12.99	0.69
3 号线	8.5	—	—	4.48	0.36	6.51	0.44
4 号线	17.0	—	—	—	—	8.71	0.68
5 号线	19.0	—	—	—	—	7.22	0.47
6 号线	10.0	—	—	—	—	2.14	0.12
合计	90.7	11.22	0.77	24.89	1.56	51.56	3.21

2. 交通服务效益

根据计算,按照以站点为中心,600 m 半径内覆盖的人口约为 18 万人,覆盖岗位数约为 7.5 万个。除了这些直接服务对象(步行短时间内可到达站点),还可以为通过接驳公交或其他方式很容易到达的居住地、工作地的居民提供优质的公交服务。如图 11-28 所示。

根据运营效率计算,现代有轨电车的平均运行速度可达到 25 km/h 以上,具有较高的服务水平。仅按照建成初期计算,日运送客流为 3.83 万人次,按照平均乘距 8 km 计算,与普通公交相比,一年能够节约旅客时间达到 174 万 h,相应能节约旅客时间成本达到 3 480 万元/a,随着客流的增长,节约旅客时间效益还将不断地增长。

11.4.2　敏感性分析

从客流预测的前提来看,有许多预测前提会对现代有轨电车线路的客流量产生较大的影响,如城市发展人口、公交服务水平、票价因素等。前面所得到的预测结果是按照最新的城市发展规划,并认为远期各项规划都基本得到实现,现代有轨电车线网、轨道网大规模建成,常规公交网络也不断优化。如果上述几个预测前提情况有所变化,将会对客流产生一定的变化幅度。下面就可能影响现代有轨电车 2 号线客流规模的因素进行分析,并指出其浮动的幅度范围。

1. 高新区人口规模

本次预测的人口采用的是上位规划(《苏州高新区(虎丘区)城乡一体化暨分区规划(2009—2030 年)》)中的数据。但是城市人口的规模受到多因素的综合影响,例如城市发展的阶段、人口自然增长的历史规律、国家计划生育政策的变化、

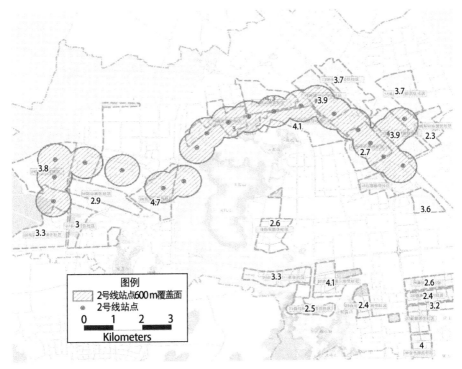

图 11-28　现代有轨电车 2 号线各站点 600 m 半径覆盖面示意图

经济发展带来的暂住和流动人口的变化,以及环境保护耕地保护等政策对人口的限制等等。而人口规模又是影响客流的主要因素之一,人口规模突破或低于规划目标,则将对现代有轨电车 2 号线的总体客流产生较大的影响,因此本节还就高新区人口规模对客流的敏感度进行了分析。如表 11-20 所示。

表 11-20　现代有轨电车 2 号线客流敏感性分析——人口规模

影响因素	初期	近期	远期
高新区人口(−10 万人～+10 万人)	−0.5 万～+0.3 万	−0.5 万～+1 万	−0.6 万～+1.1 万

2. 规划用地的实现程度

本次预测基于高新区分区规划相关用地布局规划及各片区控规进行的,而规划的执行需要靠政府的引导和市场的导向。所以当规划用地尤其是现代有轨电车沿线用地不能按规划实施用地导向和开发,预测的前提就不能得到实现,预测客流就会发生变化。特别是线路建成初期,这种不确定因素影响更大。

3. 轨道交通及其他现代有轨电车线路的建设进度

苏州高新区其余规划的现代有轨电车线路的建成期也是一个不确定的因素,

甚至相关轨道线路(3号线、6号线)的建成期也有可能有变。

在前面章节的换乘客流分析中,各个时期,现代有轨电车2号线的换乘客流占比都是相当大的,这是的2号线的客流量与其换乘线路和站点的建设进度密切相关。例如远期2036年,2号线的客流量中与轨道交通及现代有轨电车的换乘量占到17%以上。

4. 配套交通接驳的影响

现代有轨电车2号线是连接西部生态城科技城和浒通地区的骨干公交线路,直接的服务面有限,通过常规公交、电动车以及自行车等配套交通方式的接驳,将对现代有轨电车2号线的客流规模产生影响。

配套交通接驳规划和设计,包括常规公交线路的布设、公交站台的衔接、非机动车停车场的布置等,甚至是步行环境、过街设施的衔接,衔接的好,将提高现代有轨电车2号线的客流规模;如果衔接较差,居民将可能选择小汽车或其他方式出行,降低现代有轨电车2号线的客流规模。而随着高新区骨干公交线网的完善,这种影响也会逐步降低。

5. 现代有轨电车运营方案的影响

目前苏州市普通公交的票价一般分为1元与2元两种(除部分郊区或长途线路)。从轨道交通票价对于客流敏感性影响的经验来看,评价因素在短期内会有一定影响,但高峰时段影响不大。同时从中远期来看,对客流的影响较小。另外,现代有轨电车2号线平均运行速度、发车间隔也是客流的影响因素,具体敏感性测试结果如表11-21所示。

表11-21 现代有轨电车2号线客流敏感性分析——运营方案

影响因素	初期	近期	远期
票价(+1元~-0.5元)	-0.4~0.2	-1.2~0.6	-1.9~0.9
平均运行速度(-5 km/h~+5 km/h)	-1~1.1	-2~2.1	-2.8~2.6
发车间隔(-1 min~+1 min)	-0.2~0.1	-0.4~0.4	-0.7~0.6
合计	-1.7~1.4	-3.8~3.1	-5.4~4.3

影响客流上升或下降的最主要原因是规划用地的实现及人口规模的发展,其次是其他线路的建设进度,尤其对远期的客流有着直接的影响,最后是现代有轨电车线网的建设和票价在一定时间范围内的影响。鉴于预测中所采用的预测前提均为城市发展的导向性文件,也是城市发展的目标,所以推荐使用前述的预测结果;但在工程设计时,应充分考虑各因素对于最终客流量的影响。

11.5　本章小结

　　本章以苏州现代有轨电车 2 号线为例,进行客流预测实证研究。在分析项目背景和现代有轨电车 2 号线功能定位的基础上,研究高新区规划年总交通需求,重点分析现代有轨电车 2 号线沿线用地开发、人口、岗位规模和交通特征,细化沿线交通小区,建立高新区综合交通模型。通过"四阶段"方法,从全方式客运出行生成预测着手,至出行分布预测,到出行方式划分,最后利用交通分配模型进行客流分配,从而预测出各特征年的有轨电车线路客流指标。

参考文献

［1］习近平.决胜全面建成小康社会夺取新时代中国特色社会主义伟大胜利——在中国共产党第十九次全国代表大会上的报告［M］.北京：人民出版社,2017.

［2］秦国栋,苗彦英,张素燕.有轨电车的发展历程与思考［J］.城市交通,2013,11(04)：6-12.

［3］住房和城乡建设部地铁与轻轨研究中心,中国城市规划涉及研究院.法国有轨电车考察报告［R］.北京：住房和城乡建设部地铁与轻轨研究中心,2007.

［4］CJJ/T 114—2007 城市公共交通分类标准［S］.

［5］Tan B. K., Joethy J., Ong Y S, et al. Preferred use of the ipsilateral pedicled TRAM flap for immediate breast reconstruction：an illustrated approach［J］. Aesthetic plastic surgery, 2012, 36(1)：128-133.

［6］Daniel Dunoye. French Urban Planning Considerations［R］.2012.

［7］Nelson J. A., Fischer J. P., Chung C. U., et al. Preoperative anemia impacts early postoperative recovery following autologous breast reconstruction［J］. Journal of Plastic, Reconstructive & Aesthetic Surgery, 2014, 67(6)：797-803.

［8］Patterson S. G., Teller P., Iyengar R., et al. Locoregional recurrence after mastectomy with immediate transverse rectus abdominis myocutaneous (TRAM) flap reconstruction［J］. Annals of surgical oncology, 2012, 19(8)：2679-2684.

［9］东南大学交通学院.有轨电车在南京地区的适用性研究［R］.南京市软科学研究计划项目(项目编号：ZB3-2005).2007.

［10］訾海波,过秀成,杨洁.现代有轨电车应用模式及地区适用性研究［J］.城市轨道交通研究, 2009, 12(2)：46-49.

［11］谢琨.现代有轨电车与城市建设［J］.城市轨道交通研究,2000(1)：62-64.

［12］张晋,梁青槐,孙福亮,贺晓彤.现代有轨电车适用性研究［J］.都市快轨交通,2013,(05)：6-9+14.

［13］唐淼,马韵.现代有轨电车在城市区域内的适应性［J］.上海交通大学学报,2011,(S1)：71-75.

［14］Currie G.，Tivendale K.，Scott R. Analysis and Mitigation of Safety Issues at Curbside Streetcar Stops[J]. Transportation Research Record Journal of the Transportation Research Board，2011，47(2219)：20-29.

［15］Currie，G.，Delbosc，A.R.，Gelfand，S.，Sarvi，M.，2013，Exploring the impact of crowding and stop design on streetcar dwell time，TRB 92nd Annual Meeting Compendium of Papers，January 13—17 2013［C］Washington DC：Transportation Research Board，2013.

［16］Currie G. Innovative design for safe and accessible light rail or streetcar stops suitable for streetcar-style conditions. Transit：Intermodal Transfer Facilities And Ferry Transportation；Commuter Rail；Light Rail And Major Activity Center Circulation Systems；Capacity And Quality Of Service.［J］Washington：Transportation Research Board Natl Research Council，2006：37-46.

［17］Currie G.，Delbosc A.，Reynolds J，et al. Modeling Dwell Time for Streetcars in Melbourne，Australia，and Toronto，Canada［J］. Transportation Research Record，2012，2275(2275)：22-29.

［18］董皓,刘畅,齐健,罗钦. 现代有轨电车折返能力分析与计算[J]. 道路交通与安全,2016,(03)：17-22.

［19］丁强. 现代有轨电车交通概述[J]. 都市快轨交通,2013,(06)：107-111.

［20］李际胜,姜传治. 有轨电车线站布置及交通组织设计[J]. 城市轨道交通研究,2007,(05)：38-41.

［21］徐成永. 现代有轨电车的适应性研究[J]. 都市快轨交通,2013,(06)：112-115.

［22］Currie G.，Shalaby A. S. Active Transit Signal Priority for Streetcars：Experience in Melbourne，Australia，and Toronto，Canada［J］. Transportation Research Record Journal of the Transportation Research Board，2008，2042.

［23］刘立龙,李建成. 基于 VISSIM 的现代有轨电车交叉口信号优先控制策略研究[J]. 公路与汽运,2014,(06)：56-58.

［24］刘强,曾小清,王艳青. 基于 VISSIM 的有轨电车交叉路口信号优先策略研究[J]. 科技创新与应用,2015,(01)：42.

［25］Shalaby，A.，Abdulhai，B. and J. Lee. Assessment of Streetcar Transit Priority Options Using Microsimulation Modelling，Special Issue on Innovations in Transportation Engineering，［J］Canadian Journal of Civil

Engineering，2003，30（6）：1-10.

［26］姜军.有轨电车的复兴与思考［J］.江苏城市规划,2014,(05)：44-47.

［27］巫伟军.有轨电车系统特点及应用前景研究［J］.铁道标准设计,2007,(08)：122-125.

［28］赵鹏林.现代有轨电车在城市应用中的问题和对策［J］.城市轨道交通,2014,(04)：20-23.

［29］陆锡明,李娜.科学理性地发展有轨电车［J］.城市交通,2013,04：19-23＋38.

［30］张华,付一娜,任俊利,李虎,董伟力.现代有轨电车交叉口交通组织研究［J］.城市轨道交通研究,2014,(11)：119-121＋125.

［31］姚之浩.国外有轨电车交通的发展与启示［J］.上海城市规划,2010,(06)：69-72.

［32］李元坤,苗彦英.国外现代有轨电车建设发展的启示［J］.城市轨道交通研究,2013,16(6)：29-33.

［33］卫超,顾保南.欧洲现代有轨电车的发展及其启示［J］.城市轨道交通研究,2008(01)：11-14.

［34］秦国栋,苗彦英,张素燕.有轨电车的发展历程与思考［J］.城市交通,2013,(04)：6-12.

［35］宋嘉雯.有轨电车运营模式与运输能力研究［J］.都市快轨交通,2014,(02)：108-112.

［36］胡军红,张海军,吴迪,肖慎.现代有轨电车适宜客流负荷强度研究［J］.南京工业大学学报(自然科学版),2016,(06)：107-111.

［37］胡军红,过秀成.城市新区现代有轨电车线网规划方案评价［J］.公路交通科技(应用技术版),2016,(11)：225-229.

［38］胡军红,过秀成.城市新区现代有轨电车线网规划方法研究——以南京河西新城为例［J］.现代城市研究,2016,(10)：73-78＋126.

［39］胡军红,过秀成.城市新区现代有轨电车线网规模的界定及综合测度［J］.南京工业大学学报(自然科学版),2016,(03)：69-75.

［40］Transportation Research Board. Transit Capacity and Quality of Service Manual （2nd Edition），［J］Transit Cooperative Research Program,2003：572.

［41］The International Bank for Reconstruction and Development and The World Bank. Public Transportation Capacity Analysis Procedures for Developing Cities［R］. 2011.

［42］张晓倩.现代有轨电车运行图及车底周转图的研究与开发［D］.兰州：兰州

交通大学,2015.

[43] 李玉斌.现代有轨电车运行图调整研究与开发[D].兰州：兰州交通大学,2015.

[44] 孙兴煜.规划新城区交通生成与分布预测模型研究[D].哈尔滨：哈尔滨工业大学,2006.

[45] 吴家右,刘术红.基于区位势能的新城区总体交通需求预测模型探讨[J].重庆交通学院学报,2003,22(4)：93-95.

[46] 曲大义.可持续发展的城市土地利用与交通规划理论及方法研究[D].南京：东南大学,2001.

[47] 石飞,江薇,王炜等.基于土地利用形态的交通生成预测理论方法研究[J].土木工程学报,2005,38(3)：115-124.

[48] 王炜,陈学武,陆建.城市交通系统可持续发展理论体系研究[M].北京：科学出版社,2004.

[49] 毛琳.城市新区公交线网规划研究[D].西安：长安大学,2009.

[50] 杨忠振,宫之光等.基于土地利用模型的城市新区土地利用格局布置研究[J].经济地理,2013,33(10)：151-156.

[51] 陈俊励,马云龙,朱楠.基于巢式Logit模型的公交出行方式选择行为研究[J].交通运输系统工程与信息,2011,06：120-125.

[52] 王玉萍,陈宽民,马超群.城市轨道交通网络与城市形态协调性的量化分析[J].铁道工程学报,2008,30(11)：11-15.

[53] 张栋,张力楠等.基于MNL模型的有轨电车出行选择行为研究[J].交通信息与安全,2011,29(4)：75-79.

[54] 杨励雅,李霞,邵春福等.居住地、出行方式与出发时间联合选择的交叉巢式Logit模型[J].同济大学学报,2012,40(11)：1647-1654.

[55] 李冀侃,方守恩.有轨电车延伸线客流预测方法在法国的实践[J].交通与运输,2007,(07)：60-64.

[56] 过秀成,王炜.基于居民出行决策的轻轨客流预测方法研究[J].东南大学学报.1998,(04)：109-114.

[57] 潘莉.组合预测模型在城市公共交通需求预测中的应用[D].合肥：合肥工业大学,2005.

[58] 曹世超,庄威,赵壹.现代有轨电车线网规模研究[J].铁道标准设计,2015,59(9)：53-57.

[59] 刘莹.城市轨道交通线网合理规模及布局评价研究[D].哈尔滨：哈尔滨工业大学,2006.

[60] 过利超,过秀成.都市区客运走廊公共交通设施配置规划问题探讨[J].现代城市研究,2016,(3):9-12.

[61] 李彬,李涛,杨东援.城市轨道交通线网规划方法探讨[J].城市轨道交通研究,2002,5(4):39-42

[62] 郭孜政,张殿业,姜梅等.城市轨道交通主干线网规划方法研究[J].铁道学报,2008,30(5):12-19.

[63] 徐循初.城市巴士快速公交线网规划[A].中国巴士快速交通发展战略研讨会论文集[C].中国土木工程学会城市公共交通分会,2003:2.

[64] 胡合林.城市快速公交线网布局研究[D].成都:西南交通大学,2008.

[65] 鲁洪强.城市快速公交规划设计方法研究[D].济南:山东大学,2011.

[66] 唐可.城市快速公交线网布局规划方法研究与应用[D].长沙:长沙理工大学,2008.

[67] 莫一魁.快速公交(BRT)线路布设优化算法研究[J].交通与运输,2007(1):102-104.

[68] 李晓冬,冯树民.公共交通线路布设方法研究[J].哈尔滨工业大学学报,2004.36(10):1365-1367.

[69] 陈元朵,徐建闽,郭京波.基于"重要度-交通区位"的轨道交通建设项目时序确定方法研究[J].交通信息与安全,2010,28(3):60-62.

[70] 张凯,秦斌斌,刘用渗等.城市轨道规划建时序研究[J].都市快轨交通,2016(1):4-7.

[71] 郭延永,刘攀,吴瑶等.城市轨道规划建时序确定方法[J].武汉理工大学学报,2013(6):75-80.

[72] Bruno G., Ghiani G., Improta G. A multi-modal approach to the location of a rapid transit line[J]. European Journal of Operational Research. 1998, 104(2):321-332.

[73] Uchida K., Sumalee A., Watling D., et al. Study on optimal frequency design problem for multimodal network using probit-based user equilibrium assignment[J]. Transportation Research Record: Journal of the Transportation Research Board. 2005, 1923(1):236-245.

[74] Lo, H. K., Yip, C. W. and Wan K. H.. Modeling transfer and nonlinear fare structure in multi-modal network[J]. Transportation Research Part B, 2003a, 37:149 - 170.

[75] Lo, H.K., Yip, C. W., and Wan, Q. K.. Modeling competitive multi-modal transit services[J]. Advanced Modeling for Transit Operations and

Service Planning, Pergamon, Amsterdam, 2003b, 231 – 256.

[76] Lo, H. K, Yip, C. W. and Wan, Q. K.. Modeling competitive multi-modal transit services: a nested logit approach[J]. Transportation Research Part C, 2004, 12: 251-272.

[77] Lo, H.K., Wan, Q. K. H. and Yip, C. W.. Multimodal Transit Services with Heterogeneous Travelers [J]. Transportation Research Record: Journal of the Transportation Research Board, 2002, 1799: 26-34.

[78] Chen, S. P., Tan, J. J., Ray, C., Claramunt, C. and Sun Q. Q.. An integrated GIS-based data model for multimodal urban public transportation analysis and management [J]. Proc. SPIE 7144, Geoinformatics 2008 and Joint Conference on GIS and Built Environment: The Built Environment and Its Dynamics, 2008, 71442W.

[79] 过秀成,李家斌. 轨道交通运营初期公共交通系统优化方法[M]. 南京：东南大学出版社,2015.

[80] 李家斌,过秀成,姜晓红,张宁. 城市轨道交通运营初期常规公交线网调整策略研究[J]. 现代城市研究,2014,10: 50-54.

[81] 孔哲,过秀成,侯佳,等. 大城市轨道交通网络演变的生命周期特征研究[J]. 城市轨道交通研究, 2013, 16(8): 32-38.

[82] 范海雁,杨晓光,夏晓梅,等. 基于轨道交通的常规公交线网调整方法[J]. 城市轨道交通研究. 2005(04): 50-52.

[83] 莫海波. 城市轨道交通与常规公交一体化协调研究[D]. 北京：北京交通大学, 2006.

[84] 周昌标,王婷静,赖友兵. 基于道路公交与轨道交通布局模式的公交线网调整方法[J]. 城市轨道交通研究. 2008(04): 44-47.

[85] 梁丽娟. 城市轨道线网形成期公交线路调整方法研究[D].上海：同济大学, 2009.

[86] Kuah G. K., Perl J. Optimization of feeder bus routes and bus-stop spacing [J]. Journal of Transportation Engineering. 1988, 114(3): 341-354.

[87] Chien S., Yang Z. Optimal feeder bus routes on irregular street networks [J]. Journal of Advanced Transportation. 2000, 34(2): 213-248.

[88] Kuah G. K., Perl J. The feeder-bus network-design problem[J]. Journal of the Operational Research Society. 1989: 751-767.

[89] Shrivastav P., Dhingra S. L. Development of feeder routes for suburban railway stations using heuristic approach[J]. Journal of Transportation

Engineering. 2001，127(4)：334-341.

[90] 韩兵. 轨道交通接运公交线网协调与调度方法研究[D]. 南京：东南大学,2012.

[91] 李家斌. 轨道交通运营初期常规公交线网调整方法研究[D]. 南京：东南大学,2005.

[92] 蒋冰蕾,孙爱充. 城市快速轨道交通接运公交路线网规划[J]. 系统工程理论与实践. 1998(03)：131-135.

[93] 李诗灵,陈宁,赵学彧. 基于粒子群算法的城市轨道交通接运公交规划[J]. 武汉理工大学学报(交通科学与工程版). 2010，34(4)：780-783.

[94] 孙杨,宋瑞,何世伟. 弹性需求下的接运公交网络设计[J]. 吉林大学学报(工学版). 2011，41(2)：349-354.

[95] 郭本峰,张杰林,李铁柱. 城市轨道交通接运公交最优长度与线路布设研究[J]. 交通运输工程与信息学报. 2012(4)：74-81.

[96] 熊杰,关伟,黄爱玲. 社区公交接驳地铁路径优化研究[J]. 交通运输系统工程与信息. 2014(01)：166-173.

[97] 董雪. 快速公交与常规公交协调衔接[D]. 成都：西南交通大学,2011.

[98] 魏平洪. 配合快速公交的常规公交线网优化方法研究[D].北京：北京交通大学,2015.

[99] Chien S. I., Spasovic L. N., Elefsiniotis S. S., et al. Evaluation of feeder bus systems with probabilistic time-varying demands and nonadditive time costs[J]. Transportation Research Record：Journal of the Transportation Research Board. 2001, 1760(1)：47-55.

[100] Mohaymany A. S., Gholami A. Multimodal feeder network design problem：ant colony optimization approach[J]. Journal of Transportation Engineering. 2010，136(4)：323-331.

[101] Shalaby A. S., Ling K., Sinikas J., Multiple-Unit Streetcar Operation：Evaluation Using Miscrosimulation Modeling, TRB 85th Annual Meeting Compendium of Papers, January 13-17, 2006. [C] Washington DC：Transportation Research Board, 2006.

[102] 高继宇. 现代有轨电车行车组织设计相关问题分析[J]. 科技信息,2011,(32)：653-654.

[103] 宋嘉雯. 有轨电车运营模式与运输能力研究[J]. 都市快轨交通,2014,(02)：108-112.

[104] 王印富,雷志厚. 城市轨道交通行车组织方法的探讨[J]. 铁道工程学报,

2001,(04)：59-63.

[105] 覃乔,戴子文,陈振武.现代有轨电车线路规划初探[J].都市快轨交通,
2013,(02)：42-45.

[106] 南京河西有轨电车线路图.http://nj.bendibao.com/news/201488/45185.
shtm.[Accessed：8th June 2016].

[107] 广州有轨门户.http://www.easycitygo.com.[Accessed：8th June 2016].

[108] Public Transport Victoria. https://www.ptv.vic.gov.au.[Accessed：10th
June 2016].

[109] Transport for London. https://tfl.gov.uk.[Accessed：10th June 2016].

[110] 広島電鉄株式会社. http://www.hiroden.co.jp/index.html.[Accessed：
10th June 2016].

[111] 李凯,毛励良,张会,王子雷.现代有轨电车交叉口信号配时方案研究[J].
都市快轨交通,2013,(02)：104-107.

[112] 刘新平.新型有轨电车信号系统方案研究[J].城市轨道交通研究,2012,
(05)：50-52+60.

[113] 刘海军.现代有轨电车信号系统设计分析[J].都市快轨交通,2013,(06)：
156-159.

[114] 高桂桂.现代有轨电车信号系统设计研究[J].城市轨道交通研究,2015,
(01)：67-71.

[115] 邹仕顺.现代有轨电车的信号控制技术[J].铁道通信信号,2014,(04)：
8-11.

[116] 王舒祺.现代有轨电车交叉路口优先控制管理方法研究综述[J].城市轨道
交通研究,2014,(06)：17-22.

[117] 吴其刚.现代有轨电车系统发展的重难点及对策研究[J].铁道工程学报,
2013,183(12)：89-92.

[118] Currie G. Using a Public Education Campaign to Improve Driver
Compliance with Streetcar Transit Lanes[J]. Transportation research
record. 2009. 2112(12)：62-69.

[119] Brown J. The Modern Streetcar in the US：An Examination of Its
Ridership, Performance, and Function as a Public Transportation Mode
[J]. Journal of public transportation. 2013,(16)：43-61.

[120] 李永亮,张伟,戎亚萍.现代有轨电车发展对我国的启示[J].交通运输系统
工程与信息,2013,(05)：202-206.

[121] 毛建华,宿亚军,袁向朗.创新理念,建立有轨电车科学发展模式[J].现代城

市轨道交通[J],2014,(01):29-32.

[122] 张鹏辉. 常规公交与城市轨道交通出行方式转移行为研究[D]. 西安:长安大学,2012.

[123] 王令朝.综述城市有轨电车发展之策略[J].世界轨道交通,2013(8):38-40.

[124] 杜彩军,蒋玉琨.城市轨道交通与其他交通方式接驳规律的探讨[J].都市快轨交通,2005,18(3):45-49.

[125] 刘涛.上海市中心城中运量公交系统规划的若干思考[J].都市快轨交通,2016,29(4):48-51.

[126] 唐淼,马韵.现代有轨电车在城市区域内的适应性[J].上海交通大学学报,2011,45(1):71-75.

[127] 崔亚南.现代有轨电车应用模式及区域适用性评价研究[D]. 北京:北京交通大学,2012.

[128] 汤姆逊(J. M. Thomson)著,倪文彦,陶吴馨译.城市布局与交通规划[M].北京:中国建筑工业出版社,1982.

[129] 沈景炎.城市轨道交通线网规划的结构形态基本线形和交点计算[J].城市轨道交通研究,2008,11(6):5-10.

[130] 过秀成,孔哲.城市轨道交通网络演变机理及生成方法[M].北京:科学出版社,2013.

[131] 杨涛,陈阳.城市公共交通优先发展目标与指标体系研究[J].城市规划,2013,37(4):57-61.

[132] 苏州规划设计研究院股份有限公司.苏州公交线网优化技术导则[R].苏州:苏州市交通运输局,2015.

[133] 崔异,施路.法国现代有轨电车的线网布局[J].都市快轨交通,2014,27(2):126-130.

[134] 苏交科集团股份有限公司.开封市现代有轨电车线网规划[R].2015.

[135] 国家铁路局.TB10621—2014 高速铁路设计规范[S].北京:中国铁道出版社,2016.

[136] 国家铁路局.TB10623—2014 城际铁路设计规范[S].北京:中国铁道出版社,2015.

[137] 中华人民共和国住房和城乡建设部.GB50157—2013 地铁设计规范[S].北京:中国建筑工业出版社,2014.

[138] 中华人民共和国住房和城乡建设部.CJJ/T 295—2019 城市有轨电车工程设计标准[S].北京,2019.

[139] 唐奇.基于轨道交通的接运公交站点选取及接运线网优化研究[D].成都：西南交通大学,2012.

[140] 张成明,关杰.现代有轨电车网络化运营技术条件与管理方法探讨[J].都市快轨交通,2019,32(001)：119-124.

[141] 毛保华,刘明君等.轨道交通网络化运营组织理论与关键技术[M].北京：科学出版社.2011.

[142] 赵航,安实,金广君,等.考虑车辆运输能力限制的公交换乘优化[J].吉林大学学报(工),2012,42(3)：606-611.

[143] 东南大学交通学院,淮安市交通运输局.淮安市现代有轨电车运行安全保障技术研究[R].2016.

后　记

　　本专著是基于东南大学过秀成教授团队在现代有轨电车规划与运行组织方面二十多年的科研成果形成。过秀成教授团队 1997 年率先开展"鞍山市有轨电车改造轻轨客流预测"研究,构建了有轨电车客流预测模型,初探有轨电车对沿线土地和客流的影响:既为轨道交通的发展控制了建设条件,又为轨道交通培育了客流,局部路段形成轨道客流支撑;2005～2007 年,完成南京市软科学研究课题"有轨电车在南京地区的适用性研究"(编号:ZB3—2005),提出现代有轨电车交通在城市中的二维功能定位,从城市公交系统结构优化的角度探讨其适应性,为南京发展现代有轨电车交通及后续的工程可行性研究提供了必要的理论支撑和参考依据;2013 年,团队成员黄海明硕士完成硕士学位论文《城市外围新城现代有轨电车工程可行性关键技术研究——以麒麟科技园马群枢纽-王五庄线为例》;2015～2016 年与南京理工大学、淮安市现代有轨电车建设工作领导小组办公室合作开展江苏省交通运输科技项目"现代有轨电车运行安全保障技术研究"(编号:2015Y17),对现代有轨电车运营特征和事故特征、交通组织优化技术、危险源识别与安全防控技术、安全保障体系等方面开展了系统研究,形成了现代有轨电车安全运行技术指引。团队成员胡军红博士完成博士学位论文《城市新区现代有轨电车线网规划方法研究》,胡婷婷硕士完成硕士学位论文《现代有轨电车与常规公交线路协调方法研究》,吴迪硕士完成硕士学位论文《城市新区现代有轨电车线路规划设计关键技术研究——以湖南湘江新区 T6 线为例》。

　　既有研究取得如下成果:①明确了现代有轨电车交通在城市交通系统中的定位及在不同规模城市的应用模式,分析了现代有轨电车线网与城市空间形态耦合机理;②建立了运行设施约束条件下现代有轨电车运输能力分析方法,提出了不同线路运行组织方式下的现代有轨电车运输能力计算方法;③以"四阶段法"为基础,提出了现代有轨电车线网需求分析各阶段的模型选用与参数取值方法;④提出了现代有轨电车线网规模测算方法、线网布局及优化方法;⑤构建了有轨电车线网方案评价模型及规划线网实施时序决策模型;⑥总结了现代有轨电车线路规划与设计要点;⑦提出了现代有轨电车走廊内常规公交线路调整方法与有轨电车接运公交线路生成技术;⑧提出了现代有轨电车交通运行组织方法;⑨提出了现代有轨电车运行安全保障技术。

　　现代有轨电车线网规划与运行组织涉及面广、系统要素复杂,笔者认为有待继续深化研究的内容包括：

1. 多种运输组织方式组合条件下及成网运行条件下的有轨电车运输能力计算方法。本书分别提出了单一交路运行、多交路运行、共线运行、快慢车运行及多编组运行组织方式下的运行能力分析方法。后续可探讨多种运行组织方式组合实施下的运输能力计算方法，尤其是有轨电车线路成网运行条件下网络运输能力的计算方法研究。

2. 城市公共交通系统多网融合背景下的线网规划与线路设计方法。本书研究了现代有轨电车系统内在城市公共交通系统中的功能层次，在城市公共交通体系多网融合、交通衔接与一体化等规划方面有待进一步深化，实现现代有轨电车网络与其他公共交通方式网络的融合。

3. 结合常规公交运行特性深入研究有轨电车与常规公交线路协调方法。本书考虑现代有轨电车与常规公交的空间关系和功能层次，对现代有轨电车直接吸引范围内的常规公交线路提出了分类调整措施，可进一步分析常规公交线路的几何特性、供给特性以及客流特性等因素，并综合考虑公交网络的服务覆盖率等因素，以更合理地协调现代有轨电车与常规公交线路。

4. 有轨电车交通安全防控标准的制定及与城市其他公共设施应急保障体系的联动。结合现代有轨电车运行危险源，有针对性地制定有轨电车安全防控标准，在现代有轨电车系统运营的应急管理预案的基础上，可从多模式公交层面出发，进一步研究现代有轨电车与其他公共交通方式应急保障体系的联动与响应。

著　者
于东南大学
2021 年 6 月